JN252823

3日でわかる「AutoCAD」実務のキホン

土肥 美波子 ● 著

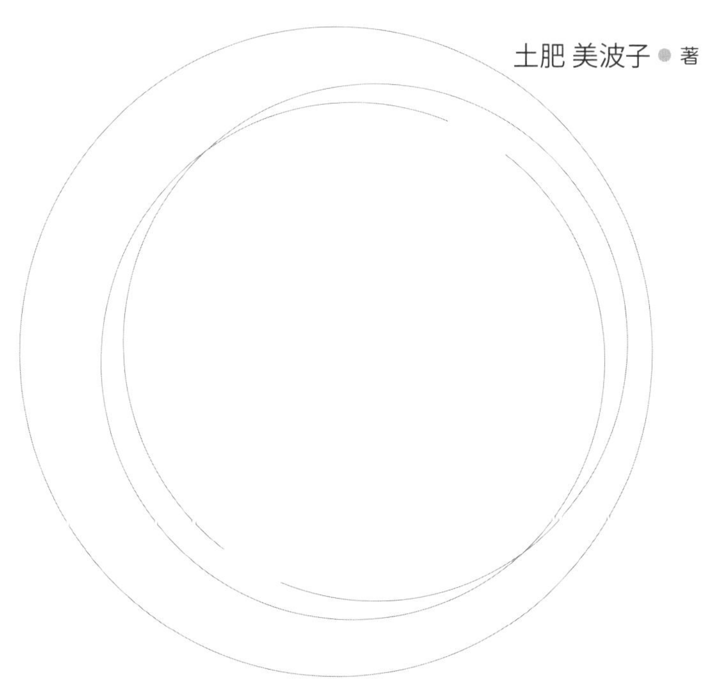

はしがき

AutoCADは、世界で一番、その名前が知られているCADソフトウェアといってもいいでしょう。建設、製造関連だけでなく、図面を扱う場所では、ワードやエクセルのようによく使われています。

AutoCADは、さまざまな業種を想定して開発されているので、汎用性が高く、豊富な機能がつまっている、とても奥が深いCADです。そのため、使いづらい、わかりにくい等々、業務で使いきれていない方の声も多く聞こえてきます。しかし、実際の作業で、すべての機能が必要になるわけではありません。

そこで本書は、AutoCADを実務で使用するに当たって、最低限必要な操作と知識を、1日3時間×3日間＝9時間で学ぶことができるようにまとめました。

本書では、この3日間で3図面を完成し、レイアウトも作成します。実際の図面を用い、「作図をはじめ、見映えよく仕上げ、寸法や文字を入れて完成し、印刷する」という一連の作業を行います。ただコマンドやツールの説明を読んで操作練習しても、CADの学習としては意味がありません。作業の流れの中で理解することが重要なのです。

なお、本書の操作手順は、限られたスペースで、初心者にもわかりやすく、簡潔かつ正確に操作方法が伝わるように、以下の表記を用いて記述しています。

操作内容	操作手順
マウスの左ボタンで選択する	(SEL)
マウスの右ボタンを押す	(右)
リボンからコマンドを実行する	**[タブ名]** タブ **[パネル名] / コマンド名** を (SEL)
例えば [線分] コマンドを実行する場合	**[ホーム]** タブ **[作成] / 線分** を (SEL)
展開ボタン▼がついている場合、例えば [円] コマンドを実行する場合	**[ホーム]** タブ **[作成] / 円 /3点** を (SEL)

画面表示やアイコン表示、イラストや図を極力省くことで、操作に集中できるようになっています。本当に必要な操作と知識を明確にし、覚え、そして慣れていけば、AutoCADを使った設計業務、メンテナンス業務に携わることになっても、あわてず、抵抗なく作業できるようになります。

なお、本書は執筆時の最新バージョン「AutoCAD 2018」を使用して解説していますが、取り上げている内容は基本的なものばかりなので、AutoCADのバージョン間でほとんど使い方は変わりません。以前のバージョンやAutoCAD LTでも、本書の学習内容を活用いただけます。

最後に、本書の刊行にあたりご協力いただきました、オートデスク社、オーム社書籍編集局の皆様に感謝いたします。

2017年12月

土肥美波子

目次

はじめに

1日目　作図の基本

1時間目　操作をはじめる ▶▶▶ 作図をはじめる前に練習と準備をする

2時間目　作図の時間 ① ▶▶▶ 必要な道具を理解する

3時間目　図面を完成する ▶▶▶ 注釈コマンドを理解する

2日目 テンプレートの作成

1時間目 テンプレートファイルをつくる ① ▶▶▶ 図面の体裁を統一する

2時間目 作図の時間 ② ▶▶▶ テンプレートファイルを使う

3時間目 テンプレートファイルをつくる ② ▶▶▶ 縮尺して印刷する図面のために

3日目 レイアウトの活用

1時間目 作図の時間 ③ ▶▶▶ テンプレートファイルを使う

2時間目 レイアウトを使って印刷する ① ▶▶▶ ペーパー空間のレイアウト機能

3時間目 レイアウトを使って印刷する ② ▶▶▶ 異尺度対応機能を使う

はじめに

0・1　最初の画面

AutoCAD を起動すると、「スタート」タブ画面が表示されます。
最初は、「図面を開始」を選択してはじめます。

図 1　AutoCAD のスタート画面

TIPS　**作業に使う AutoCAD の種類**

本書は、AutoCAD2018 を使用して操作の解説をします。

AutoCAD は、汎用性が高く、カスタマイズも可能となっています。そのため、AutoCAD をベースに建設、機械、土木などさまざまな専用機能をもつ製品も多く販売されています。年に 1 回、バージョンがアップされ、製品名の後についている数字がバージョンを表わしています。また、レギュラー版の AutoCAD の他に、3D 機能やカスタマイズ性などを大幅に省いた簡易版の AutoCAD LT もあります。AutoCAD がベースになっているのであれば、レギュラー版も LT 版も、バージョンに関わらず、基本機能は何も変わらず、また、操作性もほとんど変わりません。

大切なことは、実際の作業で使用する AutoCAD のバージョンや種類を把握しておくことです。使用する AutoCAD のバージョンが低いと、上位のバージョンで作成した図面データを受け取って作業しようとしても開けないことがあります。上位のバージョンでは、下位のバージョン形式での保存もできるので、他のユーザとデータのやりとりをするときには、お互い確認し合うことが重要です。

図 2 の入力画面が表示されます。各部の名称を確認しておきます。

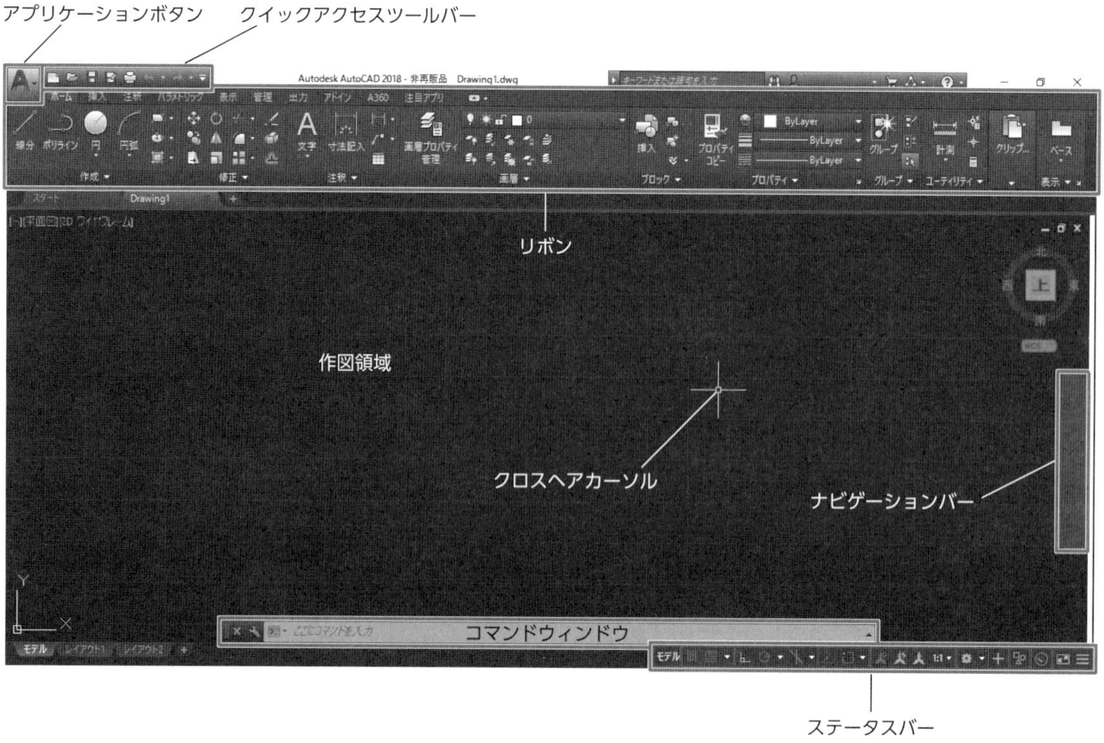

アプリケーションボタン
クイックアクセスツールバー
リボン
作図領域
クロスヘアカーソル
ナビゲーションバー
コマンドウィンドウ
ステータスバー

図 2　AutoCAD の入力画面

0・2　カーソルとマウスの操作

マウスには左右 2 つのボタンと真ん中にホイールと呼ばれるボタンがあります。マウスのボタンを押す操作のことをクリックといいます。

AutoCAD の操作では左右どちらのクリックも使いますが、主に、操作の選択や図形の位置の指定に左クリックを使います。

本書では、限られたスペースで初心者にわかりやすく、簡潔で正確に操作方法が理解できるように、マウスの左ボタンと右ボタンをクリックする操作手順を以下のように表記します。

　　マウスの左クリック …（SEL）… 選択、指定、SELECT を意味しています。
　　マウスの右クリック …（右）

それ以外にも 2 回すばやくクリックするダブルクリック操作や、ボタンを押したまま動かすドラッグ操作などが出てきますが、その場合は、操作手順に明記します。

マウスを動かすと、作図領域ではクロスの形（クロスヘアカーソル）で、操作の選択時には矢印となってマークが動きます。このマークをカーソルと呼びます。クリックするときにカーソルの位置がどこにあるかを確認して、操作を進めます。

0・3　用語と機能

実習に入る前に、操作手順に記述される用語や内容、しくみを確認しておきます。

1 コマンド

機能を実行する命令のことをコマンドといいます。
作図をする、修正をするといった内容のコマンドを選択、実行して、図面は作成されます。

2 オブジェクト

入力画面に作図されている図形をオブジェクトといいます。

3 アプリケーションメニュー

アプリケーションボタンを選択（SEL）すると、アプリケーションメニューが表示されます。
「作図を新規にはじめる」「図面を開く」「図面を保存する」「図面を印刷する」などのコマンドを実行するときに使用します。

■ 操作手順記述例

内容	操作手順
新規に図面を作成する	アプリケーションメニュー の［新規作成］を（SEL）

4 クイックアクセスツールバー

「作図を新規にはじめる」「図面を開く」「図面を保存する」「図面を印刷する」などのコマンドをすばやく効率よく作業するために準備されているツールバーです。
アプリケーションメニューからの操作よりも左クリックをする回数が少ないので便利です。

■ 操作手順記述例

内 容	操 作 手 順
図面を上書き保存する	クイックアクセスツールバー の［上書き保存］を（SEL）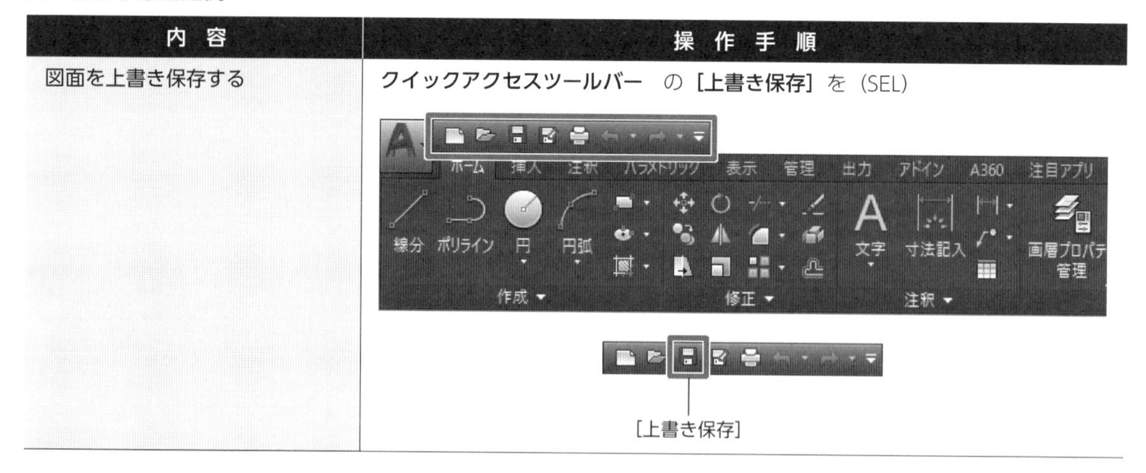

5 リボン

AutoCAD ではいろいろな方法でコマンドの実行ができますが、本書では、図形の作図や修正は、初心者にわかりやすいリボンを使用して解説します。

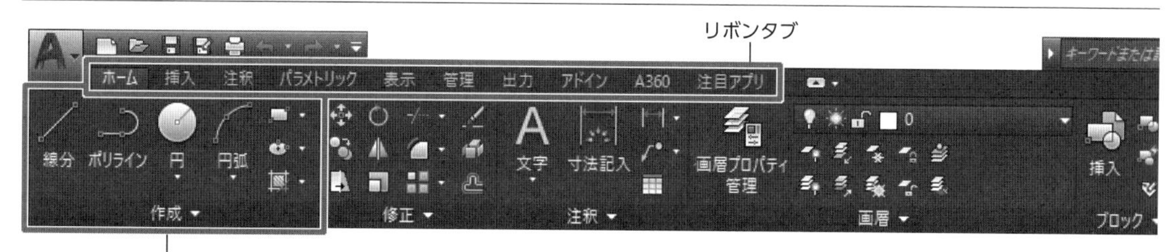

図３ リボン

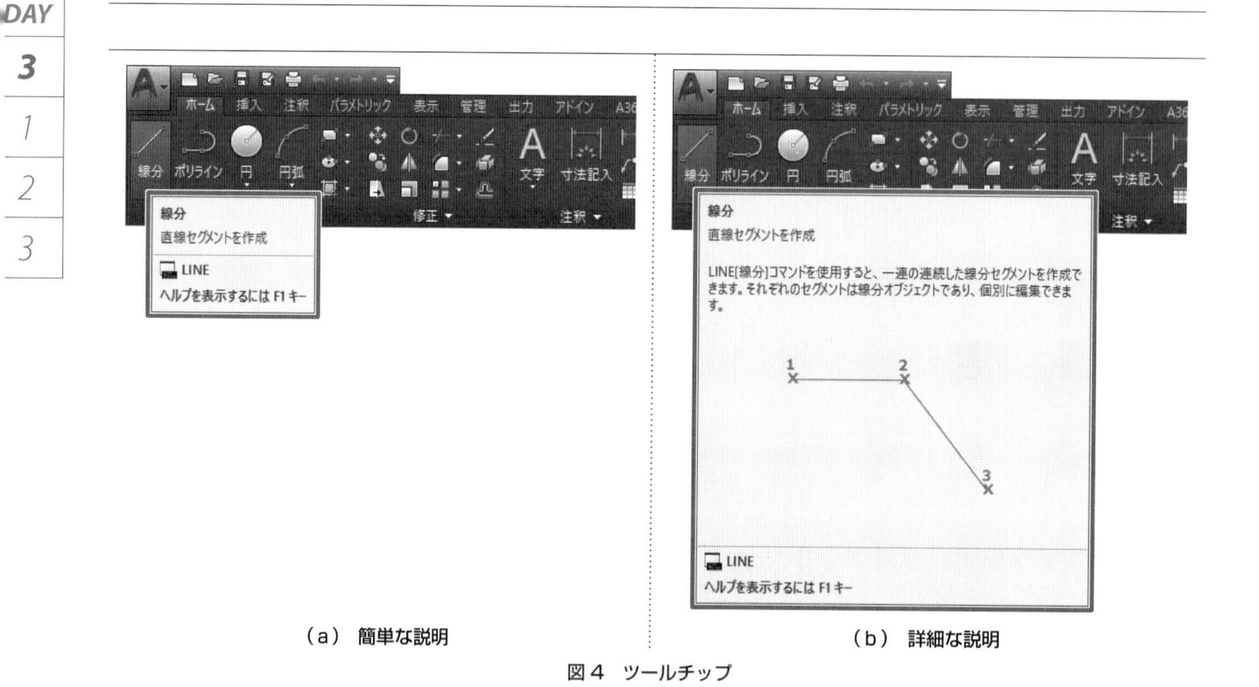

（a） 簡単な説明

（b） 詳細な説明

図４ ツールチップ

リボンはリボンタブとリボンパネルで構成されています。リボンパネルの中にあるアイコン（絵柄）ボタンを選択（SEL）し、コマンドを実行します。

ボタンのアイコン（絵柄）は慣れるまではわかりづらいものもありますが、ボタンにカーソルを近づけるとツールチップと呼ばれる説明画面〔図4(a)〕が表示されるので、それをヒントにします。少し時間をおいて操作方法を示した説明文〔図4(b)〕が表示されます。

▼が付いているアイコンボタンは、▼を選択（SEL）すると、作図方法や他のコマンドのアイコンボタンが展開されます。

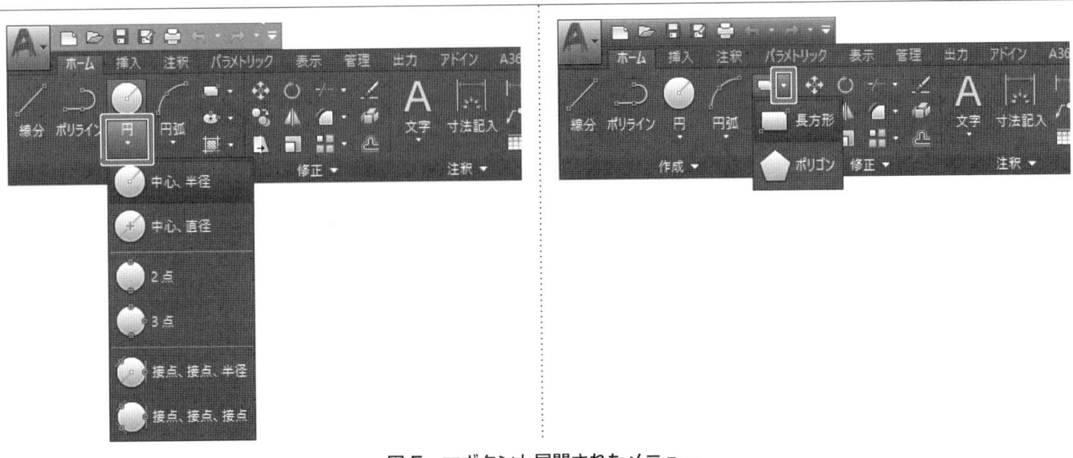

図5　▼ボタンと展開されたメニュー

リボンパネルのタイトル右側にある▼を選択（SEL）すると、他のコマンドのアイコンボタンが表示されます。

スライドアウトパネルと呼ばれ、押しピンを選択（SEL）すると、パネルを展開したままにすることができ、再度押しピンを選択（SEL）すると、展開されている部分は閉じます。

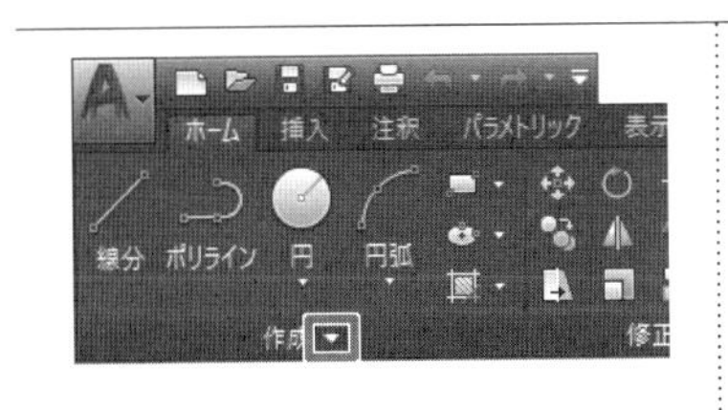
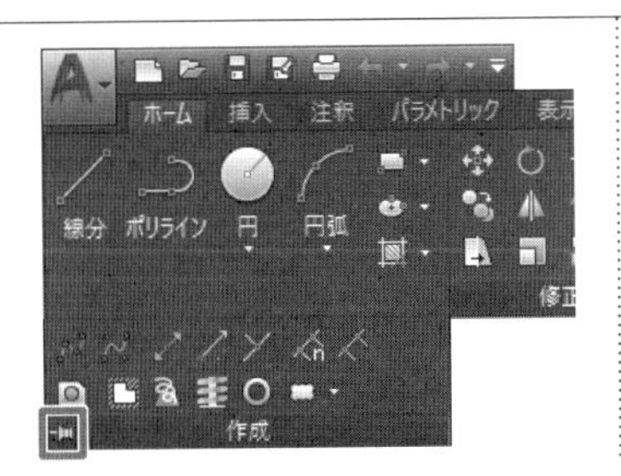
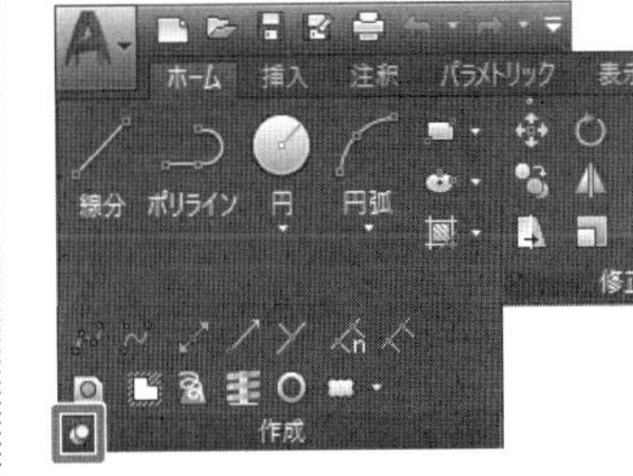

図6　スライドアウトパネル

■ 操作手順記述例

内　容	操　作　手　順
線分を作図する	[ホーム] タブ [作成] / 線分　を（SEL）
円を中心と半径の指示で作図する	[ホーム] タブ [作成] / 円 / 中心、半径　を（SEL）

DAY 1 1 2 3 DAY 2 1 2 3 DAY 3 1 2 3

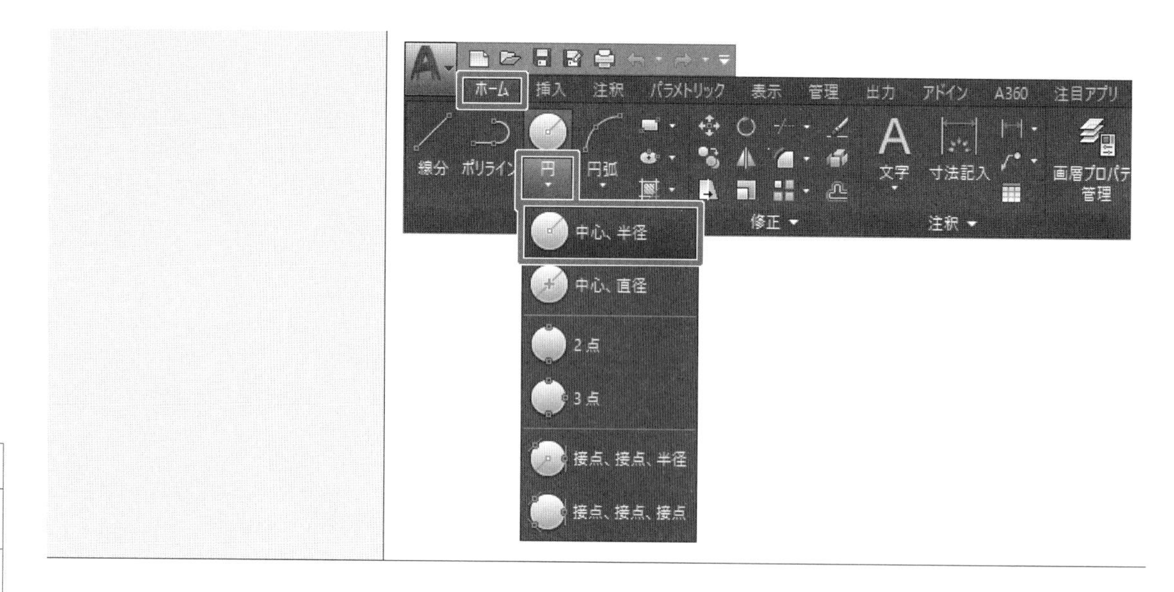

DAY 1
1
2
3
DAY 2
1
2
3
DAY 3
1
2
3

6 ダイアログボックス

図面を「開く」や「保存」「印刷」コマンドのように、コマンド実行後、次の操作を促すような画面が表示される場合があります。この画面はダイアログボックスと呼ばれ、「ダイアログ」（dialog）＝「対話」という意味をもち、画面の項目を目でおっていきながら、必要な設定、指示を実行できるようになっています。

■ 操作手順記述例

内容	操作手順
図面を新規に作成する	**クイックアクセスツールバー** の **[新規作成]** を（SEL） テンプレートを選択 ダイアログ 一覧から acadiso を（SEL） **[開く]** を（SEL）

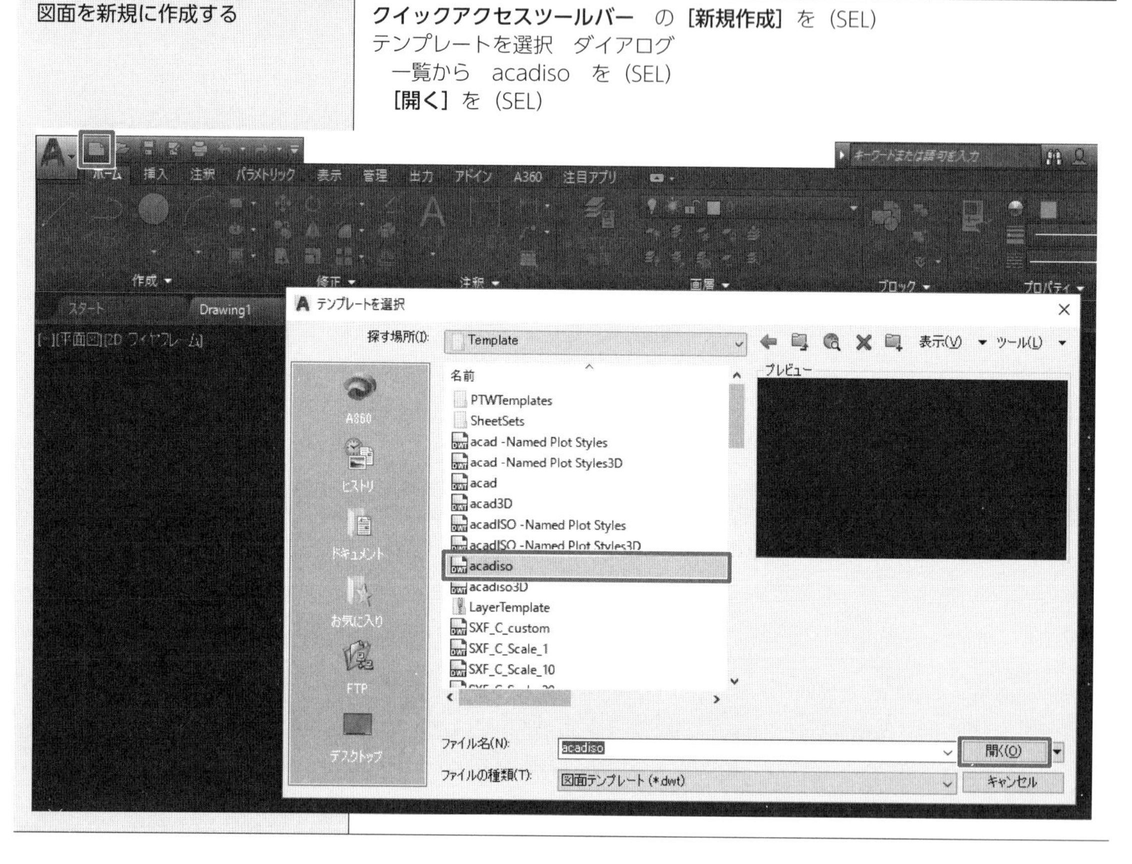

7 パレット

オブジェクトのプロパティ（特性）を確認するコマンドや、画層という機能を設定するコマンドを実行するとパレットと呼ばれる画面が表示されます。

実行している内容の状態が明確に表示されているウィンドウです。

ダイアログボックスは「OK」ボタンや「閉じる」ボタンで操作を確定すると画面から消去されますが、パレットは、操作中、操作後も画面に表示したままにしておくことができます。

■ 操作手順記述例

内　容	操　作　手　順
画層を新規に作成する	［ホーム］タブ［画層］/ 画層プロパティ管理　を（SEL） 画層プロパティ管理　パレット ［新規作成］アイコン　を（SEL）

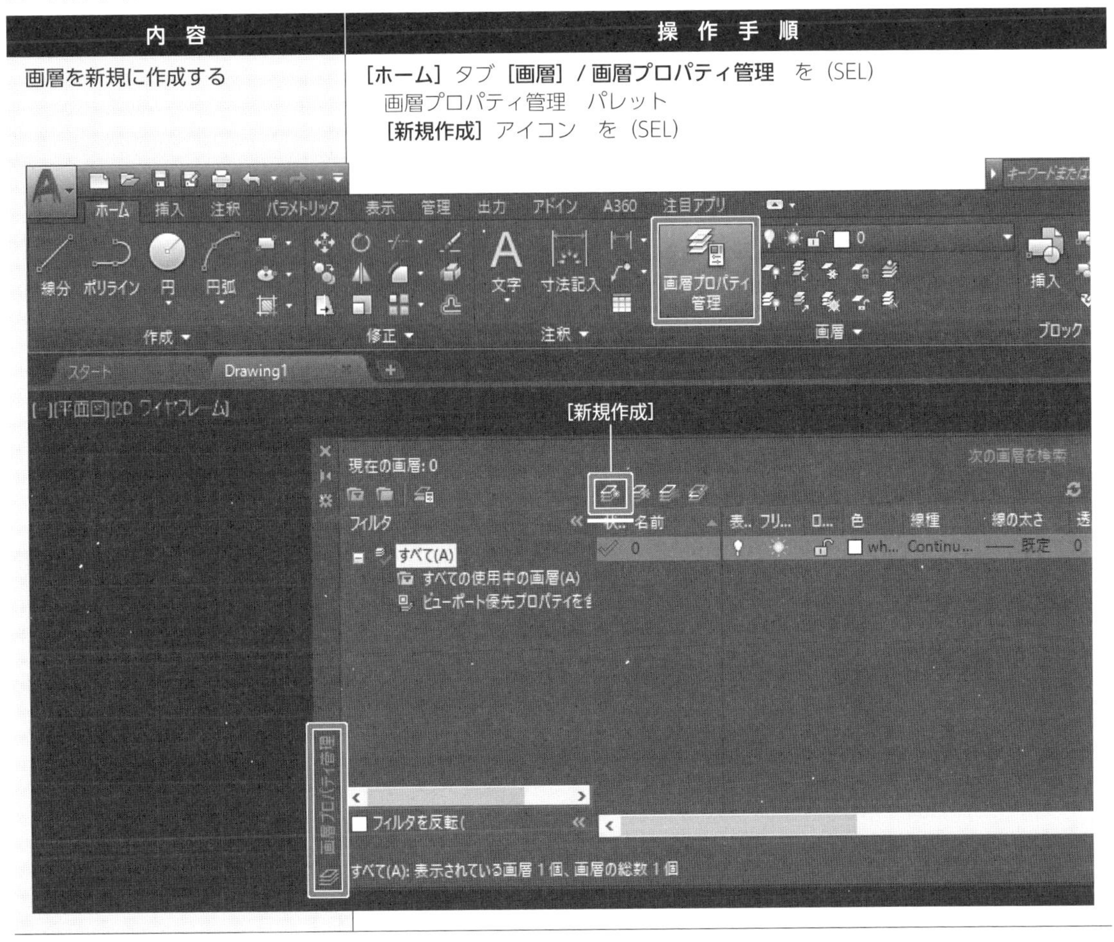

8 コマンドウィンドウ

コマンドウィンドウには、操作をする上で必要なメッセージが表示されるので、慣れるまではよく読んで、AutoCAD と対話しながら操作を進めます。

最初に起動すると、作図領域の下部にどこでも位置を動かせるような状態で表示されています。

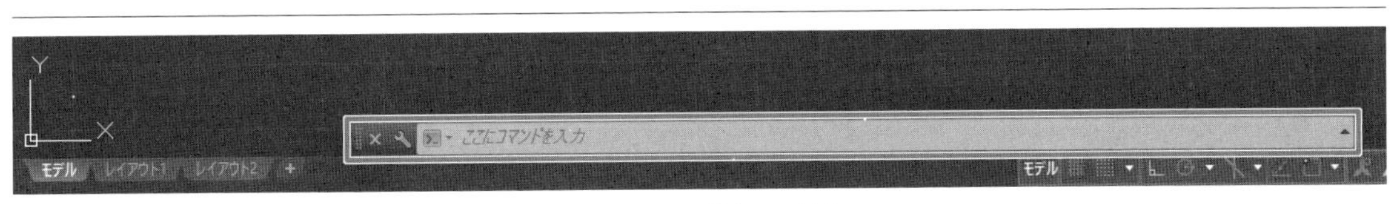

図７　コマンドウィンドウ

作図のじゃまにならないように、作図領域の下部に位置を固定します。コマンドウィンドウの左端の濃いグレーの部分をマウスの左ボタンを押したまま下部に動かします。

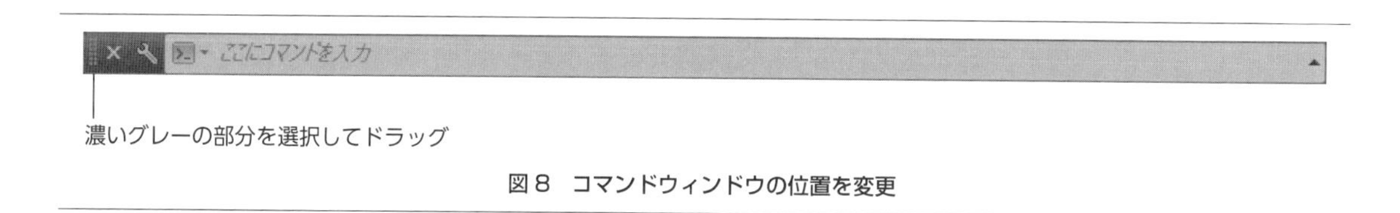

図8　コマンドウィンドウの位置を変更

画面下部、固定される位置に枠線が見えてきたら、マウスのボタンを離します。

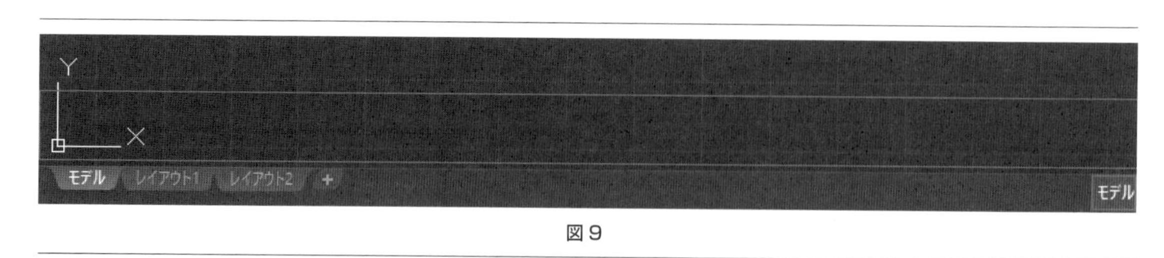

図9

1行表示では、内容がわかりにくいため、メッセージの内容を明確に捉えるために、3行ほどに増やします。

コマンドウィンドウ上部の枠線にカーソルを合わせると上下の矢印が表示されるので、マウスの左ボタンを押したままで上方にマウスを動かして行数を増やします。

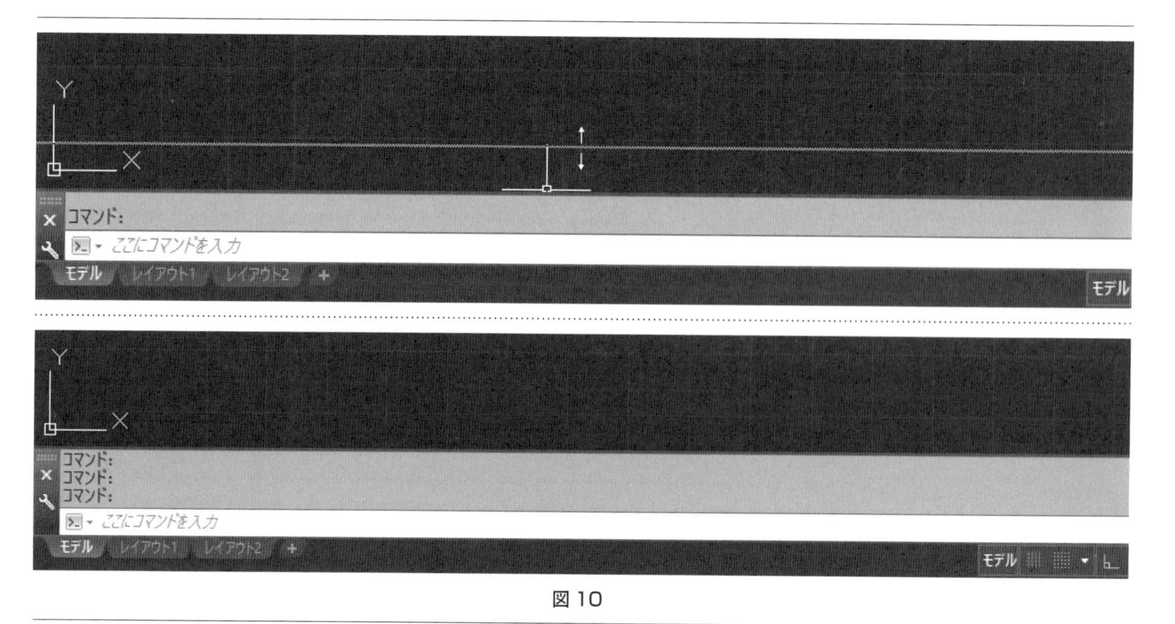

図10

9　コマンドオプション

コマンドを実行した後、すぐに、コマンドウィンドウを見てみます。

コマンドによっては、オプションコマンドがあります。オプションコマンドを使用することで、余計な手間が省け、わかりやすく操作をすすめることができます。

コマンドオプションはコマンドウィンドウに表示されているオプション名を直接選択（SEL）して実行します。

■ 操作手順記述例

内　容	操　作　手　順
最初の点に閉じる線分を作図する	[ホーム] タブ [作成] / 線分　を (SEL) (1 点目を指定…：)　P1　を (SEL) (次の点を指定…：)　P2　を (SEL) (次の点を指定…：)　P3　を (SEL) (次の点を指定…：)　コマンドウィンドウ　の [閉じる (C)] を (SEL)  1 点目を指定: 次の点を指定 または [元に戻す(U)]: 次の点を指定 または [元に戻す(U)]: LINE 次の点を指定 または [閉じる(C) 元に戻す(U)]: モデル　レイアウト1　レイアウト2　+

10　ショートカットメニュー

マウスの右クリックをして表示されるメニューをショートカットメニューと呼びます。ショートカットメニューを使用すると、マウスをむだに動かすことなく、必要な操作が実行できます。また、ショートカットメニューは表示するタイミングで内容は異なります。

コマンド操作終了後に表示されるショートカットメニューからは、同じコマンドの繰り返しの操作を実行できます。コマンド実行中に表示されるショートカットメニューからはコマンドウィンドウに表示されるのと同じオプションコマンドを実行することができます。

■ 操作手順記述例

内　容	操　作　手　順
線分のプロパティを確認する	最初に作図した線分　を (SEL) (右) ショートカットメニュー　の [オブジェクトプロパティ管理] を (SEL) 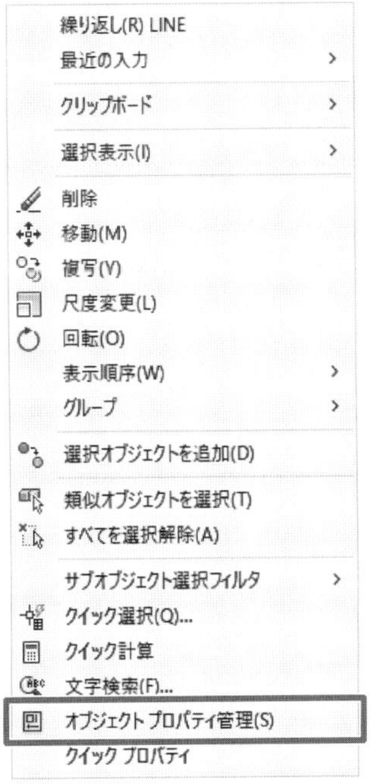 繰り返し(R) LINE 最近の入力 クリップボード 選択表示(I) 削除 移動(M) 複写(Y) 尺度変更(L) 回転(O) 表示順序(W) グループ 選択オブジェクトを追加(D) 類似オブジェクトを選択(T) すべてを選択解除(A) サブオブジェクト選択フィルタ クイック選択(Q)... クイック計算 文字検索(F)... オブジェクト プロパティ管理(S) クイック プロパティ

■ 線分コマンド実行中、3点目を指定後に表示されるショートカットメニュー

「閉じる」オプションが選択できる(図 11)。

■ 線分コマンド終了後、右クリックして表示されるショートカットメニュー

線分コマンドの「繰り返し」が選択できる(図 12)。

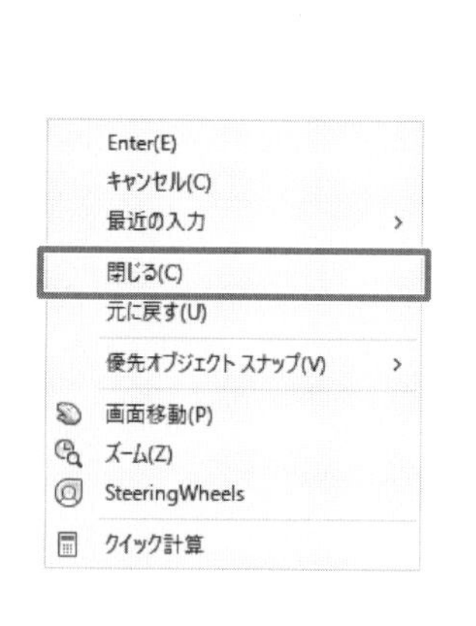

図 11

図 12

11 ナビゲーションバー

ナビゲーションバーは、画面移動やズーム操作が手軽に選択、操作できるように表示されています。最初に、作図領域右側に薄く表示され、カーソルを近づけると表示が明確になります。

本書では、上から2番目の「画面移動」と3番目の「ズーム」の機能を使用します。

ズームのアイコンボタンは、アイコンボタン下の▼を選択（SEL）すると、メニューが表示されます。

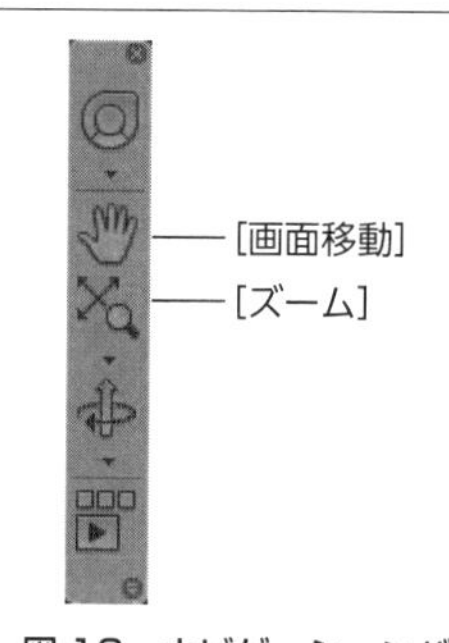

図 13 ナビゲーションバー

■ 操作手順記述例

内 容	操 作 手 順
指定した範囲を拡大ズームする	ナビゲーションバー の [窓ズーム] を (SEL)

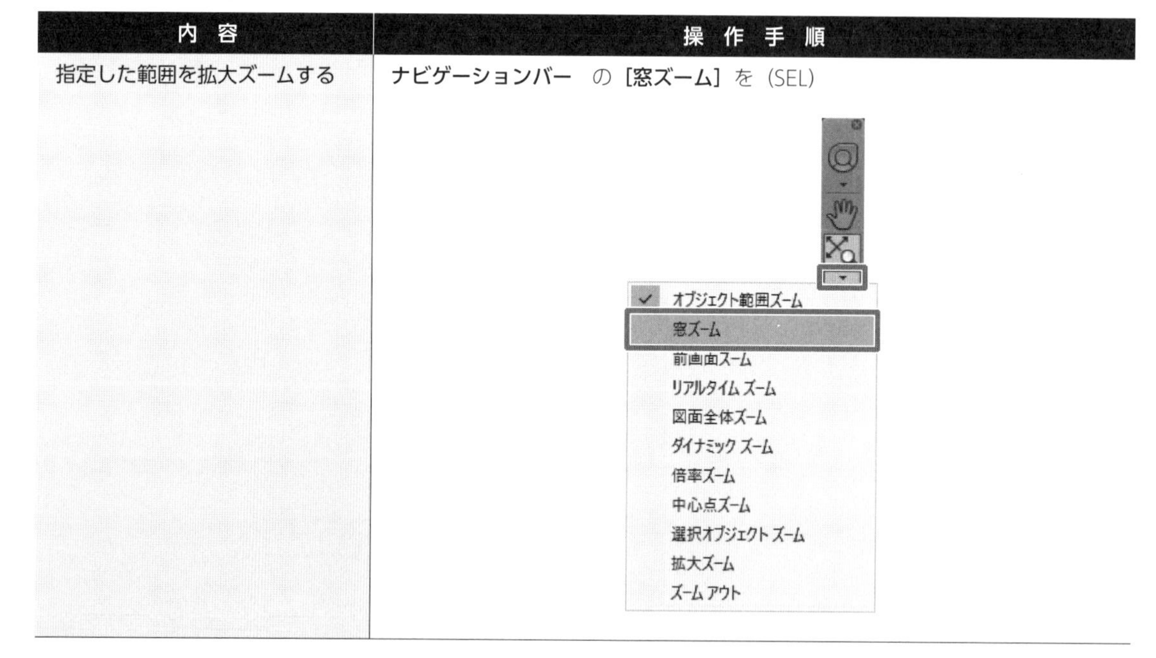

12 ステータスバー

画面下部にはステータスバーと呼ばれる、作図を補助するいくつかのアイコンボタンが表示されています。

これらのアイコンボタンで設定されるツールは、図面作業で便利な道具です。ボタンを選択（SEL）してオン（ハイライトされる）状態にすると、そのツールが有効となります。また、▼が表示されているアイコンボタンは、設定内容を変更できます。

使い方を理解していない道具は、作業のじゃまになる場合があります。必要になるまで、ボタンの表示をオフにしておきます。設定をオフにするにあたり、本書で必要なツール、また、すでに設定がオンになっていて表示されていないツールのボタンを表示します。ステータスバーの一番右側にある「カスタマイズ」アイコンボタンを選択（SEL）して、表示するツール名にチェックを付けます。ハイライトされているすべてのボタンを選択（SEL）してハイライトをオフにします。

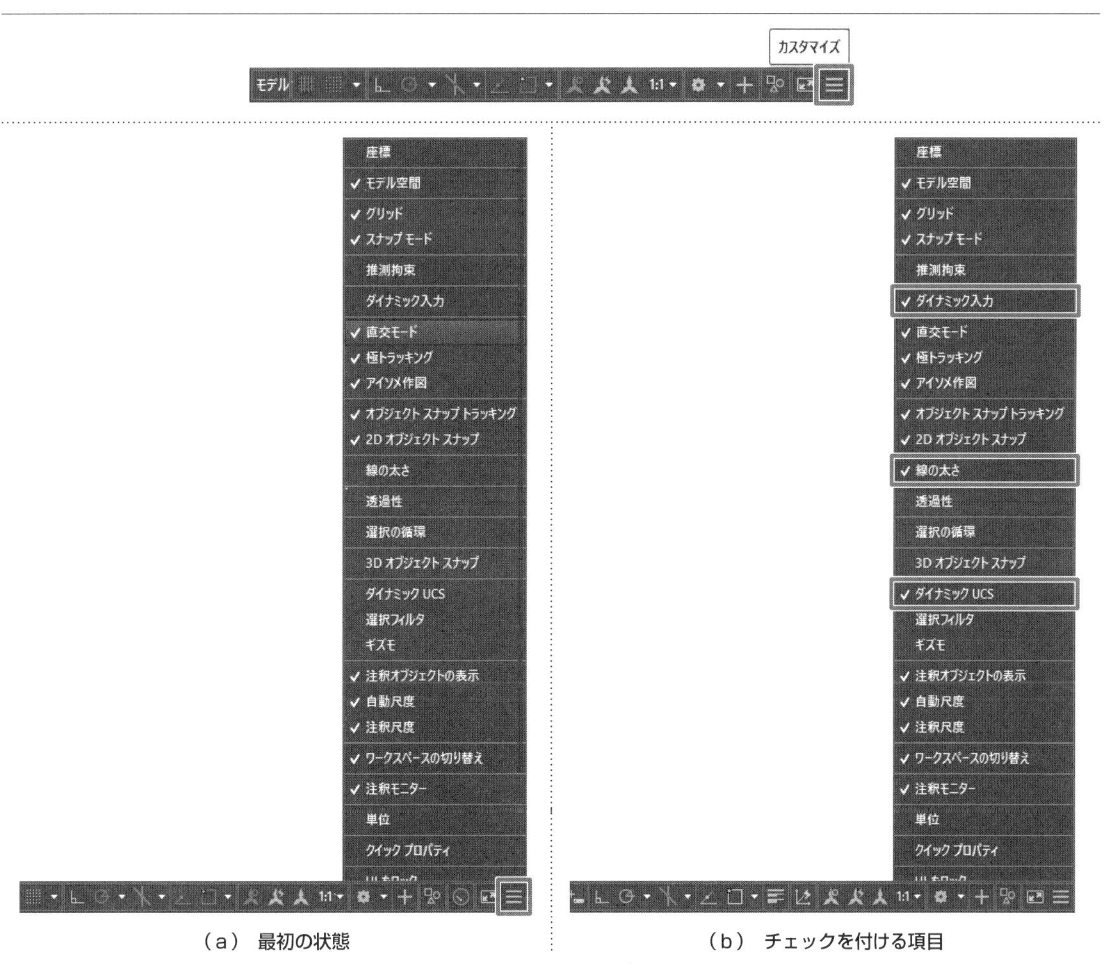

（a） 最初の状態　　（b） チェックを付ける項目

図 14 ステータスバー

■ 操作手順記述例

内 容	操 作 手 順
直交モードをオンにする	ステータスバー の［直交モード］を（SEL） 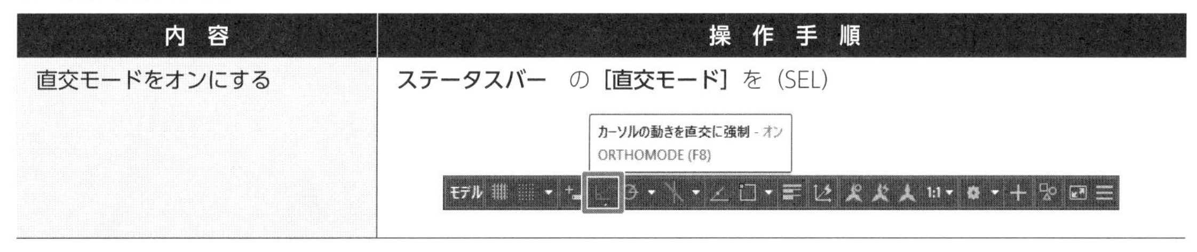

13 ViewCube

AutoCAD は 3 次元の立体図も作図できます。最初は平面状態で画面を表示していますが、立体的な作図をするときには、3D 表示に切り替えて、空間を眺めることができます。画面右上に表示されている ViewCube は空間を見る視点を変更するために使用するツールです。

本書の内容では必要がありません。常時、表示をオフにしておきます。

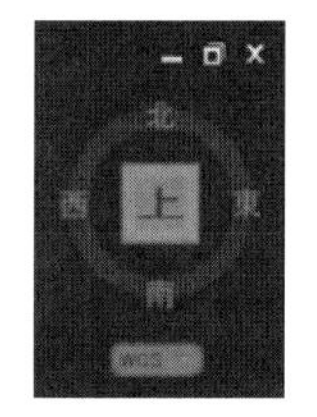

図 15　ViewCube

■ 操作手順

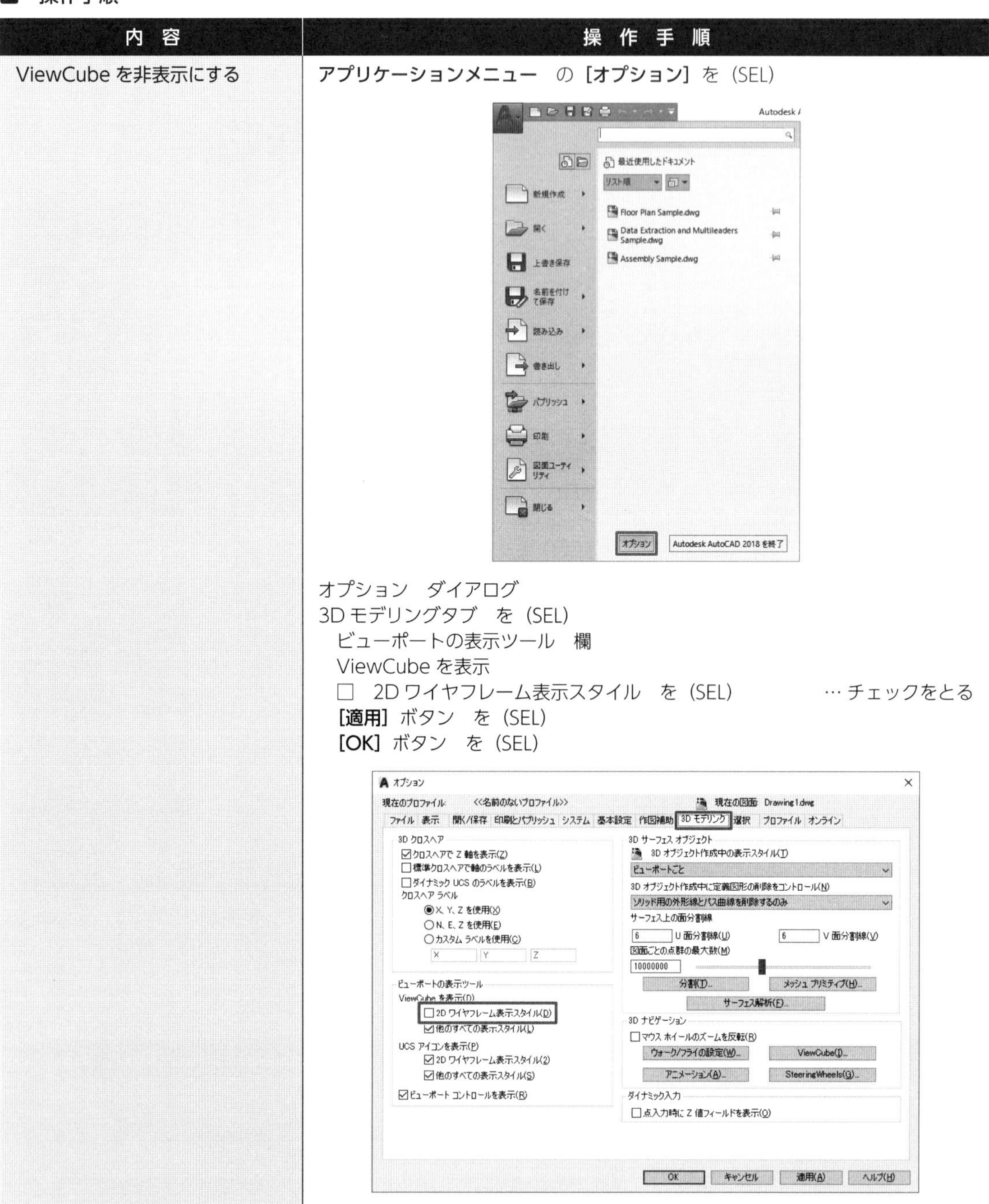

内　容	操　作　手　順
ViewCube を非表示にする	**アプリケーションメニュー**　の［**オプション**］を（SEL） オプション　ダイアログ 3D モデリングタブ　を（SEL） ビューポートの表示ツール　欄 ViewCube を表示 □　2D ワイヤフレーム表示スタイル　を（SEL）　… チェックをとる ［**適用**］ボタン　を（SEL） ［**OK**］ボタン　を（SEL）

1日目

作図の基本

1日目の作図

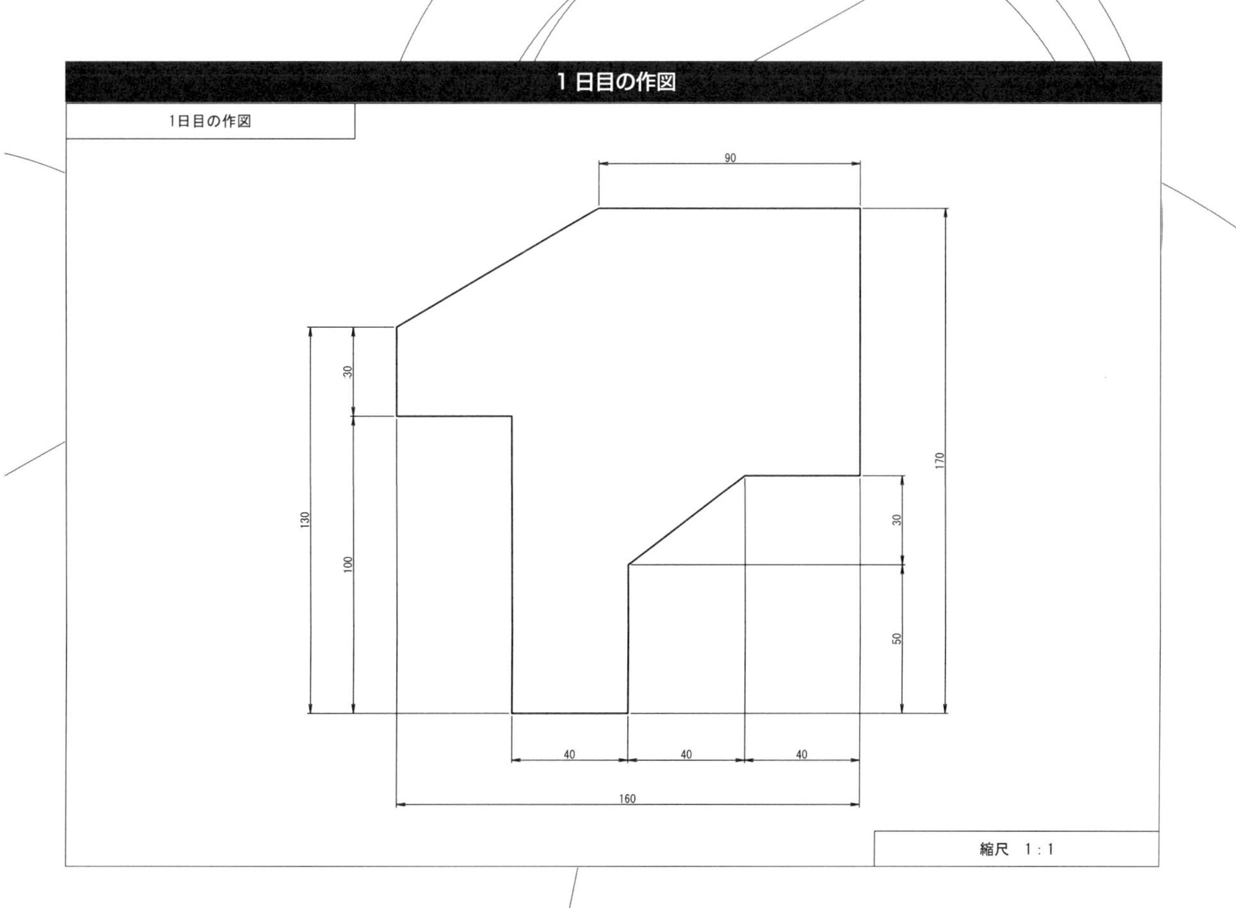

1日目

1時間目

操作をはじめる ▶▶▶ 作図をはじめる前に練習と準備をする

1・1　コマンドを実行する

■ **操作の手順を理解する。**

すでに準備されているひな形となるファイル（テンプレートファイル：詳細は2日目に解説）からはじめます。

まず、簡単な図形を作図し、基本操作を練習します。

1　新規にはじめる

■ **準備されているひな形ではじめる。**

内容	操作手順
1 新しい図面をはじめる	**クイックアクセスツールバー** の **［新規作成］** を（SEL） テンプレートを選択　ダイアログ 　名前　一覧から　acadiso　を（SEL） 　**［開く］** を（SEL）
2 「Drawing1」の図面を閉じる	図面タブの［Drawing1］右側にある　×　を（SEL）

TIPS **図面タブ** 図面の名前を表わしたタブが、スタートタブのとなりに表示されます。 新規に図面を作成すると、Drawing1, 2, 3, …の名前になります。名前を付けて保存すると、そのファイル名が表示されます。	AutoCAD ダイアログ **[いいえ]** を (SEL)　　… 保存をしない

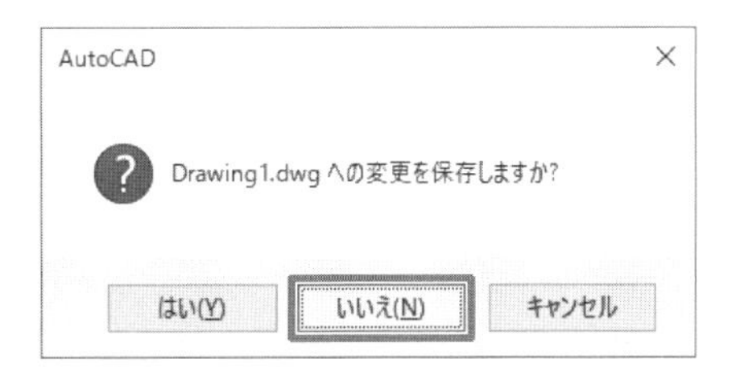

❸ 作図領域のグリッド表示をオフにする	**ステータスバー** の **[作図グリッドを表示]** アイコン を (SEL) … 設定をオフにする

… **作図グリッド** テンプレートファイル acadiso を開くと、方眼紙のようなグリッド線が表示される。本書ではこの線を活用しないので、表示はオフにする。もうひとつ［注釈オブジェクトを表示］の設定がオンになっているが、この機能は、作図、修正の操作に影響はないので、そのままにしておいても問題ない。

2 線分を作図する

■ 慣れるまでコマンドウィンドウに注目する。

内 容	操 作 手 順
❶ 適当な位置に線分を作図する	**[ホーム]** タブ **[作成] / 線分** を (SEL)

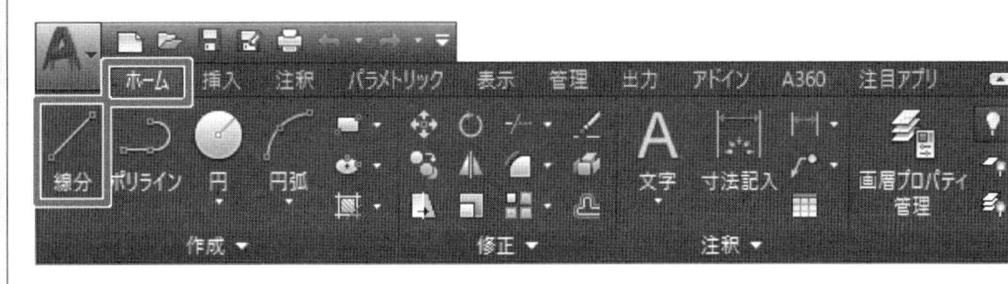

(1 点目を指定…：) P1 を (SEL)
(次の点を指定…：) P2 を (SEL)
(次の点を指定…：) P3 を (SEL)
(次の点を指定…：) P4 を (SEL)
(次の点を指定…：) Enter キー　　… キーボードから Enter キーを押す

3 線分で三角形を作図する

■ コマンドオプション「閉じる」を使う。

内 容	操 作 手 順
❶ 線分を作図し，最初の点に線分を閉じる	**[ホーム]** タブ **[作成] / 線分** を (SEL) (1 点目を指定…：) P5 を (SEL) (次の点を指定…：) P6 を (SEL) (次の点を指定…：) P7 を (SEL) (次の点を指定…：) **コマンドウィンドウ** の **[閉じる (C)]** を (SEL)

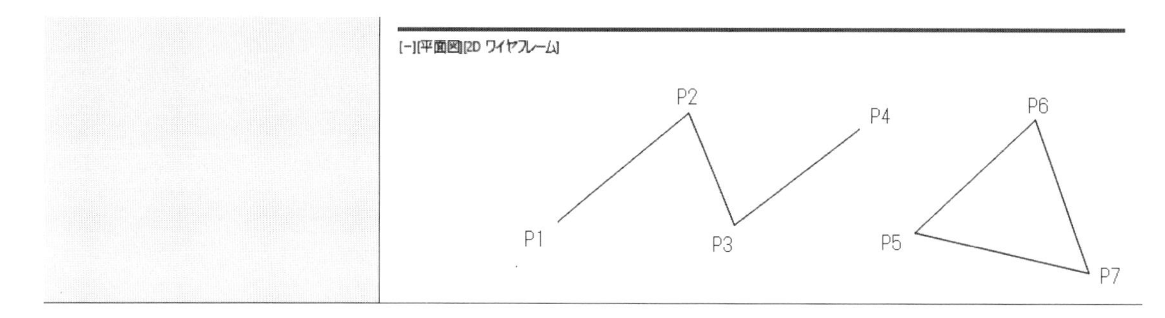

4 大きさを指定して円を作図する

■ キーボードから半径、直径の数値を入力する。

内 容	操 作 手 順
1 半径 30 の円を作図する	[ホーム] タブ [作成] / 円 / 中心、半径 を (SEL) 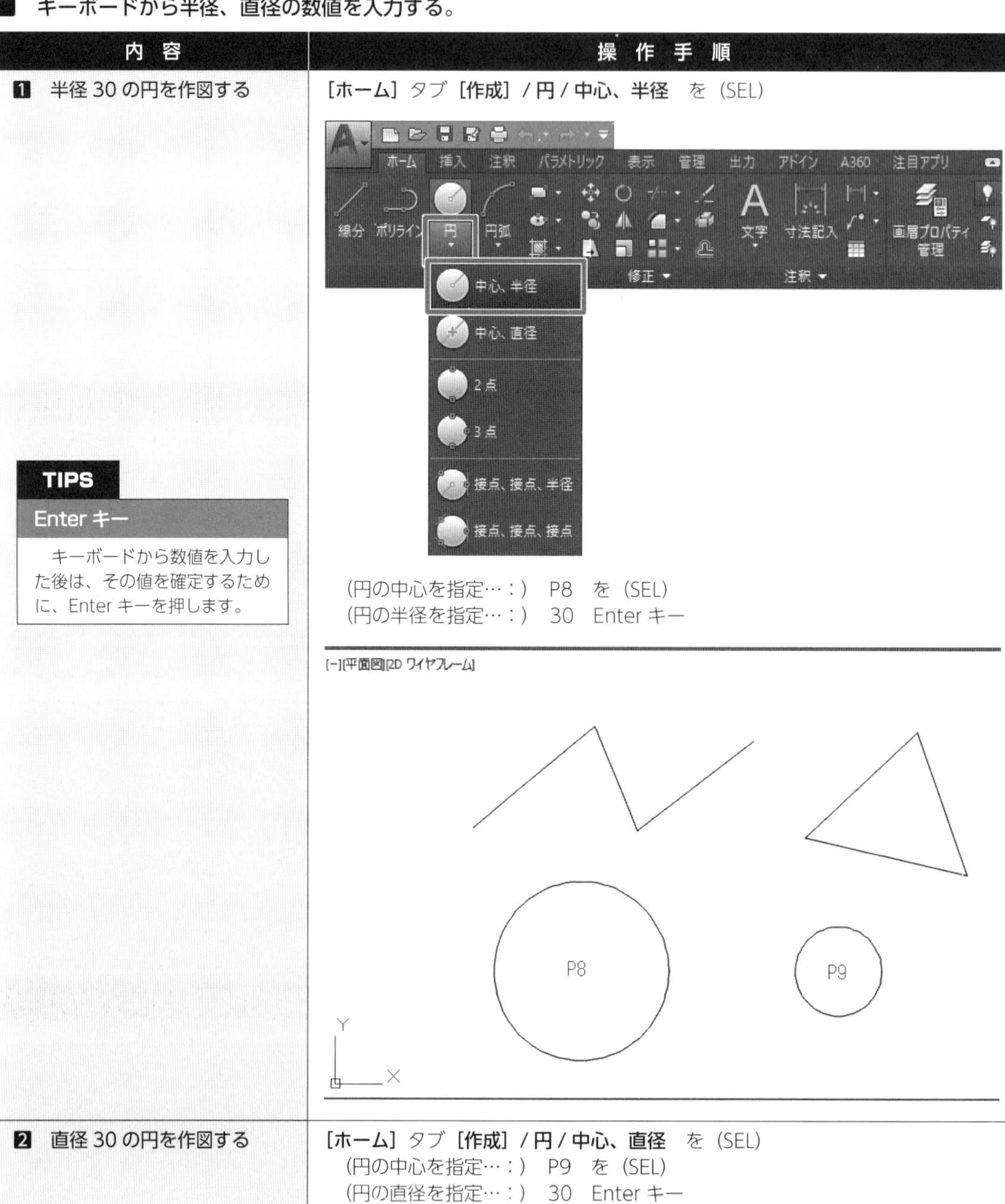 (円の中心を指定…:) P8 を (SEL) (円の半径を指定…:) 30 Enter キー
2 直径 30 の円を作図する	[ホーム] タブ [作成] / 円 / 中心、直径 を (SEL) (円の中心を指定…:) P9 を (SEL) (円の直径を指定…:) 30 Enter キー

TIPS

Enter キー

キーボードから数値を入力した後は、その値を確定するために、Enter キーを押します。

5 コマンドをキャンセルして、前の状態に戻す

■ キャンセルの操作（Esc キー）、「元に戻す」コマンドを使う。

内 容	操 作 手 順

1 線分コマンドを実行し，すぐにキャンセルする

[ホーム] タブ [作成] / 線分 を (SEL)
（1 点目を指定…：） Esc キー　　　… 線分コマンドはキャンセルされる

```
コマンド:
コマンド: _line
1 点目を指定: *キャンセル*
ここにコマンドを入力
```

TIPS

Esc キー

Esc キーを押すと実行中のコマンドはキャンセルされ，コマンドウィンドウは「ここにコマンドを入力」の表示になります。

2 操作を取り消して直径 30 の円の作図前の状態に戻す

クイックアクセスツールバー の [元に戻す] を (SEL)
… 直前の線分コマンドの実行が元に戻される線分を作図せずにキャンセルしたため，作図内容は変わらない

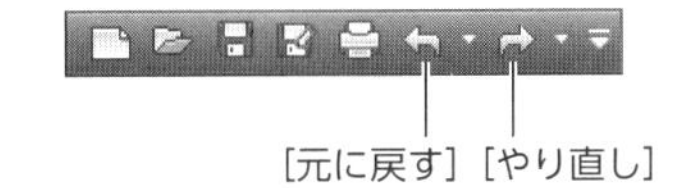


```
コマンド:
コマンド: _.undo 現在の設定: 自動 = オン, コントロール = すべて, 合成 = はい, 画層 = はい
取り消す操作の数を入力 または [自動(A)/コントロール(C)/開始(BE)/終了(E)/マーク(M)/後退(B)] <1>: 1 グループ LINE
ここにコマンドを入力
```

クイックアクセスツールバー の [元に戻す] を (SEL)
… 直径 30 の円コマンドの実行が元に戻され，円がひとつ消去される

```
コマンド:
コマンド: _.undo 現在の設定: 自動 = オン, コントロール = すべて, 合成 = はい, 画層 = はい
取り消す操作の数を入力 または [自動(A)/コントロール(C)/開始(BE)/終了(E)/マーク(M)/後退(B)] <1>: 1 CIRCLE グループ
ここにコマンドを入力
```

3 元に戻されて取り消された円を復活する

クイックアクセスツールバー の [やり直し] を (SEL)
… 直径 30 の円が復活する

```
コマンド: _.mredo
操作の個数を入力 または [すべて(A)/最後(L)]: 1 グループ CIRCLE
すべての操作がやり直されました
ここにコマンドを入力
```

4 操作をまとめて元に戻す

クイックアクセスツールバー の [元に戻す] の ▼ を (SEL)
一覧から 2 行目の Circle を (SEL)
… 2 つの円コマンドの実行が元に戻される

```
コマンド:
コマンド: _.undo 現在の設定: 自動 = オン, コントロール = すべて, 合成 = はい, 画層 = はい
取り消す操作の数を入力 または [自動(A)/コントロール(C)/開始(BE)/終了(E)/マーク(M)/後退(B)] <1>: 2 CIRCLE グループ CIRCLE グループ
ここにコマンドを入力
```

5 元に戻されて取り消された円を復活する

クイックアクセスツールバー の [やり直し] の ▼ を展開
一覧から 2 行目の Circle を (SEL) … 半径 30 と直径 30 の円が復活する

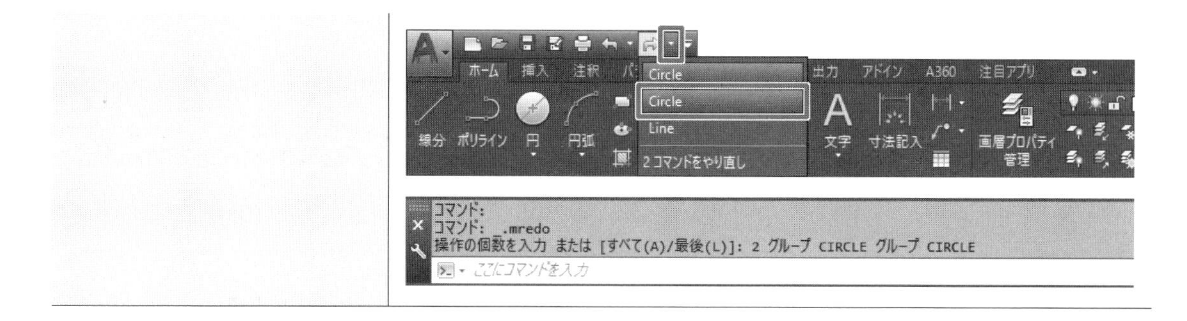

6 見たい部分をわかりやすく表示する

■ 「ズーム」コマンド、「画面移動」コマンドを使う。

内容	操作手順
1 作図した図形部分を拡大表示する	ナビゲーションバー の［窓ズーム］を（SEL） … カーソルが窓ズームの虫めがねの形に変わる （最初のコーナーを指定：） P1 を（SEL） （もう一方のコーナーを指定：） P2 を（SEL） … P1，P2 の枠で指定した範囲が作図領域いっぱいに表示される

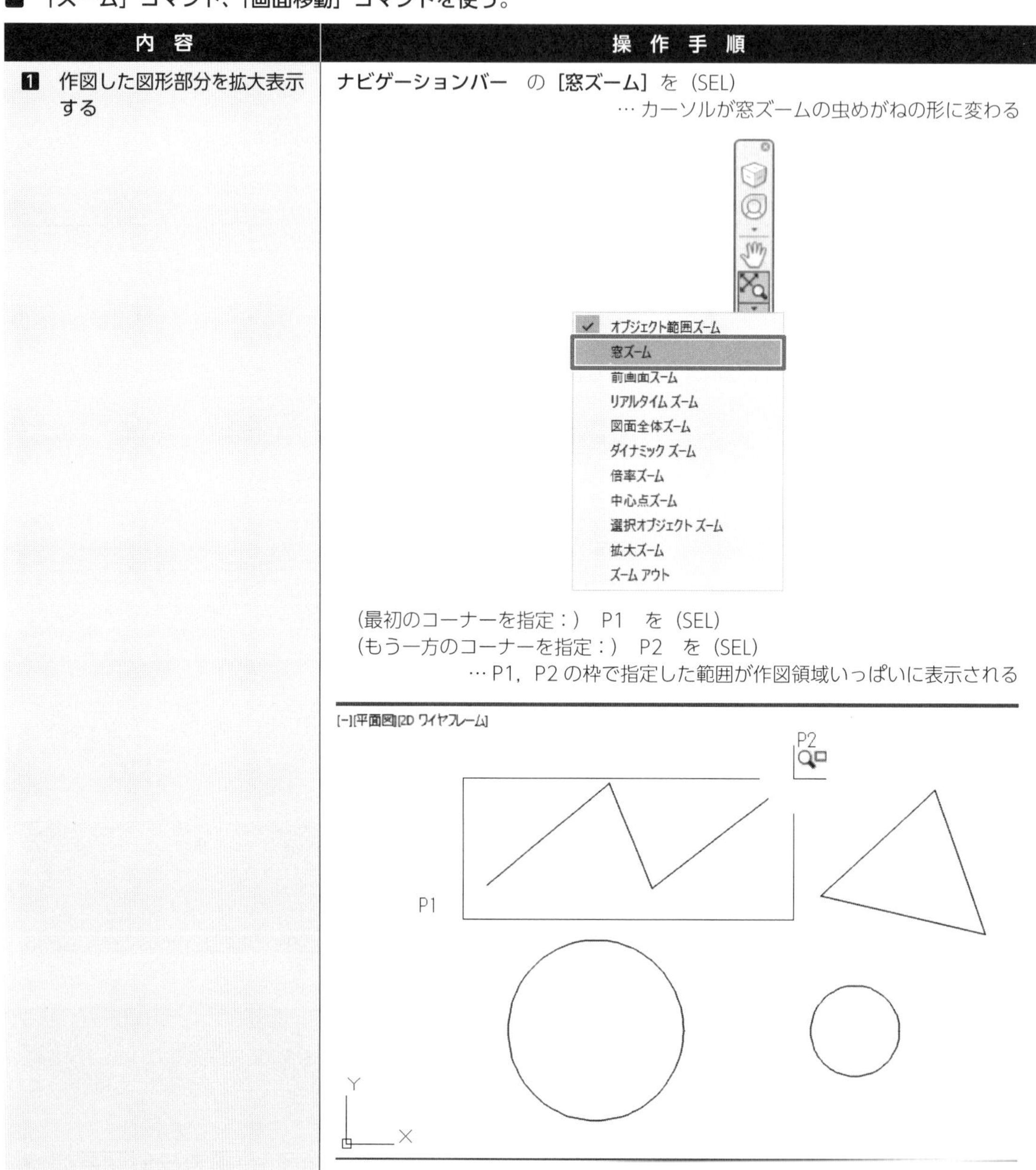

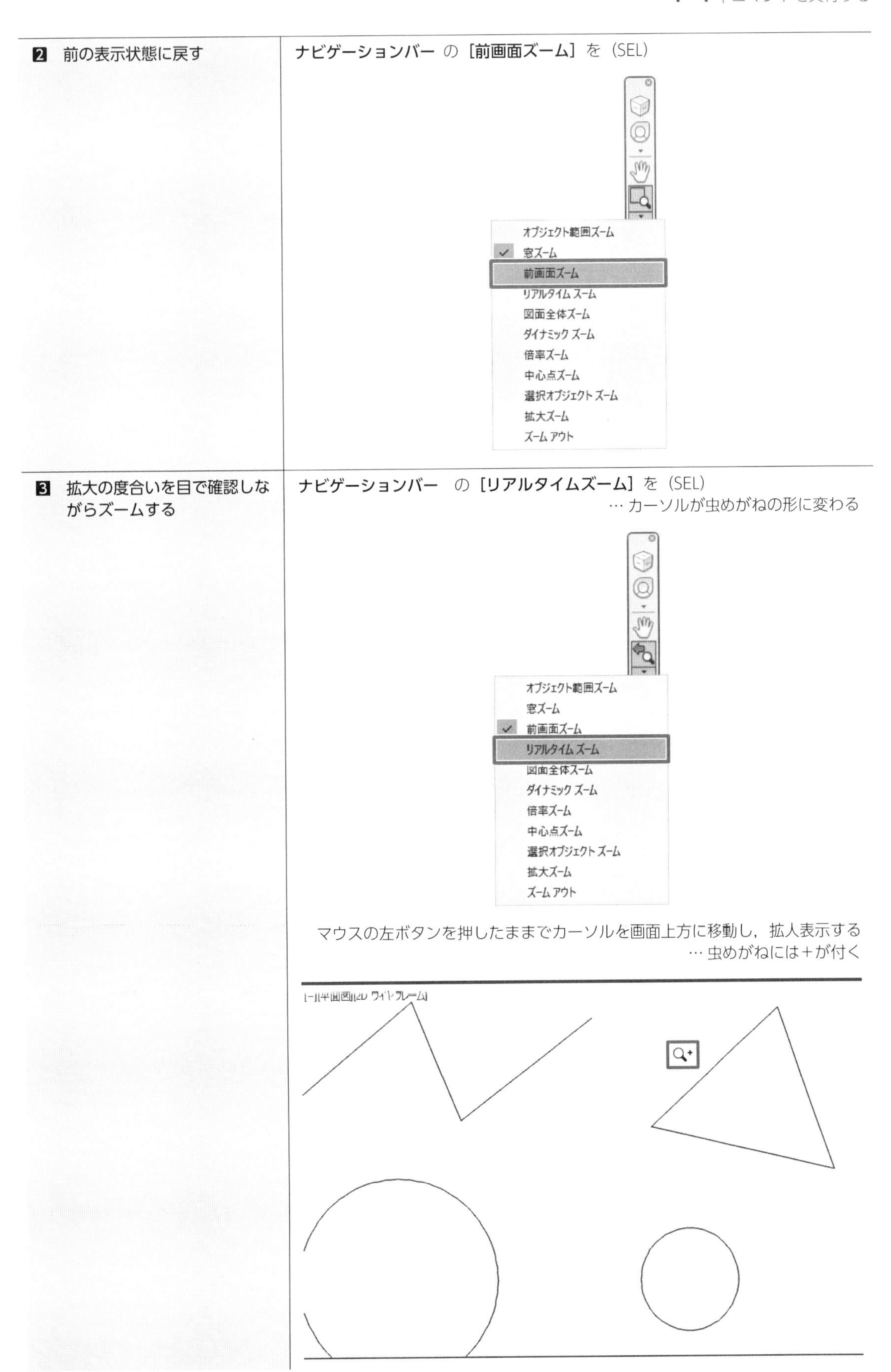

2 前の表示状態に戻す

ナビゲーションバー の［前画面ズーム］を（SEL）

3 拡大の度合いを目で確認しながらズームする

ナビゲーションバー の［リアルタイムズーム］を（SEL）
… カーソルが虫めがねの形に変わる

マウスの左ボタンを押したままでカーソルを画面上方に移動し，拡大表示する
… 虫めがねには＋が付く

マウスの左ボタンを押したままでカーソルを画面下方に移動し，縮小表示する
… 虫めがねには － が付く
Esc キー

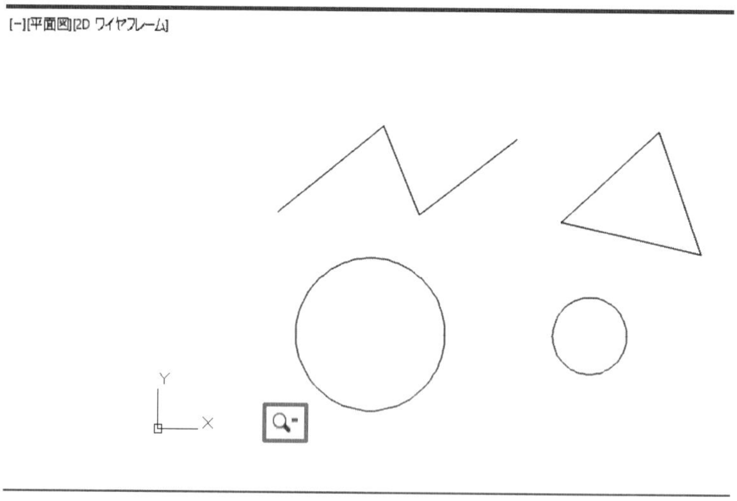

[−][平面図][2D ワイヤフレーム]

❹ 画面を移動する

ナビゲーションバー の **［画面移動］** を（SEL） … カーソルが手の形に変わる

マウスの左ボタンを押したままでカーソルを移動する
Esc キー

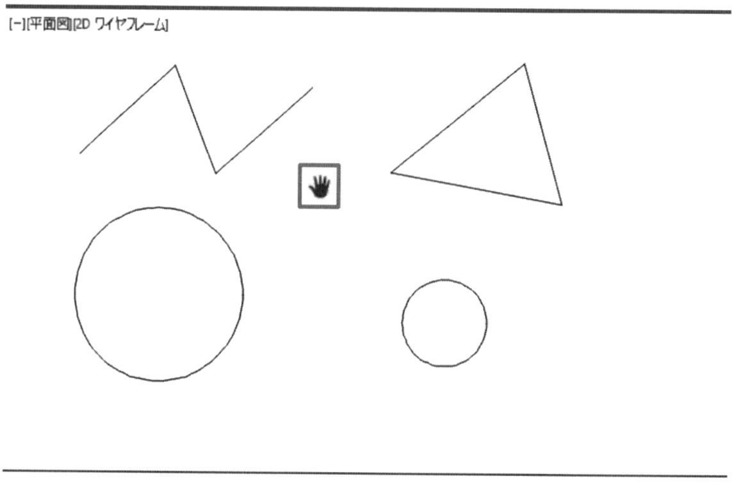

[−][平面図][2D ワイヤフレーム]

5 作図してあるオブジェクトを画面いっぱいに表示する	ナビゲーションバー の［オブジェクト範囲ズーム］を (SEL) オブジェクト範囲ズーム 窓ズーム 前画面ズーム リアルタイム ズーム 図面全体ズーム ダイナミック ズーム 倍率ズーム 中心点ズーム 選択オブジェクト ズーム 拡大ズーム ズーム アウト

TIPS　マウスのホイールボタン

マウスのホイールボタンを使用しても、次の操作ができます。

- **リアルタイムズーム**　ホイールを前方に回すと表示が拡大し、手前に回すと縮小します。
- **画面移動**　ホイールを押したままカーソルを動かすと、画面が移動します。
- **オブジェクト範囲ズーム**　ホイールボタンをダブルクリック（2 回すばやく押す）すると、作図してあるオブジェクトを画面いっぱいに表示します。

1・2　作図をはじめる場所を準備する

■ **作図する領域を明確にしておく。**

AutoCAD の作図領域は無制限で、とても広い領域に自由に好きな場所に作図をすることができます。しかし、広い作図領域で適当な場所で作図してしまうと、作図図形が小さかったり、大きかったりと、画面で捉えにくくなるので、作図する図形の大きさと画面で表示されている領域の大きさを把握しながら作業を進めることが重要です。

本書で作図する図面は、最後に A3 サイズの用紙に出力します。そこで、まず A3 サイズ（420 × 297 mm）の長方形を作図し、その長方形の内側で作図をすれば、完成イメージが画面でも把握することができます。

1　A3 サイズの作図領域を明確にする

■ **「長方形」コマンドを使う。**

内容	操作手順
1 新しい図面をはじめる	**アプリケーションメニュー** の **［新規作成］/ 図面** を (SEL) テンプレートを選択 ダイアログ 名前 一覧から acadiso を (SEL) **［開く］** を (SEL)　… ［Drawing3］ができる
2 作図領域のグリッド表示をオフにする	**ステータスバー** の **［作図グリッドを表示］** アイコン を (SEL) … 設定をオフにする
3 A3 サイズの長方形を作図する	［ホーム］タブ **［作成］/ 長方形** を (SEL)

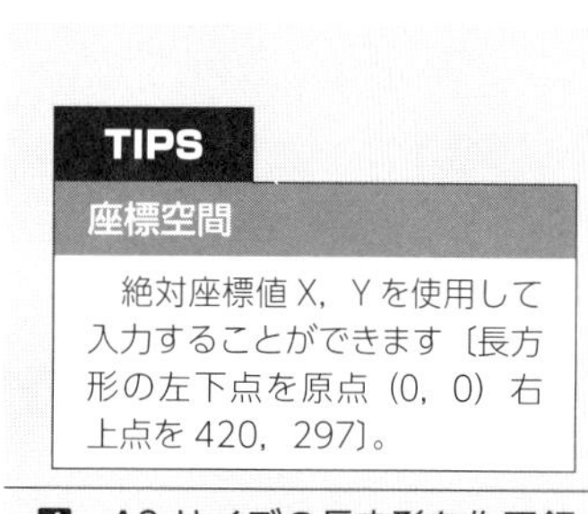
TIPS
座標空間
絶対座標値 X，Y を使用して入力することができます〔長方形の左下点を原点（0，0）右上点を 420，297〕。

（一方のコーナーを指定…：） 0，0 Enter キー
（もう一方のコーナーを指定…：） 420，297 Enter キー

4 A3 サイズの長方形を作図領域いっぱいに表示する	ナビゲーションバー の［オブジェクト範囲ズーム］を（SEL）

DAY 1
1
1
2
3
DAY 2
1
2
3
DAY 3
1
2
3

2 作図単位を明確にする

■ 単位設定を確認する。

内 容	操 作 手 順
1 挿入されるコンテンツの尺度単位をミリメートルに設定する	アプリケーションメニュー の［図面ユーティリティ］/ 単位設定 を（SEL）

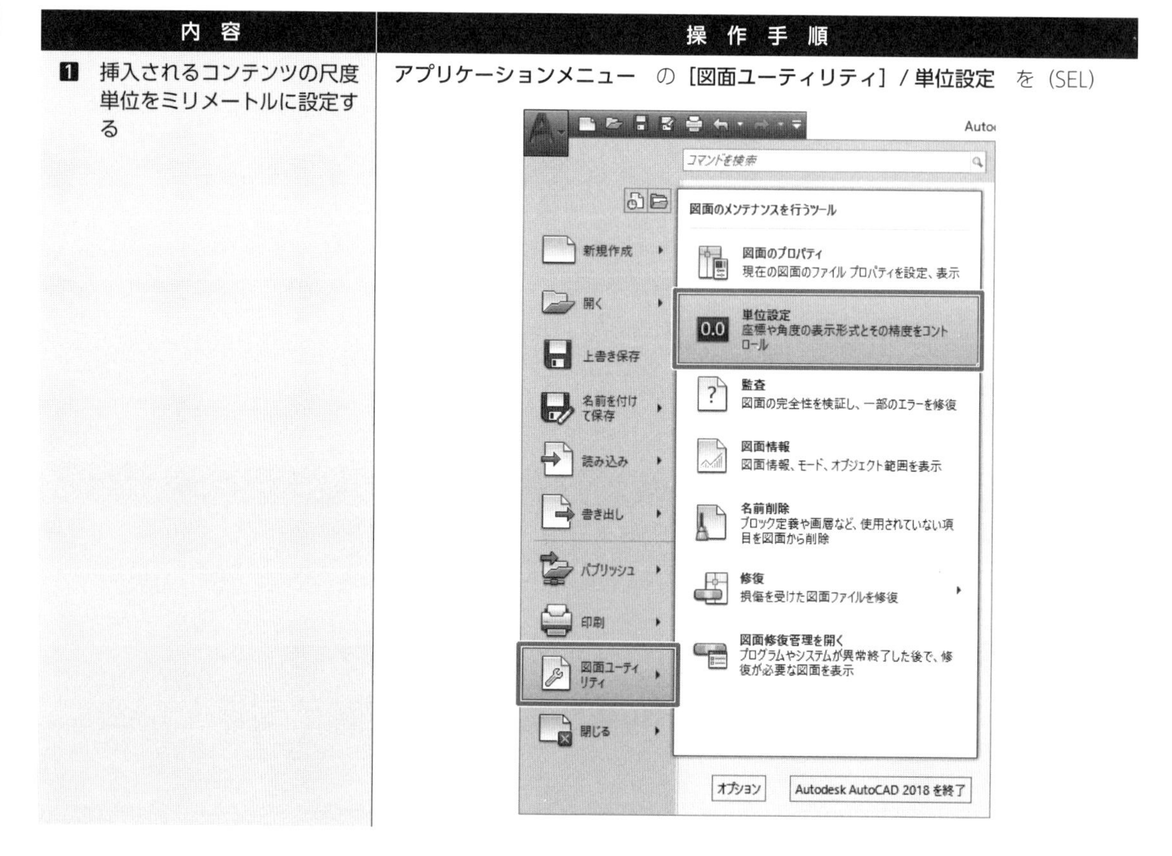

TIPS

作図領域の中で、1という単位

作図途中で図形の大きさを確認したり、寸法を計測するときに、1作図単位の考え方は重要です。ミリメートルなのかメートルなのか、インチなのか、最初に捉えておきます。

規定の用紙に印刷するときにも関係してきます。

本書では、他の図面の要素をとりこんできたり、他の図面で現図面の要素を活用する操作実習があります。それぞれの図面の作図単位が違っていると、操作が面倒になるので、図面間の1作図単位の統一は重要です。

単位管理　ダイアログ
　挿入尺度　欄
　(挿入されるコンテンツの尺度単位：)　ミリメートル　を（SEL）
　[OK] を（SEL）

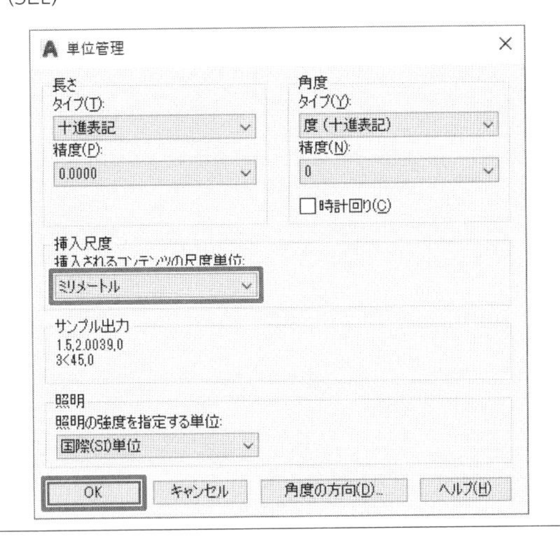

3 図面を保存して終了する

■ 図面「A3 の大きさ」を保存する。

内容	操作手順
1 図面を保存する	**クイックアクセスツールバー** の **[上書き保存]** を（SEL） 図面に名前を付けて保存　ダイアログ 　(保存先：)　保存するフォルダー　を（SEL） 　(ファイル名：)　A3 の大きさ　と入力 　**[保存]** を（SEL） 　　… 名前が付いていない図面は「上書き保存」で「名前を付けて保存」になる

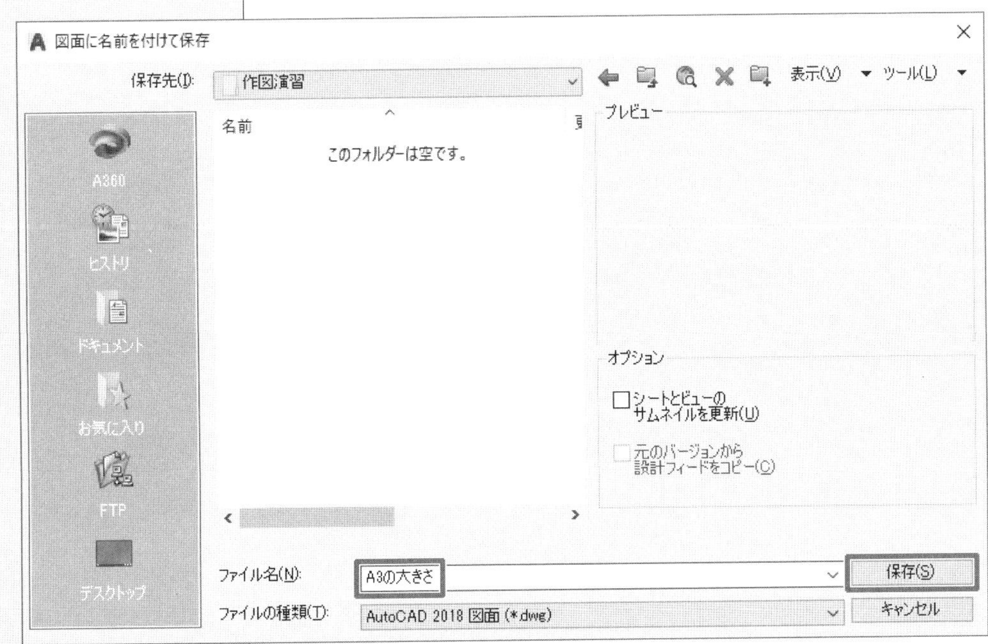

2 図面を閉じる	図面タブの［A3 の大きさ］右側にある　×　を（SEL）

1・3 線分コマンドで簡単に作図する

■ **覚えておくと便利な機能を使う。**

前の時間に保存した「A3の大きさ」を開き、「直交モード」「直接距離入力」「相対座標入力」という機能を使い、線分を簡単に作図します。

AutoCADの作図領域は、XYZの座標空間になっていますが、最初は2次元の平面図を作図できるように、水平軸をX、垂直軸をYとして表示しています。作図領域左下には、X軸、Y軸の方向がわかるように座標系を表わしているアイコンが表示されています。

「直交モード」は、カーソルの動きをX軸、Y軸に平行な動きになるように固定します。

「直接距離入力」は、直交モードと併用して使用することで、X軸、Y軸の方向にカーソルを固定して、その方向に距離を指定し、その長さの線分を作図することができます。

「相対座標入力」は、指定した位置からのX軸、Y軸の方向と長さで、次の点の位置を指定することができます。

1 図面を開いて準備する

■ **図面を「開く」コマンド、「名前を付けて保存」コマンドを使う。**

内容	操作手順
❶ 準備図面「A3の大きさ」を開く	**クイックアクセスツールバー** の **[開く]** を (SEL) [開く] ファイルを選択　ダイアログ （探す場所：）　保存されているフォルダー　を (SEL) 一覧から　A3の大きさ　を (SEL) **[開く]** を (SEL)
❷「1日目の作図」という名前で保存する	**クイックアクセスツールバー** の **[名前を付けて保存 ...]** を (SEL) [名前を付けて保存 ...] 図面に名前を付けて保存　ダイアログ （保存先：）　保存するフォルダー　を (SEL) （ファイル名：）　1日目の作図　と入力 **[保存]** を (SEL)

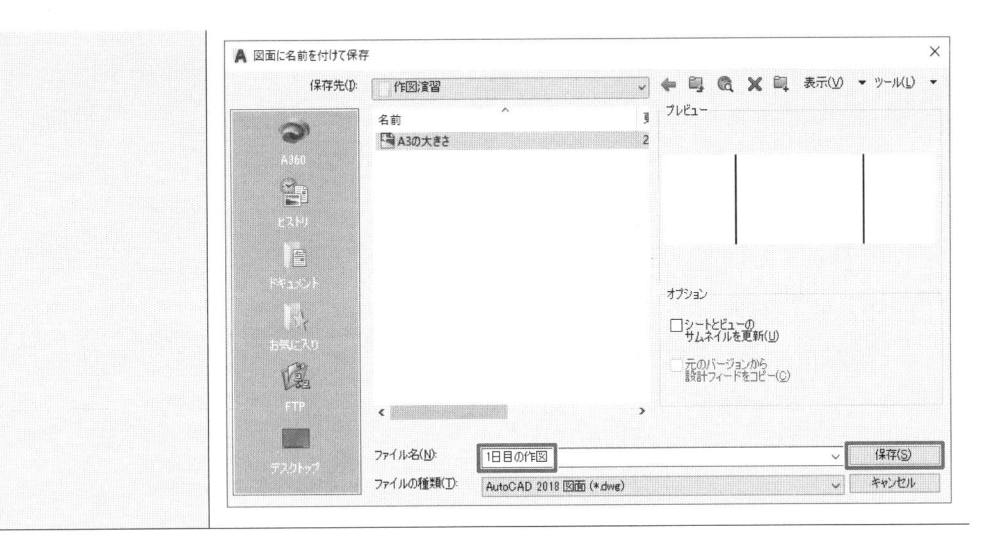

2 線分を作図する

■ 「直交モード」「直接距離入力」「相対座標入力」を使う。

内 容	操 作 手 順
❶ 「直交モード」を使って P1 からまっすぐな垂直線を作図する	**ステータスバー** の **[直交モード]** アイコン を (SEL) … 設定をオンにする モデル 1:1 **[ホーム]** タブ **[作成]** / **線分** を (SEL) (1 点目を指定…：) P1 を (SEL) (次の点を指定…：) 下方適当な位置 を (SEL) (次の点を指定…：) Enter キー … 適当な長さのまっすぐな線分が作図される **クイックアクセスツールバー** の **[元に戻す]** を (SEL) … 作図した線分を消去する
❷ 「直接距離入力」を使って P1 から下方へ 30 mm の垂直線を作図する	**[ホーム]** タブ **[作成]** / **線分** を (SEL) (1 点目を指定…：) P1 を (SEL) (次の点を指定…：) カーソルを下側に移動し，30 Enter キー ←90 P1 ↑90 ↓30 →40 →40 @40,30 ↓100 ↑50 →40
❸ 同様に，「直接距離入力」を使って線分を作図する 右へ 40 mm 下へ 100 mm 右へ 40 mm 上へ 50 mm	(次の点を指定…：) カーソルを右側に移動し，40 Enter キー (次の点を指定…：) カーソルを下側に移動し，100 Enter キー (次の点を指定…：) カーソルを右側に移動し，40 Enter キー (次の点を指定…：) カーソルを上側に移動し，50 Enter キー

4 「相対座標入力」を使って斜めの線分を作図する	(次の点を指定…：) @40, 30 Enter キー … X 座標右方向（+）へ 40 mm, Y 座標上方向（+）へ 30 mm
5 残りの線分を「直接距離入力」を使って作図する	(次の点を指定…：) カーソルを右側に移動し, 40 Enter キー (次の点を指定…：) カーソルを上側に移動し, 90 Enter キー (次の点を指定…：) カーソルを左側に移動し, 90 Enter キー (次の点を指定…：) **コマンドウィンドウ** の **[閉じる (C)]** を (SEL)

TIPS 上書き保存

作図の途中や設定作業の途中、きりがよいところで上書き保存をします。もし間違って保存せずに終了してしまったり、突然マシンが止まってしまったりすると、これまでの作業内容は消えてしまい、一からやり直さないといけなくなります。つねに作業内容を保存していくことを心がけましょう。

TIPS 相対座標入力

次の位置を指定するときに、その位置から X 軸 Y 軸の方向と長さを数値で指定して入力できます。
相対座標入力は直前の入力点を示している@を入力し、X と Y の数値を入力します。XY 軸が示しているように、X 軸は右方向 +、左方向 −、Y 軸は上方向 +、下方向 − で入力します。

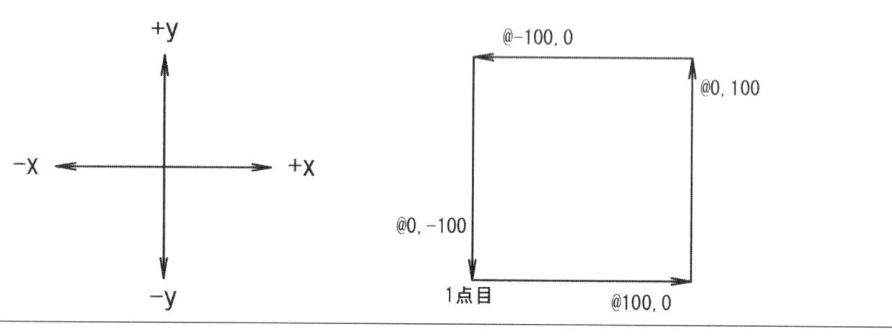

DAY 1
1
2
3
DAY 2
1
2
3
DAY 3
1
2
3

3 線分の長さを確認する

■ 「オブジェクトプロパティ管理」コマンドを使う。

内容	操作手順
1 線分の長さを確認する	最初に作図した線分 を (SEL) (右) **ショートカットメニュー** の **[オブジェクトプロパティ管理]** を (SEL)

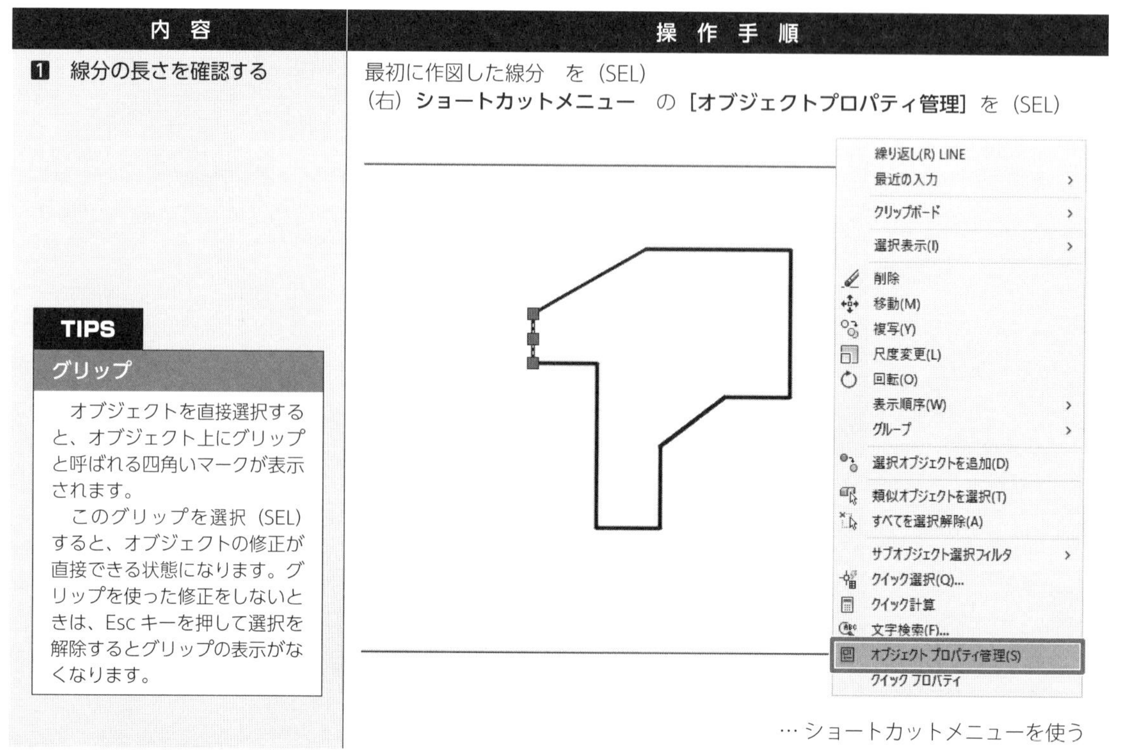

… ショートカットメニューを使う

TIPS グリップ

オブジェクトを直接選択すると、オブジェクト上にグリップと呼ばれる四角いマークが表示されます。
このグリップを選択（SEL）すると、オブジェクトの修正が直接できる状態になります。グリップを使った修正をしないときは、Esc キーを押して選択を解除するとグリップの表示がなくなります。

TIPS

プロパティパレット

選択しているオブジェクトのプロパティを表示します。
変更可能なプロパティの場合、新しい値を指定してそのプロパティを修正することができます。

	プロパティパレット の 長さ 欄 を確認
2 プロパティパレットを閉じる	プロパティパレット 右上 × を (SEL)

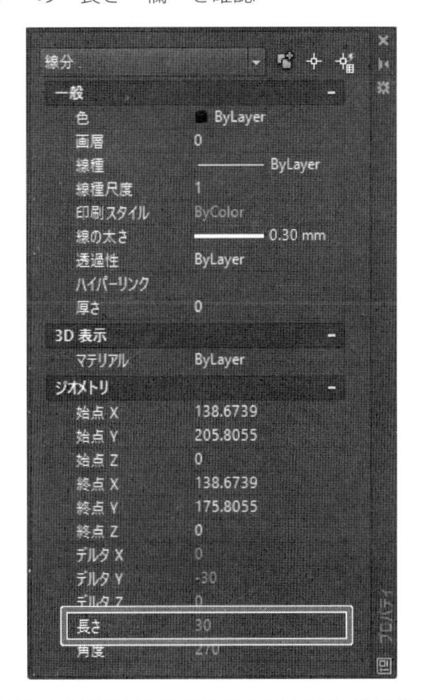

1・4 作図した線分を削除する

■ **削除コマンドでオブジェクトの選択方法を理解する。**

作図した線分を削除します。削除コマンドを実行すると、「オブジェクトを選択：」というメッセージがコマンドウィンドウに表示されます。作図するときは十字の形をしていたカーソルは、ピックボックスと呼ばれる小さい四角いカーソルの形に変わります。このピックボックスでオブジェクトを選択します。また、窓選択や交差選択をして、まとめて選択する方法もあります。

削除コマンドだけでなく、他の修正コマンドでも同様に、オブジェクトを選択して操作を進めます。

この時間で、効率よくオブジェクトを選択する方法に慣れましょう。

1 線分を削除する

■ 「削除」コマンドを使う。

内　容	操　作　手　順
1 線分を 1 本削除する①	［ホーム］タブ［修正］/ 削除 を (SEL)

	(オブジェクトを選択：) 線分上 P1 付近 を (SEL) (オブジェクトを選択：) (右)
2 窓選択で線分を 2 本削除する ② **TIPS** **窓選択** オブジェクトのないところから位置を指定して、左側から枠をつくると窓選択となり、枠の中に入りきったオブジェクトが選択できます。枠線は青色の実線で表示されます。	**[ホーム] タブ [修正] / 削除** を (SEL) (オブジェクトを選択：) P2 付近 を (SEL) (もう一方のコーナーを指定：) P3 付近 を (SEL) (オブジェクトを選択：) (右) 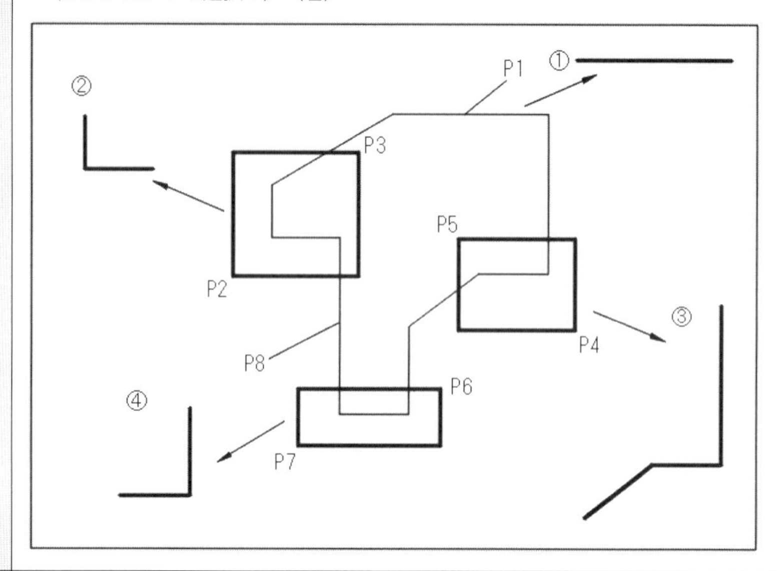
3 交差選択で線分を 2 本削除する ③ **TIPS** **交差選択** 右側から枠をつくると、交差選択となり、枠の中に入りきったオブジェクトと枠線に交差しているオブジェクトが選択できます。枠線は緑色の破線で表示されます。	**[ホーム] タブ [修正] / 削除** を (SEL) (オブジェクトを選択：) P4 付近 を (SEL) (もう一方のコーナーを指定：) P5 付近 を (SEL) (オブジェクトを選択：) (右)
4 交差選択した線分から 1 本除外して削除する ④ **TIPS** **除外** Shift キーを押しながら選択すると、そのオブジェクトが選択から除外されます。	**[ホーム] タブ [修正] / 削除** を (SEL) (オブジェクトを選択：) P6 付近 を (SEL) (もう一方のコーナーを指定：) P7 付近 を (SEL) (オブジェクトを選択：) Shift キーを押しながら線分上 P8 を (SEL) … 認識された数：1, 除外された数：1, 総数 2 というメッセージを確認 (オブジェクトを選択：) (右)

2 コマンドを実行せずに削除する

■ ショートカットメニューを使う。

内 容	操 作 手 順
1 線分を先に選択してショートカットメニューから削除コマンドを実行する	(コマンド：) 残りの線分 を (SEL) (右) **ショートカットメニュー** の **[削除]** を (SEL)

TIPS

Delete キー

オブジェクトを選択後に削除する場合は、キーボードの Delete キーも使用できます。

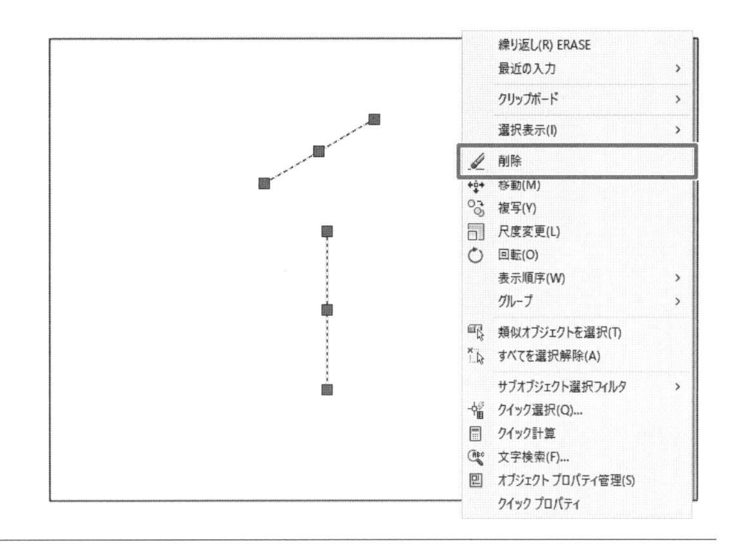

1・5 「画層」を使って作図する

■ **画層を分けて作図する操作を理解する。**

AutoCAD では、1 枚の図面を何枚もの層に分けて作図することができます。セル画のような透明な用紙を重ねて作図するイメージです。その 1 枚 1 枚の層を画層と呼びます。

画層を分けて作図をすると、図面の管理がしやすくなります。必要に応じて、ある画層の図形を表示しないこと、印刷しないこと、修正されない状態にすることができます。印刷時の色や線の太さ、線種も画層ごとに設定できます。

ここでは、1・3 節で線分コマンドだけで作図した図形と同じ図形を、下書き線を使う手法を用いて作図します。下書き線の画層に下書き線を作図し、オブジェクトの画層でその上をなぞって図形を完成します。下書き線は、図形の構築過程を後から確認できるので、消さずに図形とともに保存しておきます。

1 画層をつくる

■ **オブジェクトの画層と下書き線の画層をつくる。**

内　容	操　作　手　順
■1 下書き線の画層をつくる	**［ホーム］**タブ **［画層］/画層プロパティ管理** を（SEL）

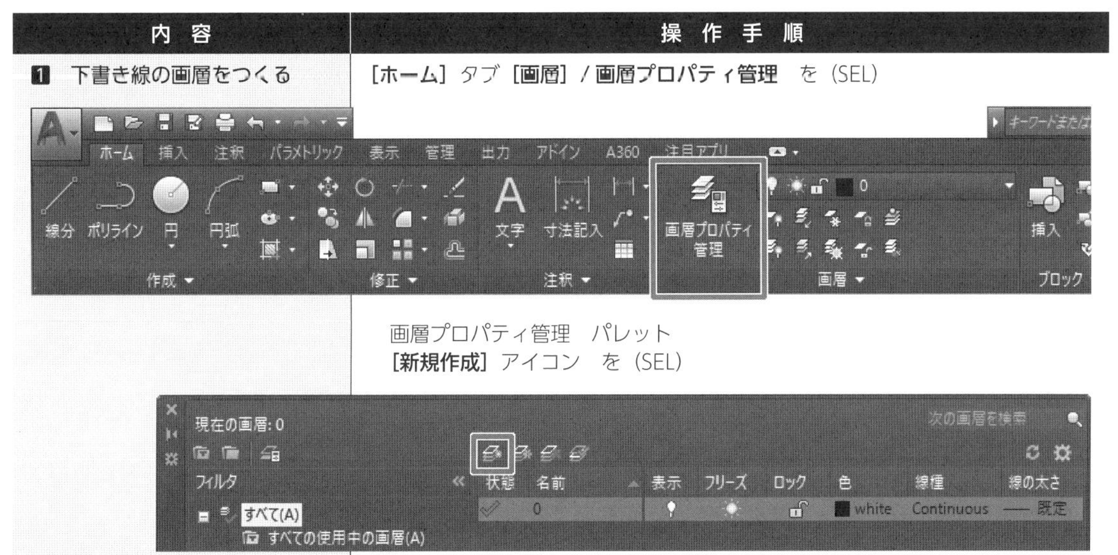

画層プロパティ管理　パレット
［新規作成］アイコン　を（SEL）

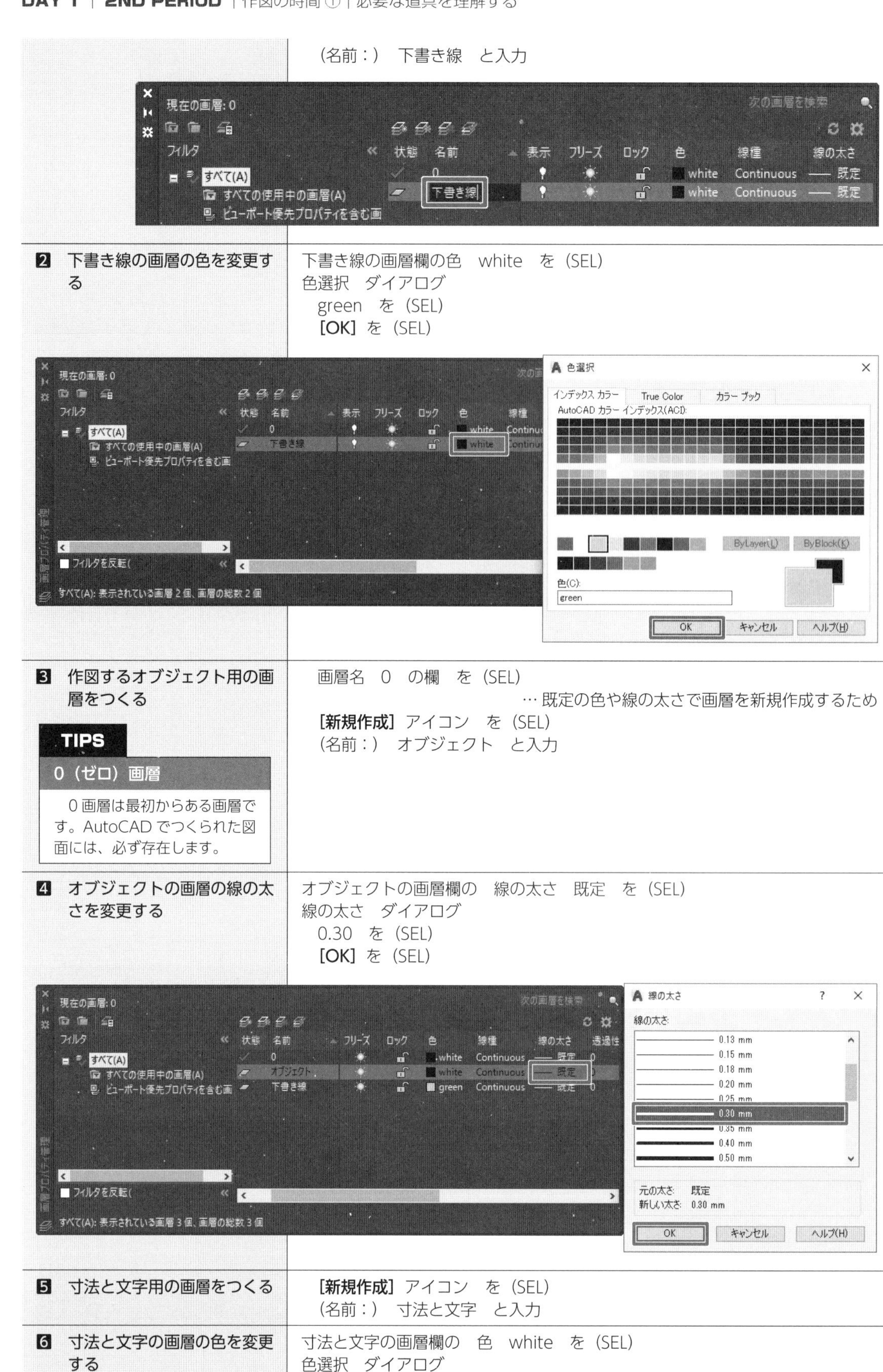

（名前：） 下書き線 と入力

2 下書き線の画層の色を変更する

下書き線の画層欄の色 white を（SEL）
色選択 ダイアログ
green を（SEL）
[OK] を（SEL）

3 作図するオブジェクト用の画層をつくる

画層名 0 の欄 を（SEL）
…既定の色や線の太さで画層を新規作成するため
[新規作成] アイコン を（SEL）
（名前：） オブジェクト と入力

TIPS

0（ゼロ）画層

0画層は最初からある画層です。AutoCADでつくられた図面には、必ず存在します。

4 オブジェクトの画層の線の太さを変更する

オブジェクトの画層欄の 線の太さ 既定 を（SEL）
線の太さ ダイアログ
0.30 を（SEL）
[OK] を（SEL）

5 寸法と文字用の画層をつくる

[新規作成] アイコン を（SEL）
（名前：） 寸法と文字 と入力

6 寸法と文字の画層の色を変更する

寸法と文字の画層欄の 色 white を（SEL）
色選択 ダイアログ
red を（SEL）

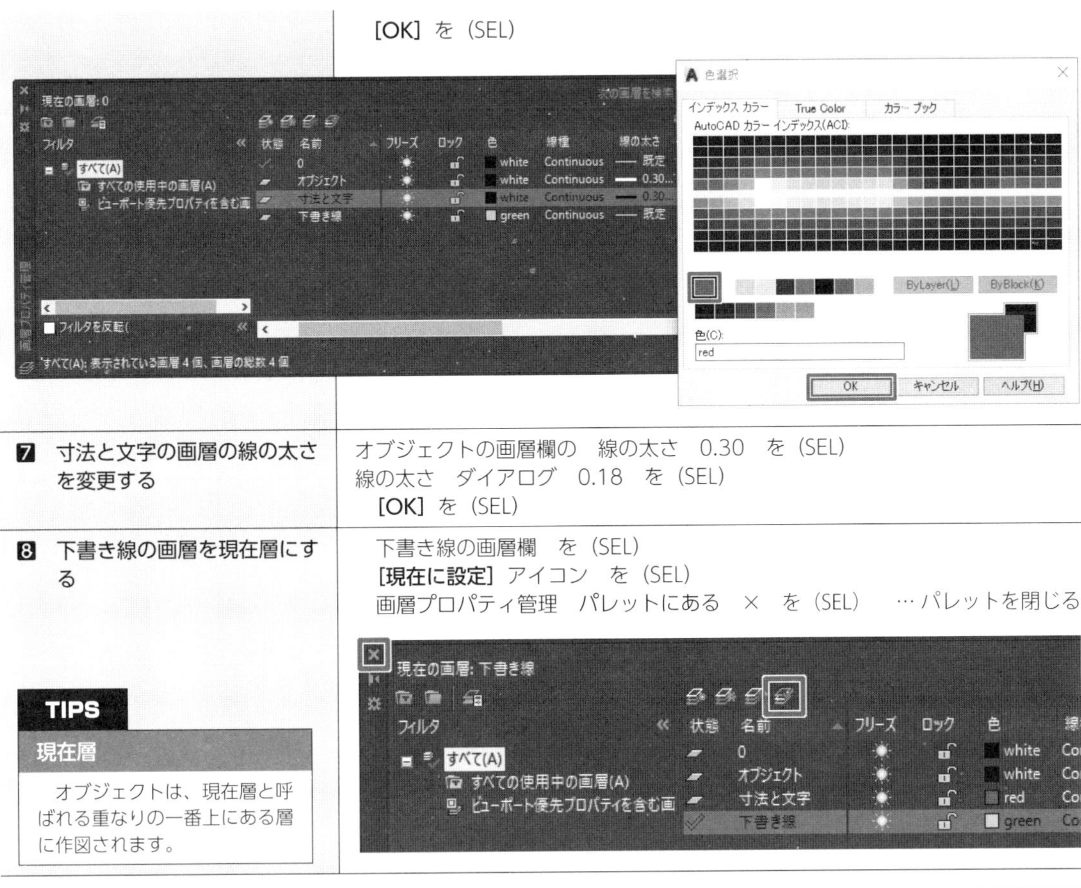

内容	操作手順
	[OK] を (SEL)
7 寸法と文字の画層の線の太さを変更する	オブジェクトの画層欄の　線の太さ　0.30　を (SEL) 線の太さ　ダイアログ　0.18　を (SEL) [OK] を (SEL)
8 下書き線の画層を現在層にする	下書き線の画層欄　を (SEL) **[現在に設定]** アイコン　を (SEL) 画層プロパティ管理　パレットにある　×　を (SEL)　… パレットを閉じる

TIPS

現在層

オブジェクトは、現在層と呼ばれる重なりの一番上にある層に作図されます。

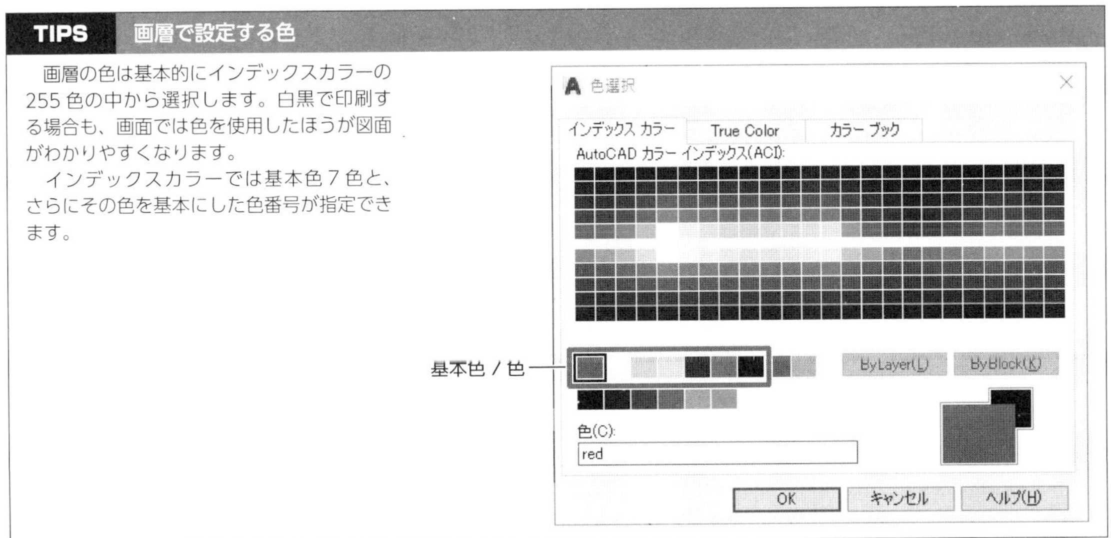

TIPS 画層で設定する色

画層の色は基本的にインデックスカラーの255色の中から選択します。白黒で印刷する場合も、画面では色を使用したほうが図面がわかりやすくなります。

インデックスカラーでは基本色7色と、さらにその色を基本にした色番号が指定できます。

2 下書き線を作図する

■「オフセット」コマンドを使う。

内容	操作手順
1 基本となる線分を作図する	ステータスバー　の　[直交モード] アイコン　を (SEL)　… 設定をオンにする [ホーム] タブ　[作成] / 線分　を (SEL)

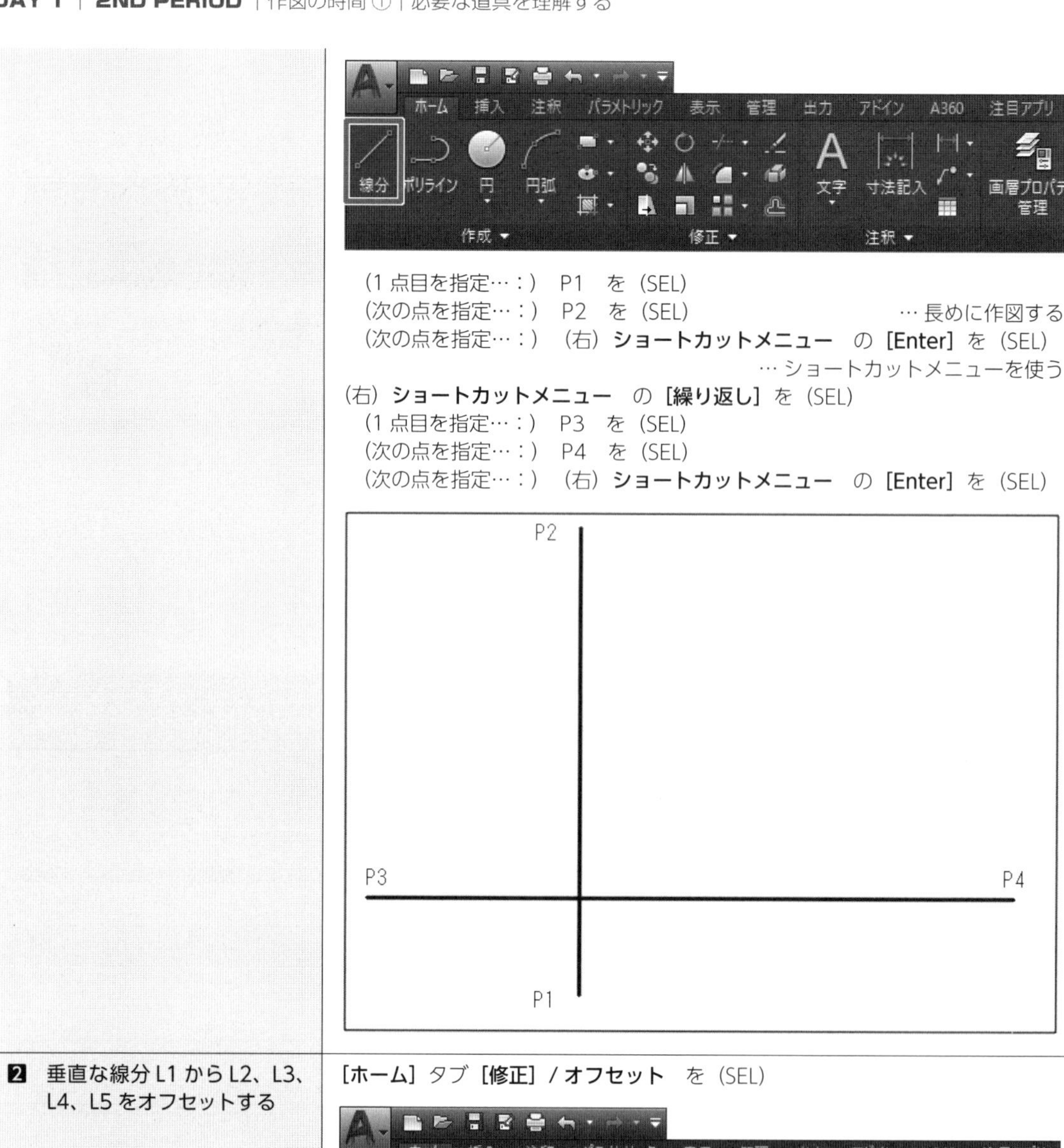

(1 点目を指定…：) P1 を (SEL)
(次の点を指定…：) P2 を (SEL) … 長めに作図する
(次の点を指定…：) (右) **ショートカットメニュー** の **[Enter]** を (SEL)
… ショートカットメニューを使う
(右) **ショートカットメニュー** の **[繰り返し]** を (SEL)
(1 点目を指定…：) P3 を (SEL)
(次の点を指定…：) P4 を (SEL)
(次の点を指定…：) (右) **ショートカットメニュー** の **[Enter]** を (SEL)

2 垂直な線分 L1 から L2、L3、L4、L5 をオフセットする

[ホーム] タブ **[修正]** / **オフセット** を (SEL)

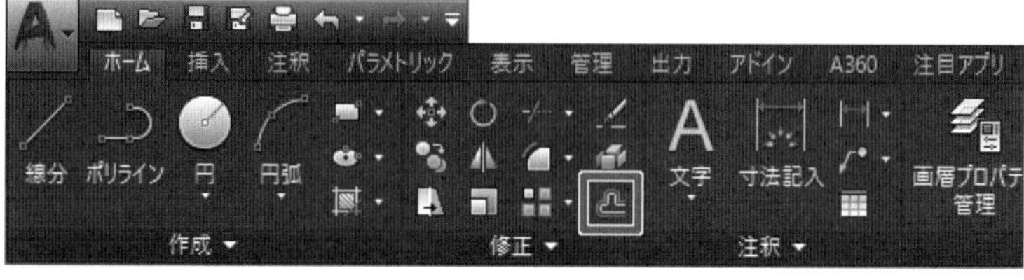

(オフセット距離を指定…：) 40 Enter キー
(オフセットするオブジェクトを選択…：) 垂直線 L1 を (SEL)
(オフセットする側の点を指定…：) 右側の任意の点 を (SEL)
(オフセットするオブジェクトを選択…：) 垂直線 L2 を (SEL)
(オフセットする側の点を指定…：) 右側の任意の点 を (SEL)
(オフセットするオブジェクトを選択…：) 垂直線 L3 を (SEL)
(オフセットする側の点を指定…：) 右側の任意の点 を (SEL)
(オフセットするオブジェクトを選択…：) 垂直線 L4 を (SEL)
(オフセットする側の点を指定…：) 右側の任意の点 を (SEL)
(オフセットするオブジェクトを選択…：)
コマンドウィンドウ の **[終了 (E)]** を (SEL)

3 垂直な線分 L5 から L6 をオフセットする

(右) **ショートカットメニュー** の **[繰り返し]** を (SEL)
(オフセット距離を指定…：) 90 Enter キー
(オフセットするオブジェクトを選択…：) 垂直線 L5 を (SEL)
(オフセットする側の点を指定…：) 左側の任意の点 を (SEL)

DAY 1 1 2 3 DAY 2 1 2 3 DAY 3 1 2 3

（オフセットするオブジェクトを選択…：）
コマンドウィンドウ の［**終了（E）**］を（SEL）

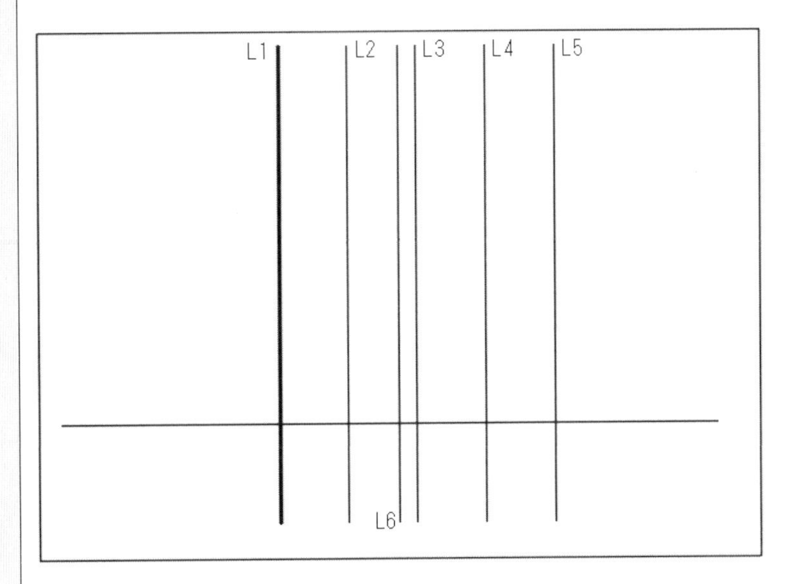

4 **水平な線分L7からL8，L10をオフセットする**

（右）**ショートカットメニュー** の［**繰り返し**］を（SEL）
（オフセット距離を指定…：） 50 Enter キー
（オフセットするオブジェクトを選択…：） 水平線L7 を（SEL）
（オフセットする側の点を指定…：） 上側の任意の点 を（SEL）
（オフセットするオブジェクトを選択…：） 水平線L8 を（SEL）
（オフセットする側の点を指定…：） 上側の任意の点 を（SEL）
コマンドウィンドウ の［**終了（E）**］を（SEL）

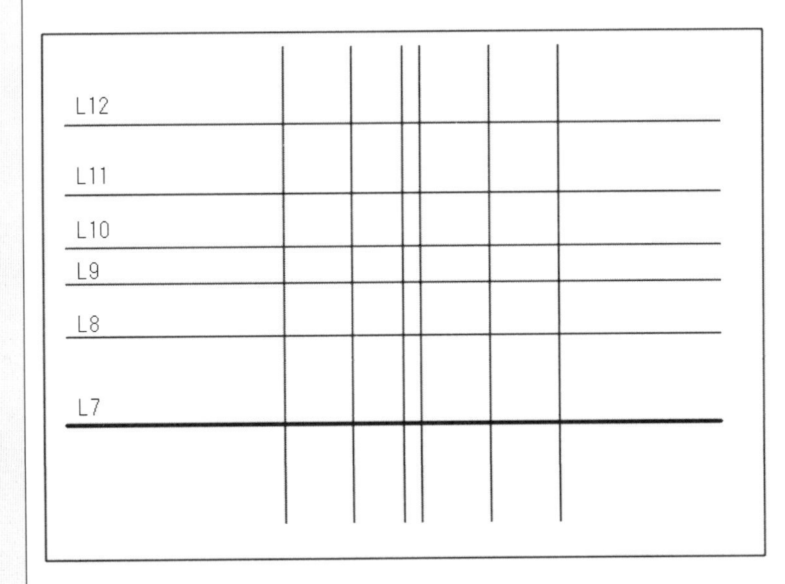

5 **水平な線分L8からL9を、L10からL11をオフセットする**

（右）**ショートカットメニュー** の［**繰り返し**］を（SEL）
（オフセット距離を指定…：）30 Enter キー
（オフセットするオブジェクトを選択…：） 水平線L8 を（SEL）
（オフセットする側の点を指定…：） 上側の任意の点 を（SEL）
（オフセットするオブジェクトを選択…：） 水平線L10 を（SEL）
（オフセットする側の点を指定…：） 上側の任意の点 を（SEL）
（オフセットするオブジェクトを選択…：）
コマンドウィンドウ の［**終了（E）**］を（SEL）

6 水平な線分 L9 から L12 をオフセットする	（右）ショートカットメニュー の［繰り返し］を（SEL） （オフセット距離を指定…：）90 Enter キー （オフセットするオブジェクトを選択…：） 水平線 L9 を（SEL） （オフセットする側の点を指定…：） 上側の任意の点 を（SEL） （オフセットするオブジェクトを選択…：） コマンドウィンドウ の［終了（E）］を（SEL）

1・6 「オブジェクトスナップ」を使って作図する

■ **オブジェクト上の正確な位置を指定する操作を理解する。**

下書き線の交点をつないで線分を作図し、図形を完成します。

下書き線の交点位置を正確に指定するためには、オブジェクトスナップという道具を使用します。オブジェクトスナップを使用すると、あたかも磁石が吸い付くようにオブジェクトの正確な位置にカーソルが吸着し、指定することができます。

AutoCAD の作図や修正作業で、正確な位置を指定するときに、オブジェクトスナップは絶対に必要な道具です。オブジェクトスナップを使ったときのカーソルの吸着とマーカーを確認し、使い方に慣れましょう。

DAY 1 1 2 3 DAY 2 1 2 3 DAY 3 1 2 3

1 オブジェクトスナップを設定する

■ **「交点」モードを設定する。**

内 容	操 作 手 順
1 オブジェクトスナップを設定する	ステータスバー の ［カーソルを 2D 参照点にスナップ］アイコン右側の ▼ を（SEL） ［オブジェクトスナップ設定 ...］を（SEL） 端点 / 中点 / 中心 / 図心 / 点 / 四半円点 / 交点 / 延長 / 挿入基点 / 垂線 / 接線 / 近接点 / 仮想交点 / 平行 / オブジェクトスナップ設定... モデル 1:1 作図補助設定 ダイアログ ［すべてクリア］を（SEL） □ 交点 を（SEL） …チェックを付ける

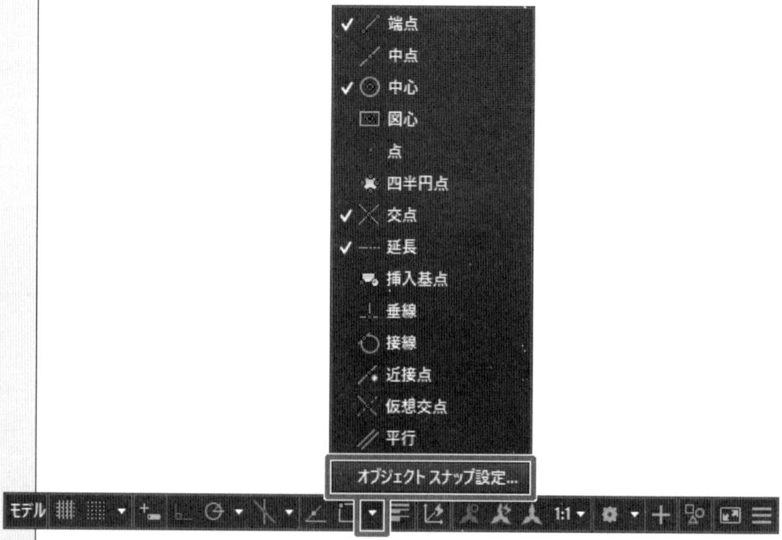

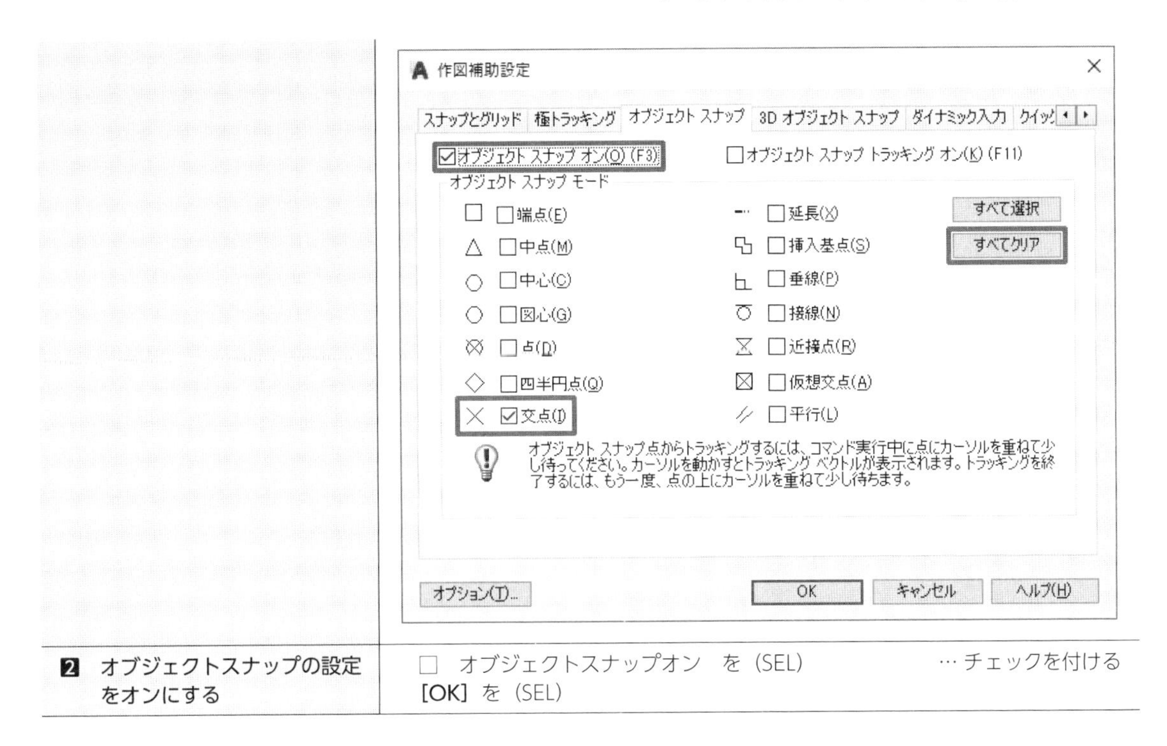

2 オブジェクトスナップの設定をオンにする	□ オブジェクトスナップオン を（SEL） … チェックを付ける [OK] を（SEL）

2 線分を作図する

■ 「交点」オブジェクトスナップを使う。

内容	操作手順
1 オブジェクトの画層を現在層にする	[ホーム] タブ [画層] 画層 欄 オブジェクト の画層名 を（SEL）
2 線の太さを表示する	ステータスバー の [線の太さを表示 / 非表示] アイコン を（SEL） … 設定をオンにする … 0.3 の太さに設定したオブジェクト画層の要素が太く表示され、わかりやすくなる
3 交点をつないで線分を作図する	[ホーム] タブ [作成] / 線分 を（SEL） （1 点目を指定…：） 交点 A を（SEL） … 交点モードの×のマーカーを確認

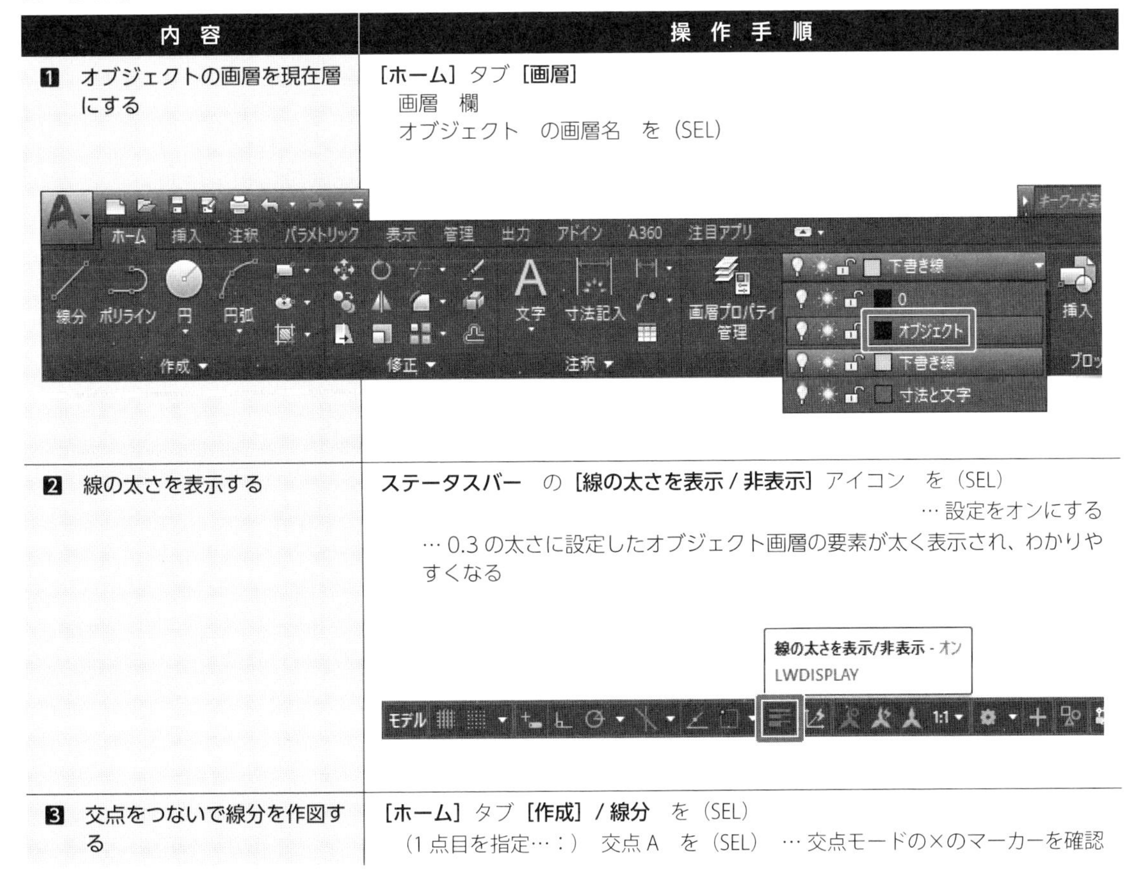

TIPS

オブジェクトスナップのマーカー

オブジェクトスナップを設定しているときは、どの位置にカーソルが吸着するのかをマーカーで確認します。交点モード設定時は×マーカーが表示されます。マーカーはオブジェクトスナップのモードごとに形は異なります。

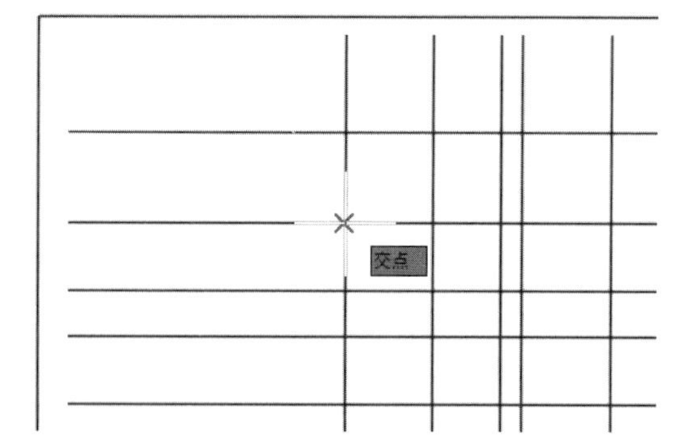

(次の点を指定…：)　交点B　を（SEL）
(次の点を指定…：)　交点C　を（SEL）
(次の点を指定…：)　交点D　を（SEL）
(次の点を指定…：)　交点E　を（SEL）
(次の点を指定…：)　交点F　を（SEL）
(次の点を指定…：)　交点G　を（SEL）
(次の点を指定…：)　交点H　を（SEL）
(次の点を指定…：)　交点I　を（SEL）
(次の点を指定…：)　交点J　を（SEL）
(次の点を指定…：)　**コマンドウィンドウ**　の **[閉じる（C)]** を（SEL）

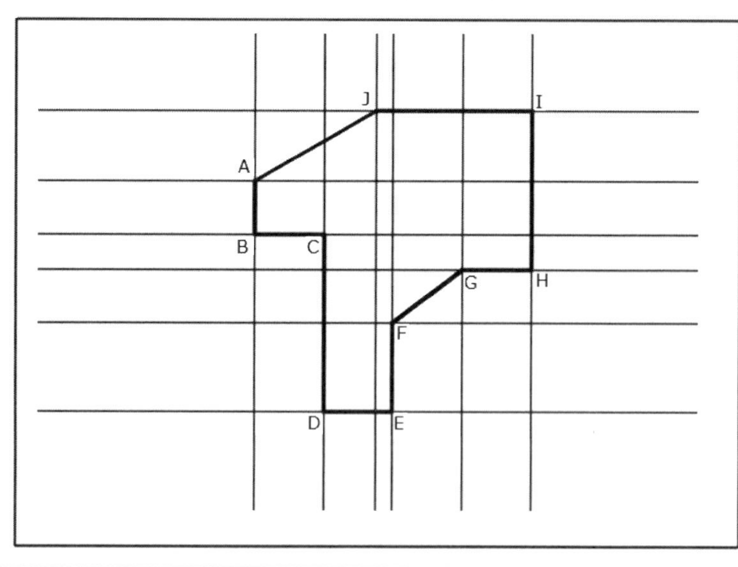

4 図面を保存する　|　**クイックアクセスツールバー**　の **[上書き保存]** を（SEL）

TIPS　**複数の設定と常時設定の注意**

オブジェクトスナップは複数の設定をすることができますが、一度に沢山設定すると、どの位置に吸着するのかがわかりづらくなります。

また、オブジェクトスナップの吸着力はとても強いので、必要がないときは、ステータスボタンで設定をオフにしておきます。

図面を完成する ▶▶▶ 注釈コマンドを理解する

1・7　文字を入力する

■ **文字オブジェクトを理解する。**

長方形を作図し、その中に図面の名称と縮尺の値を入力します。この要素を図面枠とあわせてタイトルボックスと呼びます。本書で作図するすべての図面で使用します。

最初に、文字スタイルをつくります。文字オブジェクトは、文字スタイルの設定内容に従って入力されます。文字スタイルには、図面で入力する文字の書体を設定します。 文字の書体によって、作図領域でどのように文字が見えるか、また印刷されるかが決まります。

1　ゴシック体の文字が入力できるようにする

■ **文字スタイルをつくる。**

内 容	操 作 手 順
1 新しい文字スタイルをつくる	**[注釈]** タブ **[文字]** の　ダイアログボックスランチャー矢印　を（SEL） 文字スタイル管理　ダイアログ **[新規作成]** を（SEL） 新しい文字スタイル　ダイアログ （スタイル名…：）　ゴシックの文字　と入力

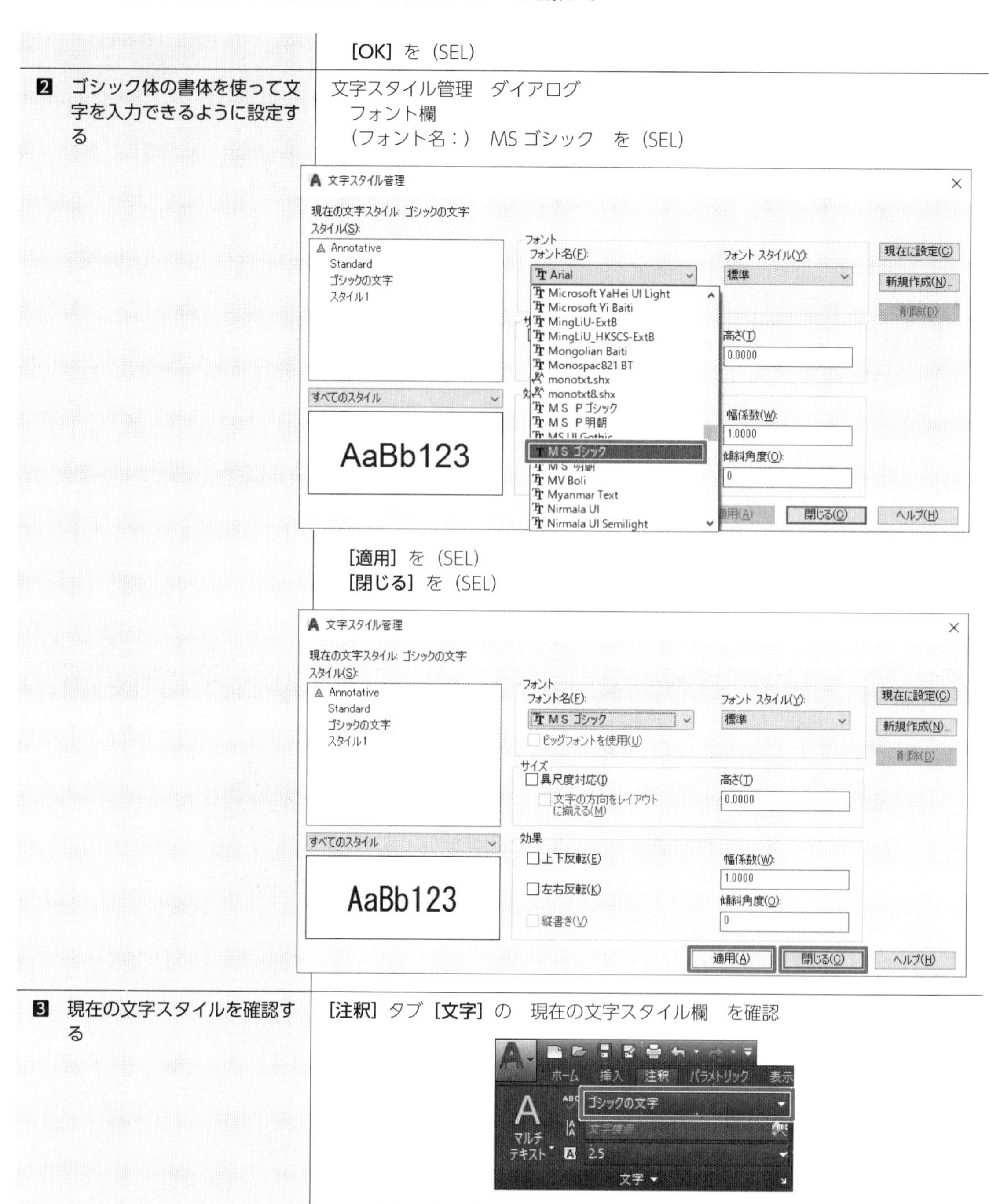

	[OK] を (SEL)
2 ゴシック体の書体を使って文字を入力できるように設定する	文字スタイル管理　ダイアログ フォント欄 (フォント名:)　MS ゴシック　を (SEL) [適用] を (SEL) [閉じる] を (SEL)
3 現在の文字スタイルを確認する	[注釈] タブ [文字] の　現在の文字スタイル欄　を確認

2 長方形の中に図面名を入力する

■ 位置合わせオプション「中央」を使う。

内容	操作手順
1 寸法と文字の画層を現在層にする … タイトルボックスを寸法と文字の画層で管理する	[ホーム] タブ [画層] 画層　欄 寸法と文字　の画層名　を (SEL)

2 文字を入力する長方形を作図する
… 横 100 mm、縦 12 mm の長方形

[ホーム] タブ [作成] / 長方形 を (SEL)

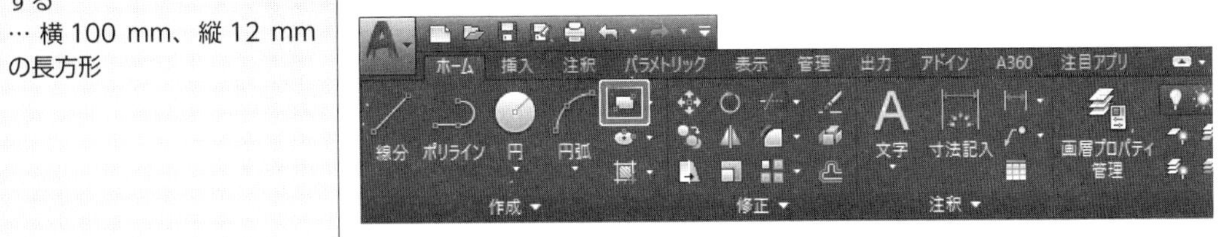

(一方のコーナーを指定…:) 任意の点 P1 を (SEL)
(もう一方のコーナーを指定…:)
コマンドウィンドウ の **[サイズ (D)]** を (SEL)
(長方形の長さを指定…:) 100 Enter キー
(長方形の幅を指定…:) 12 Enter キー
(もう一方のコーナーを指定…:) P1 より右上任意の点 P2 を (SEL)

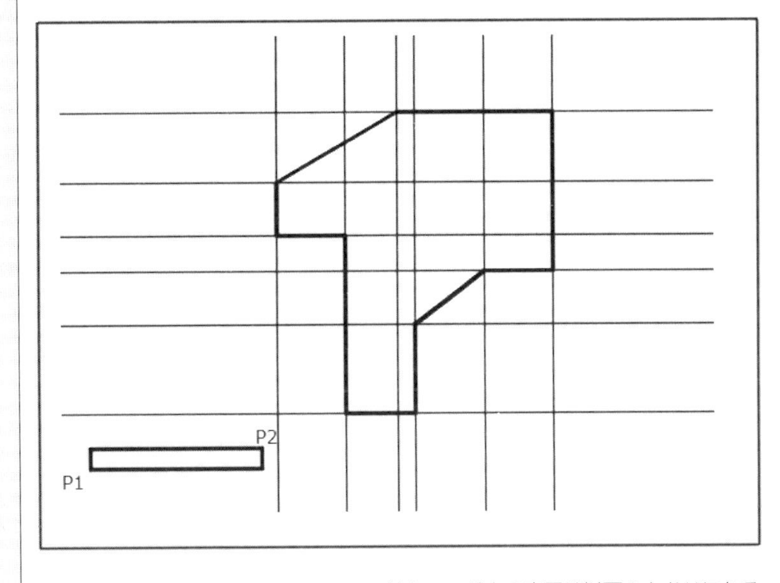

… コマンドウィンドウの表示は以下のとおりになる

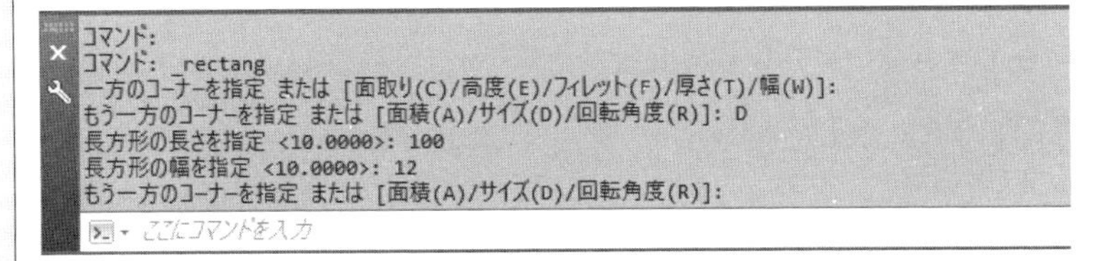

3 オブジェクトスナップを設定する

ステータスバー の
[カーソルを 2D 参照点にスナップ] アイコン右側の ▼ を (SEL)
一覧から 交点 を (SEL) … チェックをとる
端点 を (SEL) … チェックを付ける
中点 を (SEL) … チェックを付ける

DAY 1 1 2 3 DAY 2 1 2 3 DAY 3 1 2 3

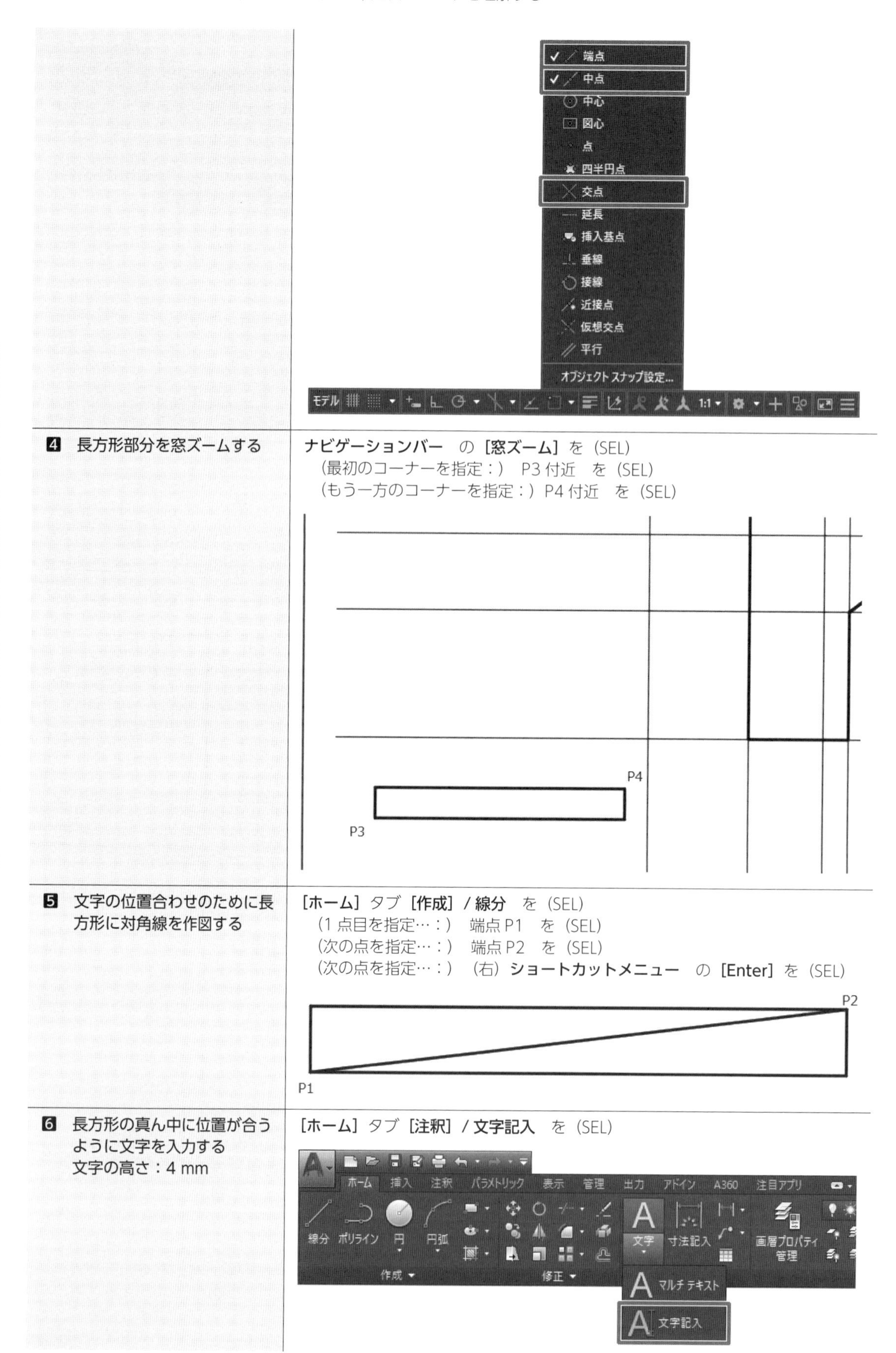

4 長方形部分を窓ズームする

ナビゲーションバー の **[窓ズーム]** を (SEL)
(最初のコーナーを指定：) P3 付近 を (SEL)
(もう一方のコーナーを指定：) P4 付近 を (SEL)

5 文字の位置合わせのために長方形に対角線を作図する

[ホーム] タブ **[作成] / 線分** を (SEL)
(1 点目を指定…：) 端点 P1 を (SEL)
(次の点を指定…：) 端点 P2 を (SEL)
(次の点を指定…：) (右) **ショートカットメニュー** の **[Enter]** を (SEL)

6 長方形の真ん中に位置が合うように文字を入力する
文字の高さ：4 mm

[ホーム] タブ **[注釈] / 文字記入** を (SEL)

（文字列の始点を指定…：）
コマンドウィンドウ の **［位置合わせオプション（J）］** を（SEL）
コマンドウィンドウ の **［中央（M）］** を（SEL）
（文字列の中央点を指定…：） 対角線 を（SEL）… 中点のマーカー△を確認

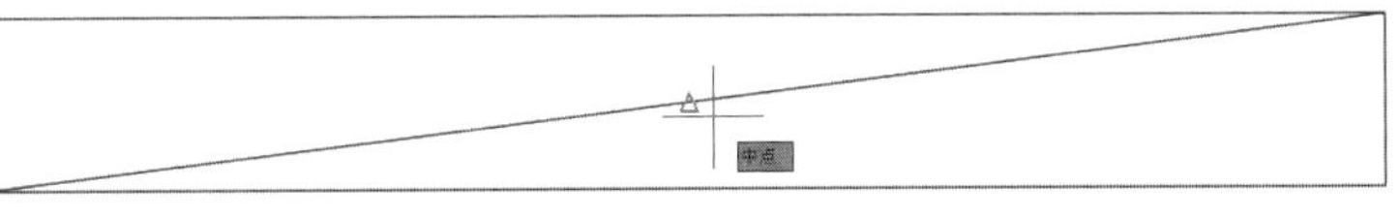

（高さを指定…：） 4 Enter キー
（文字列の角度を指定…：） Enter キー
… コマンドウィンドウには，最初に指定されている値，または前回の操作で入力した値が< >で表示される．そのままの数値でよい場合は，Enter キーで確定する
1 日目の作図 と入力し Enter キー
Enter キー

1日目の作図

… コマンドウィンドウの表示は以下のとおりになる

```
コマンド: _text
現在の文字スタイル: "ゴシックの文字" 文字の高さ: 2.5000 異尺度対応: いいえ 位置合わせ: 左寄せ
文字列の始点を指定 または [位置合わせオプション(J)/文字スタイル変更(S)]: J
オプションを入力 [左寄せ(L)/中心(C)/右寄せ(R)/両端揃え(A)/中央(M)/フィット(F)/左上(TL)/上中心(TC)/右上(TR)/左中央(ML)/中央(MC)/右中央(MR)/左下(BL)/下中心(BC)/右下(BR)]: M
文字列の中央点を指定:
高さを指定 <2.5000>: 4
文字列の角度を指定 <0>:
TEXT
```

TIPS

文字列の角度

文字が作図されていく方向を意味しています。

AutoCAD では、最初に東の方向（X 軸＋方向）が 0 度で、左周りに角度が考えられています。

北の方向（Y 軸 ＋ 方向）90 度、西の方向（X 軸 − 方向）180 度 南の方向（Y 軸 − 方向）270 度。

0 度は横書きの文字が X 軸 ＋ 方向、つまり、右に向かって入力する設定になります。

TIPS 位置合わせ

位置合わせオプションを使用すると、文字列の挿入する基点となる位置を指定することができます。最初は、文字の左下に指定されています。

長方形の真ん中に位置を合わせるためには、位置合わせオプションの中央を使います。

位置合わせオプションで指定した基点は、文字を移動したり、回転したりするときに、オブジェクトスナップの「挿入基点」モードで使用できます。

1 日目の作図

3 図面枠をつくる

■ 「オフセット」コマンドを使う。

内 容	操 作 手 順
1 外側の長方形範囲を表示する … 外枠は A3 用紙の大きさ	**ナビゲーションバー** の **［オブジェクト範囲ズーム］** を（SEL）
2 外側の長方形を内側に 20 mm オフセットして図面枠をつくる	**［ホーム］** タブ **［修正］/ オフセット** を（SEL）  （オフセット距離を指定…：） 20 Enter キー （オフセットするオブジェクトを選択…：） 外側の長方形 を（SEL） （オフセットする側の点を指定…：） 内側の任意の点 を（SEL） **コマンドウィンドウ** の **［終了（E）］** を（SEL）

3 印刷時に図面要素として必要がない外側の長方形とタイトルボックスの対角線を下書き線の画層に変更する	外側の長方形とタイトルボックス対角線 を (SEL) **[ホーム]** タブ **[画層]** 画層 欄 下書き線 の画層名 を (SEL) Esc キー

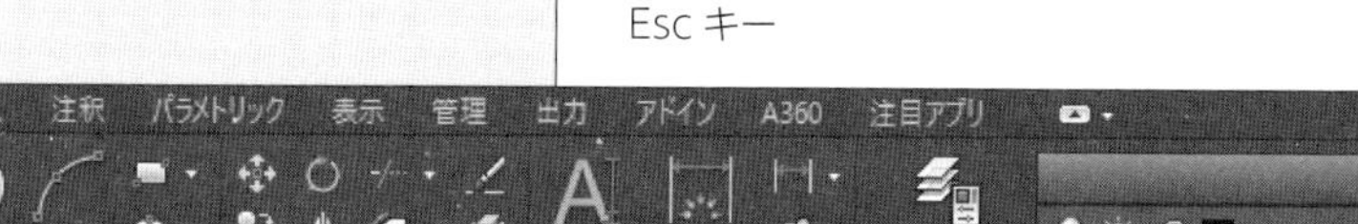
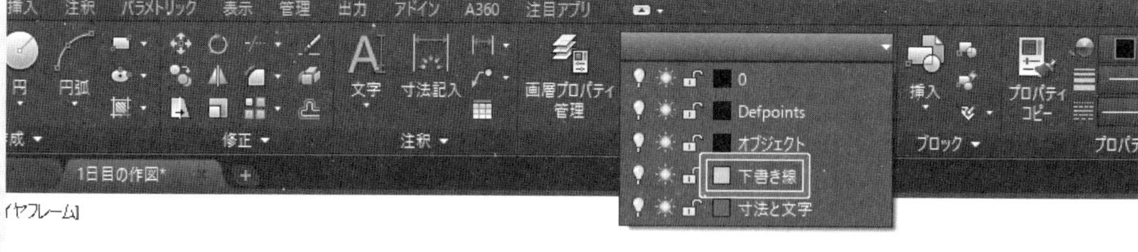

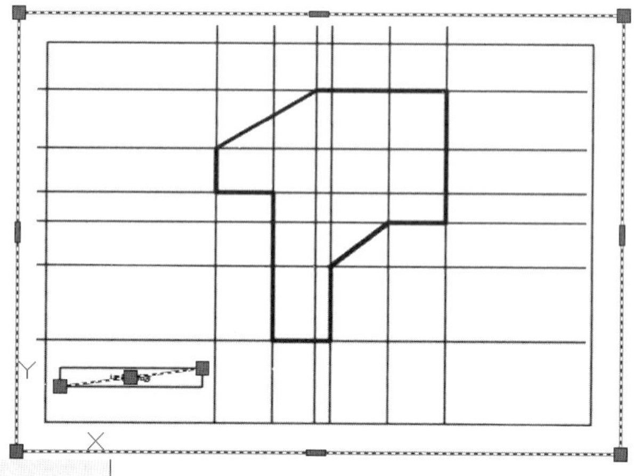

4 内側にオフセットした図面枠の長方形は寸法と文字の画層に変更する … 図面枠を寸法と文字の画層で管理する	内側の長方形 を (SEL) **[ホーム]** タブ **[画層]** 画層 欄 寸法と文字 の画層名 を (SEL) Esc キー

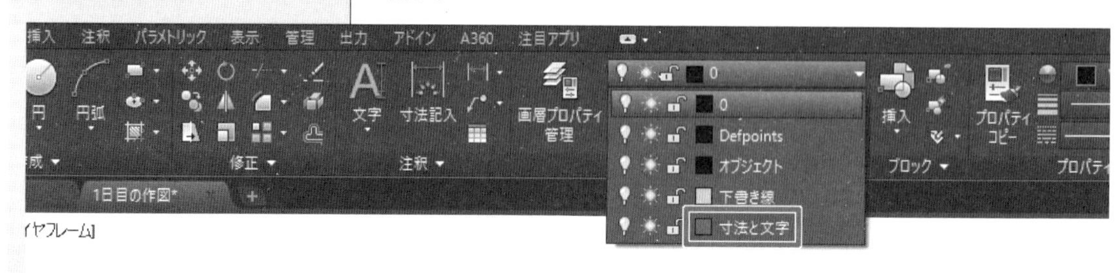

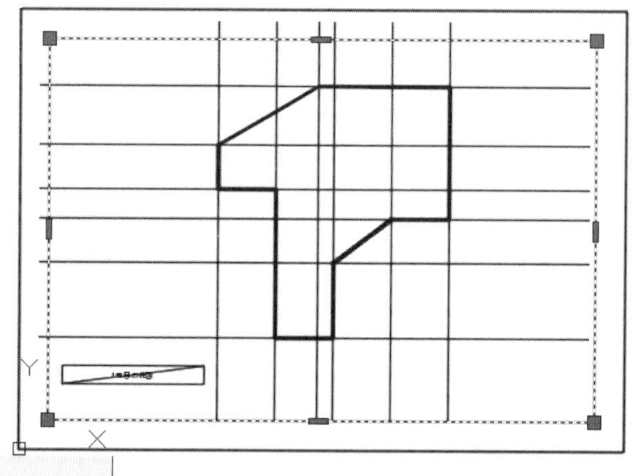

DAY 1
1
2
3
DAY 2
1
2
3
DAY 3
1
2
3

4 図面名を入力した長方形は図面枠左上に配置する

■ 「移動」コマンドを使う。

内 容	操 作 手 順
1 文字を入力した長方形を図面枠の左上に移動する	[ホーム] タブ [修正] / 移動 を (SEL)

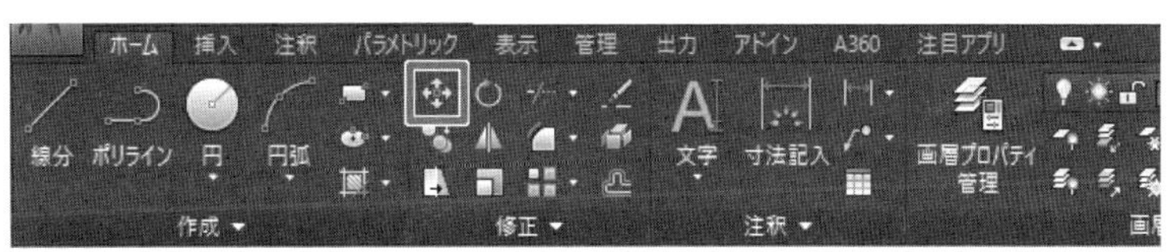

(オブジェクトを選択：) P1 付近 を (SEL) …窓選択する
(もう一方のコーナーを指定：) P2 付近 を (SEL)
(オブジェクトを選択…：) (右)
(基点を指定…：) 端点 A を (SEL)
(目的点を指定…：) 端点 B を (SEL)

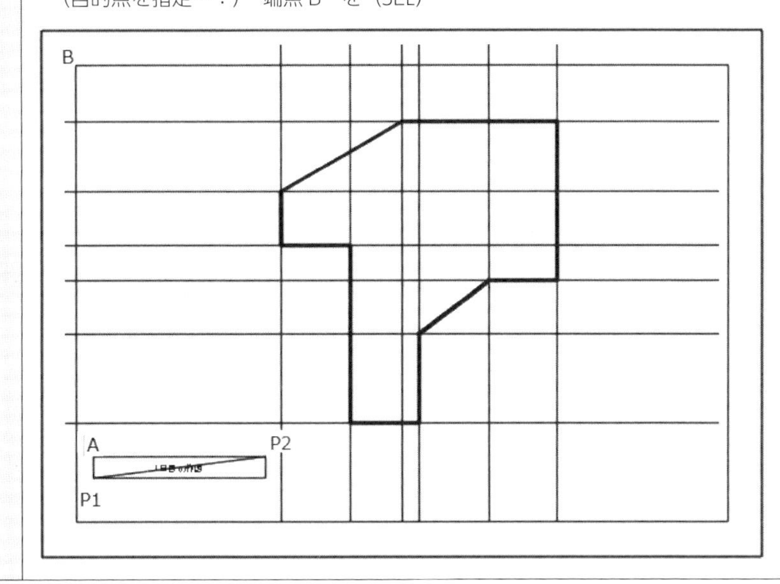

5 図面枠右下に縮尺を入力する長方形を配置する

■ 「複写」コマンドを使う。

内 容	操 作 手 順
1 移動した文字と長方形を図面枠右下に複写する	[ホーム] タブ [修正] / 複写 を (SEL)

(オブジェクトを選択：) P Enter キー
…P とキーボードから入力すると，直前に選択したオブジェクトを選択することができる
(オブジェクトを選択…：) (右)
(基点を指定…：) 端点 C を (SEL)
(2 点目を指定…：) 端点 D を (SEL)
(2 点目を指定…：) **コマンドウィンドウ** の **[終了 (E)]** を (SEL)

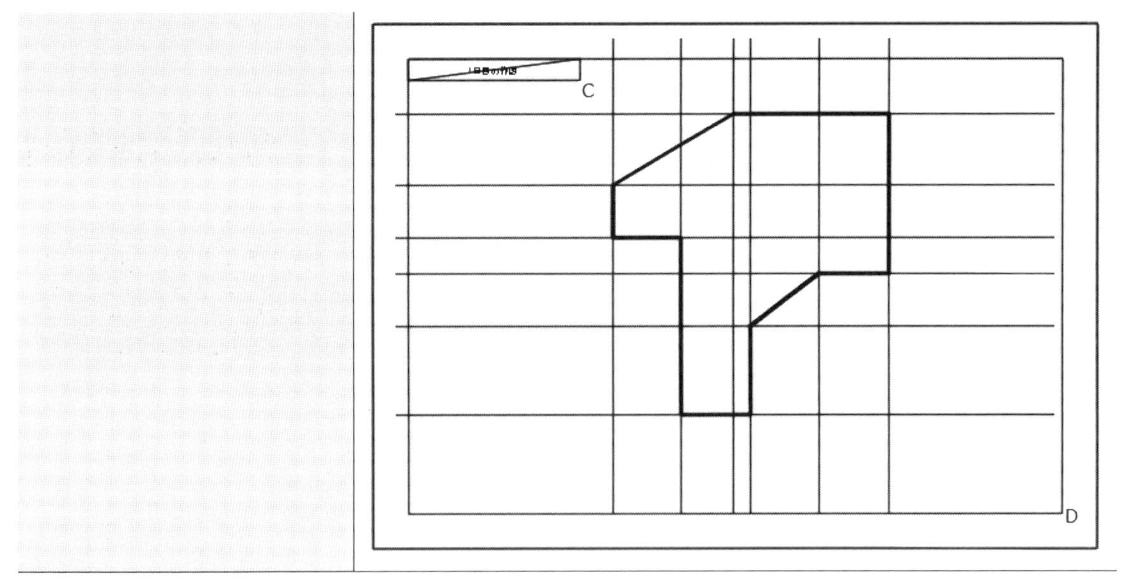

6 文字を修正する

■ 文字はダブルクリックで修正できる。

内容	操作手順
❶ 修正する文字列がわかりやすいように窓ズームする	**ナビゲーションバー** の **[窓ズーム]** を (SEL) (最初のコーナーを指定：) P1 付近 を (SEL) (もう一方のコーナーを指定：) P2 付近 を (SEL) P2 1日目の作図 P1
❷ 複写した長方形に入力されている文字列を修正する	修正する文字列 をダブルクリック … マウス左ボタンを 2 回すばやく押す 文字列 1 日目の作図 を 縮尺 1：1 に変更する Enter キー Enter キー 縮尺 1:1
❸ 外側の長方形範囲を表示する	**ナビゲーションバー** の **[オブジェクト範囲ズーム]** を (SEL)

1・8　寸法を入力する

■　長さ寸法オブジェクトを理解する。

作図した図形に長さ寸法を入力します。最初に、寸法スタイルをつくります。

作図領域でどのように寸法オブジェクトが見えるのか、また印刷されるのかは、寸法スタイル管理で設定した内容で決まります。

寸法オブジェクトは、寸法線、寸法補助線、端末記号、寸法値の集まったオブジェクトです。寸法スタイルでは、それぞれの部分をどのような大きさ、形、見映えにするのかを設定します。ここでは、本書の作図図面に必要な最低限の設定をします。

計測位置が適当にならないように、オブジェクトスナップを使用して正確に位置を指定します。

1　課題に合った寸法オブジェクトが入力できるようにする

■　寸法スタイルをつくる。

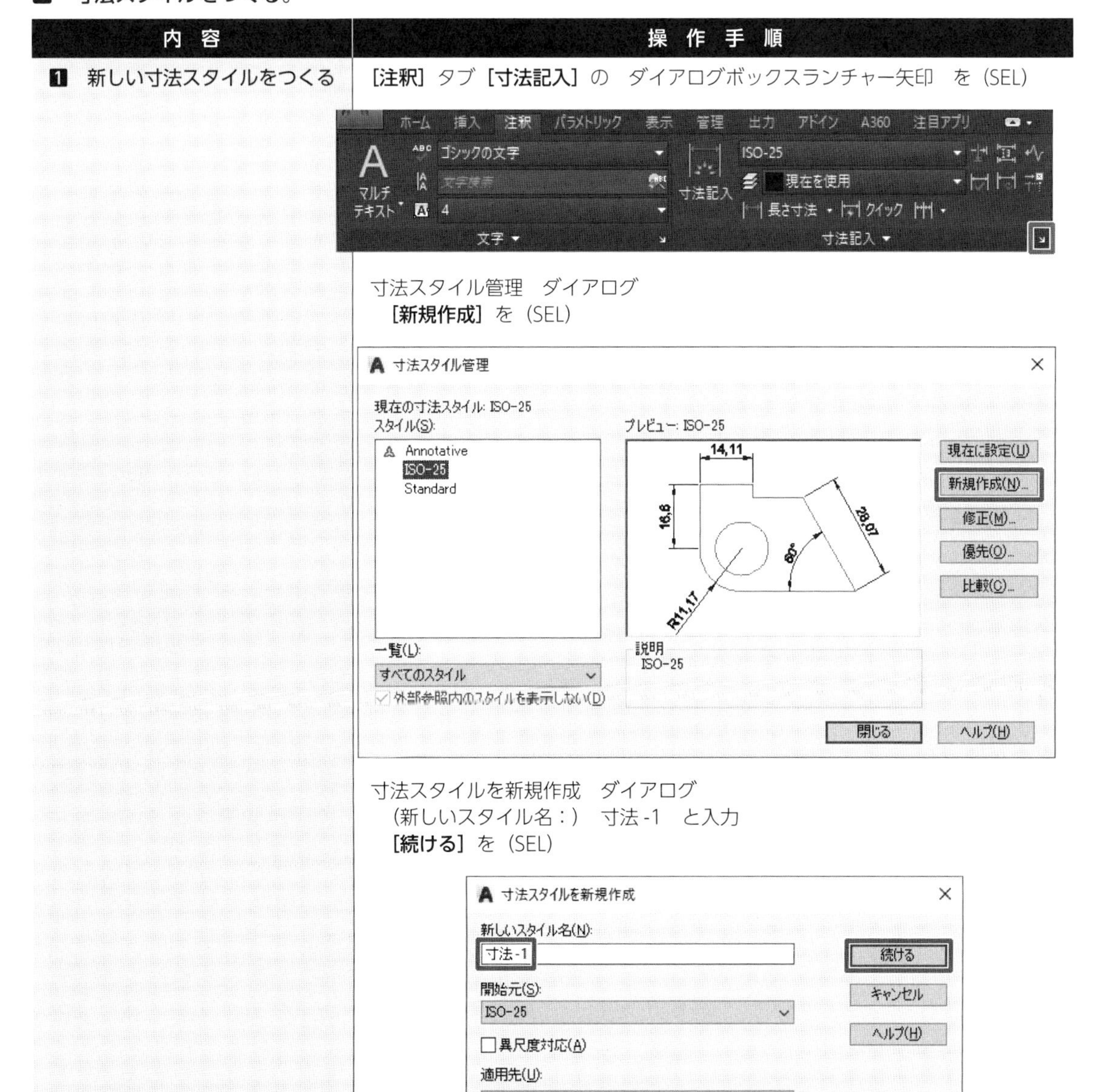

内　容	操　作　手　順
1 新しい寸法スタイルをつくる	［注釈］タブ［寸法記入］の　ダイアログボックスランチャー矢印　を（SEL） 寸法スタイル管理　ダイアログ **［新規作成］**を（SEL） 寸法スタイルを新規作成　ダイアログ （新しいスタイル名：）　寸法-1　と入力 **［続ける］**を（SEL）

2 寸法線に関して設定をする

寸法線タブ　を（SEL）　… 寸法線タブ画面になる
寸法線補助線　欄
（補助線延長長さ：）　1　と入力
（起点からのオフセット：）　1　と入力

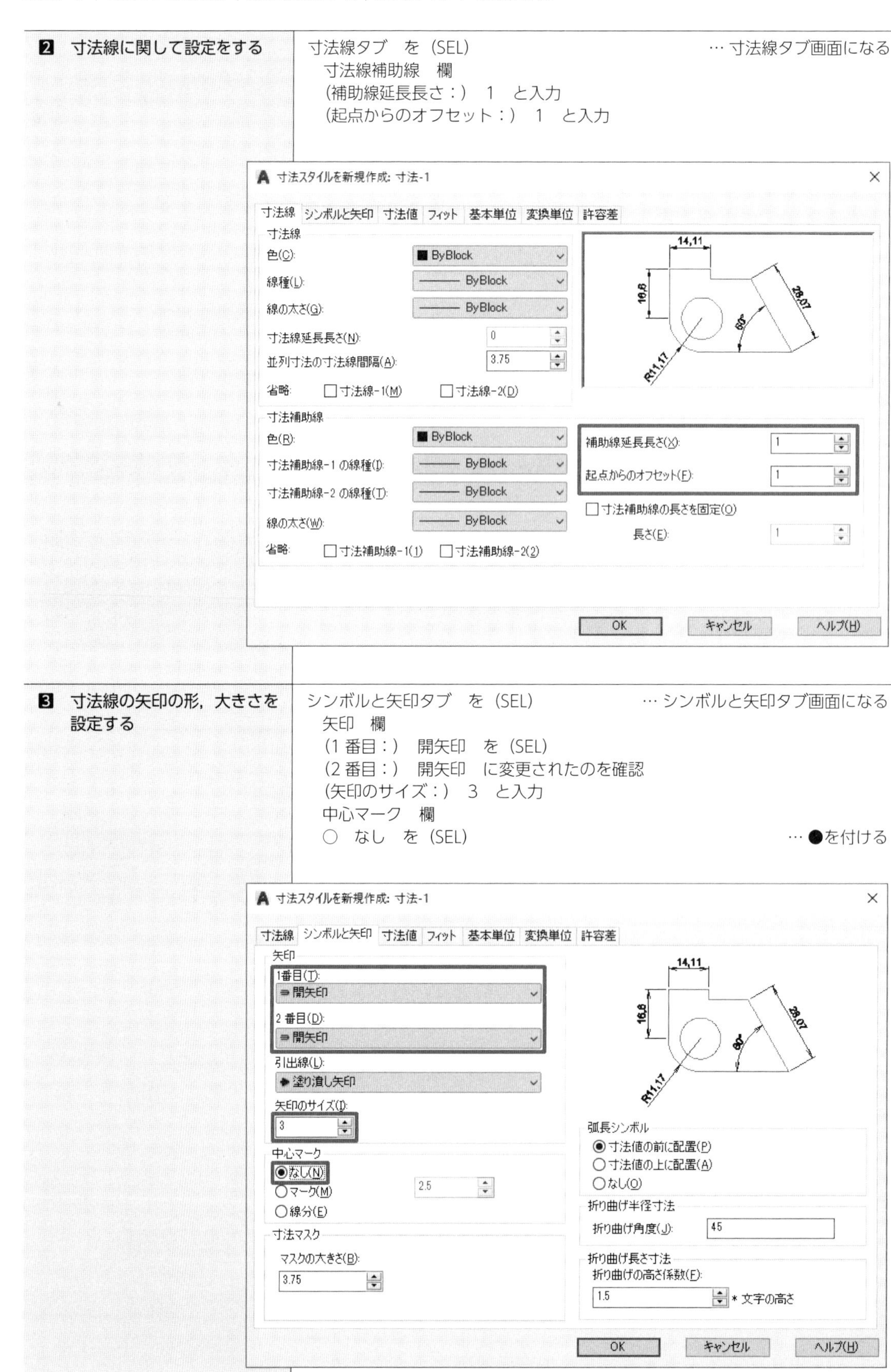

3 寸法線の矢印の形，大きさを設定する

シンボルと矢印タブ　を（SEL）　… シンボルと矢印タブ画面になる
矢印　欄
（1 番目：）　開矢印　を（SEL）
（2 番目：）　開矢印　に変更されたのを確認
（矢印のサイズ：）　3　と入力
中心マーク　欄
○　なし　を（SEL）　… ●を付ける

4 寸法値に関して設定をする	寸法値タブ　を（SEL）　… 寸法値タブ画面になる 寸法値の表示　欄 （文字スタイル：）　ゴシックの文字　を（SEL） （文字の高さ：）　3　と入力 寸法値の配置　欄 （寸法線からのオフセット：）　1　と入力

寸法スタイルを新規作成: 寸法-1
寸法線　シンボルと矢印　寸法値　フィット　基本単位　変換単位　許容差
寸法値の表示
文字スタイル(Y): ゴシックの文字
文字の色(C): ByBlock
塗り潰し色(L): なし
文字の高さ(T): 3
分数の高さ尺度(H): 1
文字列の周囲に枠を描く(F)
寸法値の配置
垂直方向(V): 上
水平方向(Z): 中心
文字の方向(D): 左から右
寸法線からのオフセット(O): 1
寸法値の位置合わせ(A)
常に水平
寸法線の傾きに合わせる
ISO 標準
14,11
16,6
28,07
60°
R11,17
OK　キャンセル　ヘルプ(H)

5 寸法オブジェクトの尺度を確認する … 設定した矢印サイズや文字高さなどが設定数値の大きさで作図される	フィットタブ　を（SEL）　… フィットタブ画面になる 寸法図形の尺度　欄 ○　全体の尺度　1　になっていることを確認

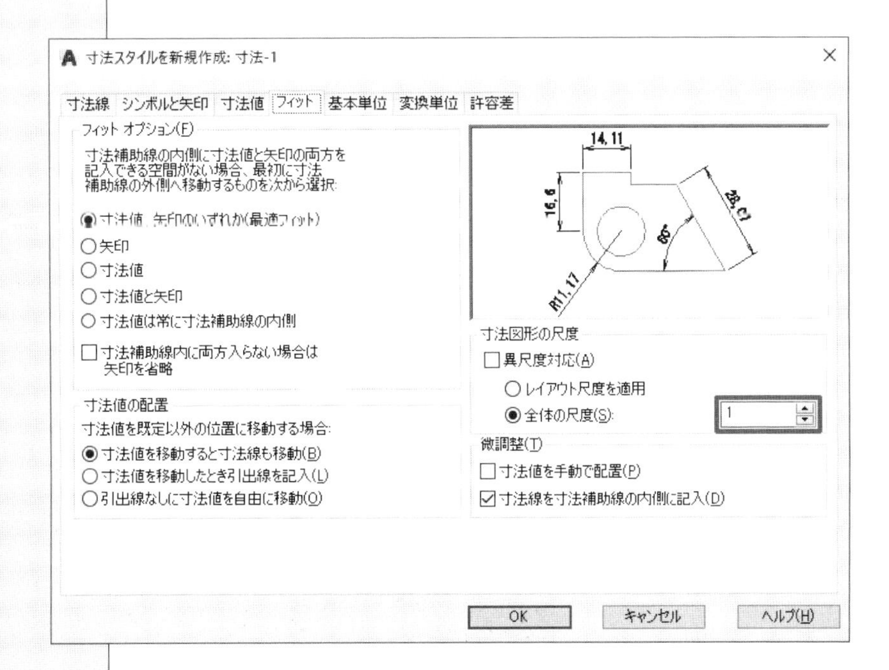

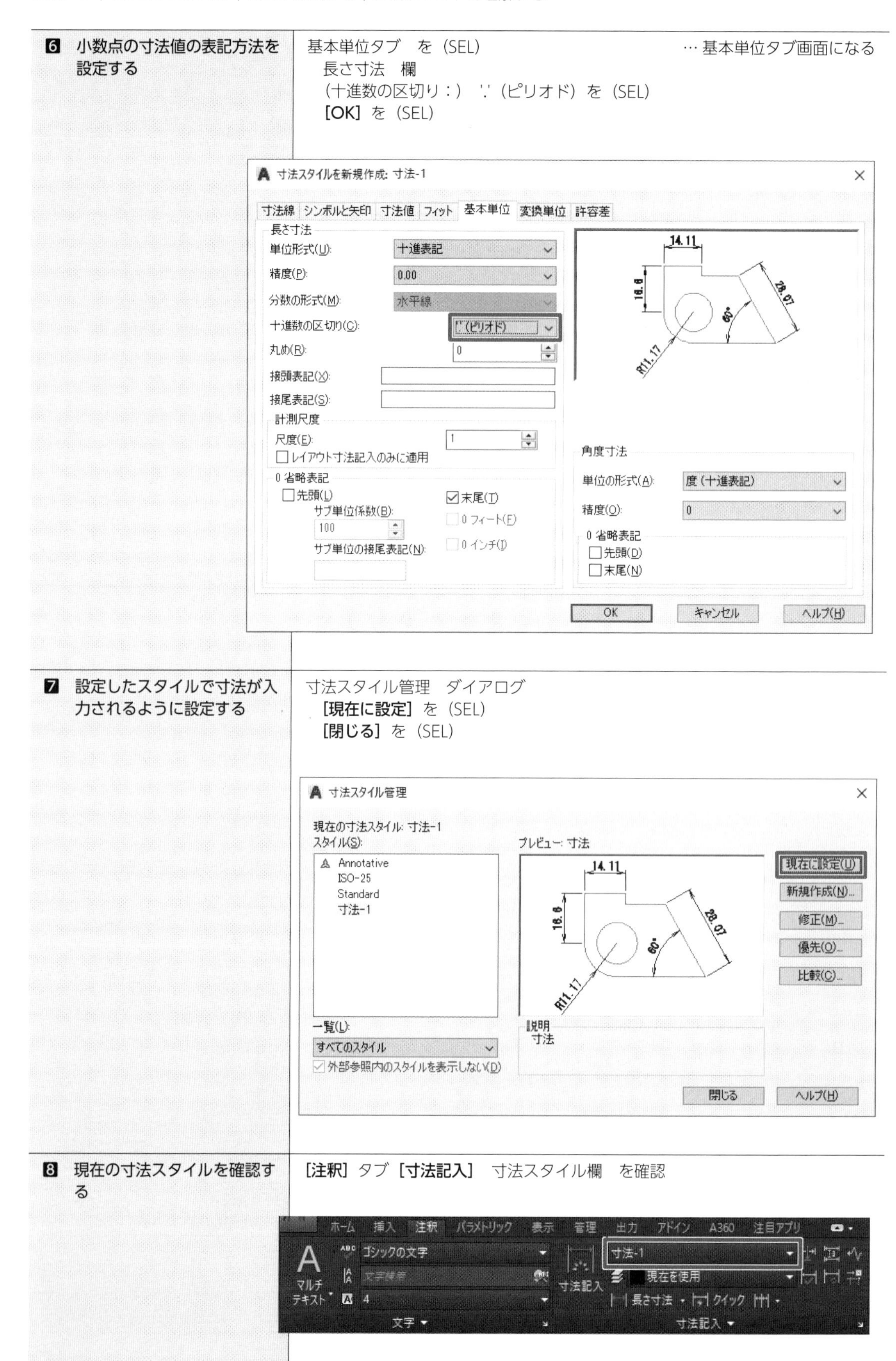

❻ 小数点の寸法値の表記方法を設定する	基本単位タブ　を（SEL）　…基本単位タブ画面になる 長さ寸法　欄 （十進数の区切り：）　'.'（ピリオド）を（SEL） [OK] を（SEL）
❼ 設定したスタイルで寸法が入力されるように設定する	寸法スタイル管理　ダイアログ [現在に設定] を（SEL） [閉じる] を（SEL）
❽ 現在の寸法スタイルを確認する	[注釈] タブ [寸法記入]　寸法スタイル欄　を確認

2 図形に寸法を入力する

■ 「長さ寸法」コマンドを使う。

内 容	操 作 手 順
❶ 寸法線位置を合わせるための線分をつくる … 図形から 15 mm の位置で合わせる	**[ホーム]** タブ **[修正] / オフセット** を (SEL) (オフセット距離を指定…：) 15 Enter キー (オフセットするオブジェクトを選択…：) 水平線 L1 を (SEL) (オフセットする側の点を指定…：) 上側の任意の点 を (SEL) (オフセットするオブジェクトを選択…：) 水平線 L2 を (SEL) (オフセットする側の点を指定…：) 下側の任意の点 を (SEL) (オフセットするオブジェクトを選択…：) 垂直線 L3 を (SEL) (オフセットする側の点を指定…：) 左側の任意の点 を (SEL) (オフセットするオブジェクトを選択…：) 垂直線 L4 を (SEL) (オフセットする側の点を指定…：) 右側の任意の点 を (SEL) (オフセットするオブジェクトを選択…：) **コマンドウィンドウ** の **[終了 (E)]** を (SEL)

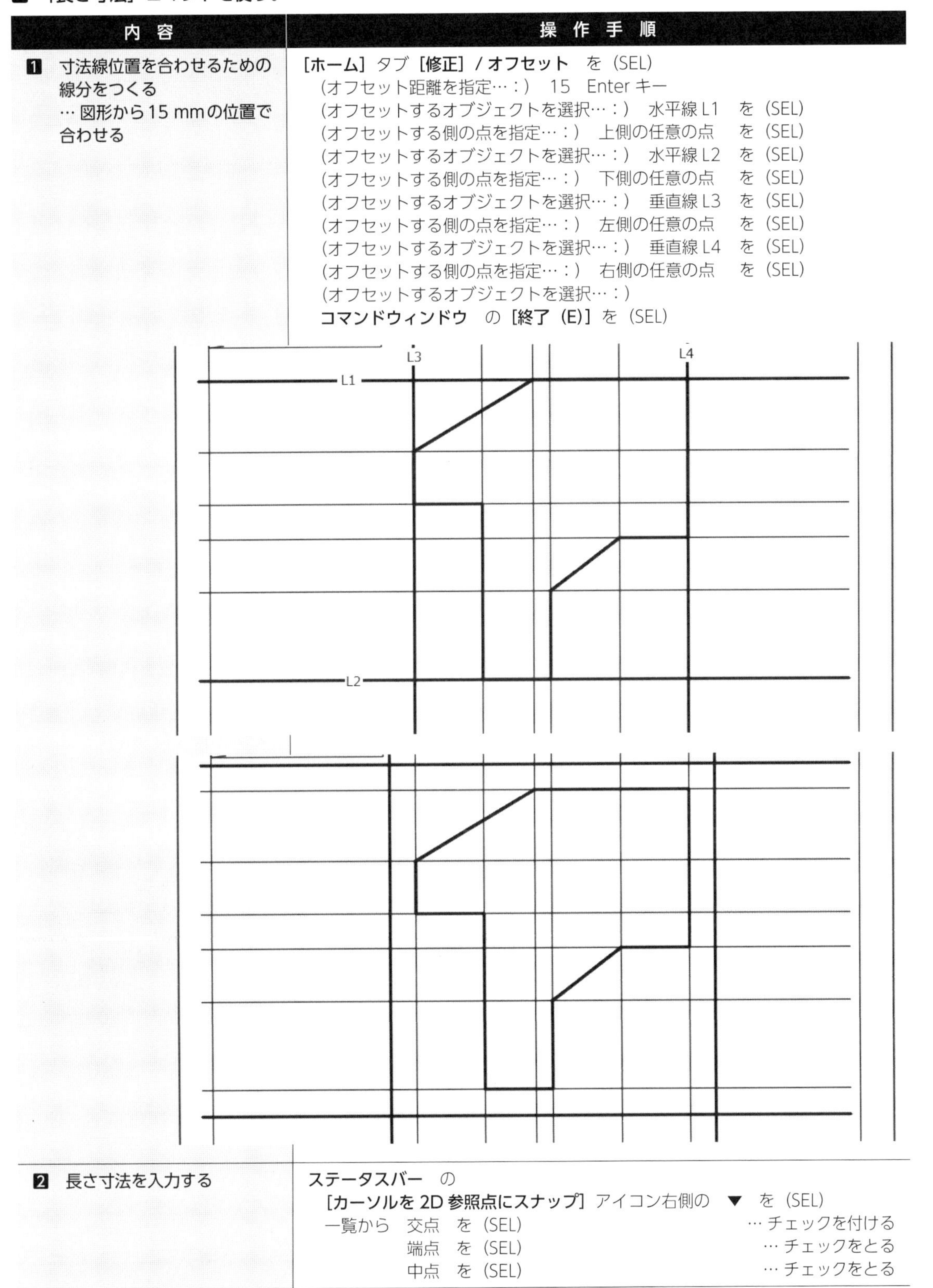

❷ 長さ寸法を入力する	**ステータスバー** の **[カーソルを 2D 参照点にスナップ]** アイコン右側の ▼ を (SEL) 一覧から 交点 を (SEL) … チェックを付ける 端点 を (SEL) … チェックをとる 中点 を (SEL) … チェックをとる
❸ 長さ寸法を入力する	**[ホーム]** タブ **[注釈] / 長さ寸法記入** を (SEL)

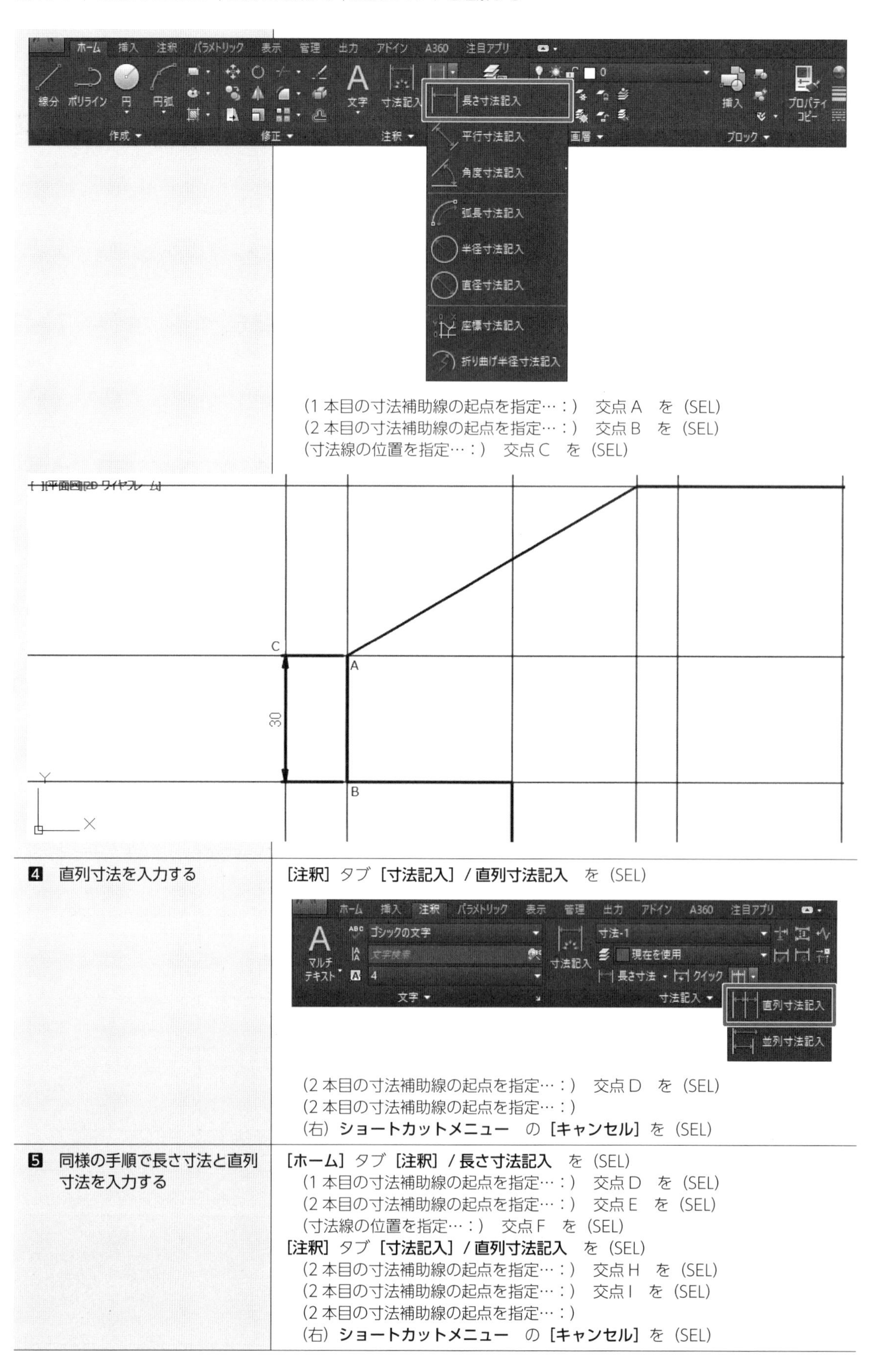

(1本目の寸法補助線の起点を指定…：）　交点A　を（SEL）
(2本目の寸法補助線の起点を指定…：）　交点B　を（SEL）
(寸法線の位置を指定…：）　交点C　を（SEL）

4 直列寸法を入力する

[注釈] タブ [寸法記入] / 直列寸法記入　を（SEL）

(2本目の寸法補助線の起点を指定…：）　交点D　を（SEL）
(2本目の寸法補助線の起点を指定…：）
(右）ショートカットメニュー　の [キャンセル] を（SEL）

5 同様の手順で長さ寸法と直列寸法を入力する

[ホーム] タブ [注釈] / 長さ寸法記入　を（SEL）
(1本目の寸法補助線の起点を指定…：）　交点D　を（SEL）
(2本目の寸法補助線の起点を指定…：）　交点E　を（SEL）
(寸法線の位置を指定…：）　交点F　を（SEL）
[注釈] タブ [寸法記入] / 直列寸法記入　を（SEL）
(2本目の寸法補助線の起点を指定…：）　交点H　を（SEL）
(2本目の寸法補助線の起点を指定…：）　交点I　を（SEL）
(2本目の寸法補助線の起点を指定…：）
(右）ショートカットメニュー　の [キャンセル] を（SEL）

6 同様の手順で長さ寸法と直列寸法を入力する	**[ホーム]** タブ **[注釈] / 長さ寸法記入** を (SEL) (1 本目の寸法補助線の起点を指定…：) 交点 E を (SEL) (2 本目の寸法補助線の起点を指定…：) 交点 G を (SEL) (寸法線の位置を指定…：) 交点 J を (SEL) **[注釈]** タブ **[寸法記入] / 直列寸法記入** を (SEL) (2 本目の寸法補助線の起点を指定…：) 交点 I を (SEL) (2 本目の寸法補助線の起点を指定…：) (右) **ショートカットメニュー** の **[キャンセル]** を (SEL)
7 残りの寸法を入力する	**[ホーム]** タブ **[注釈] / 長さ寸法記入** を (SEL) (1 本目の寸法補助線の起点を指定…：) 交点 L を (SEL) (2 本目の寸法補助線の起点を指定…：) 交点 K を (SEL) (寸法線の位置を指定…：) 交点 M を (SEL)

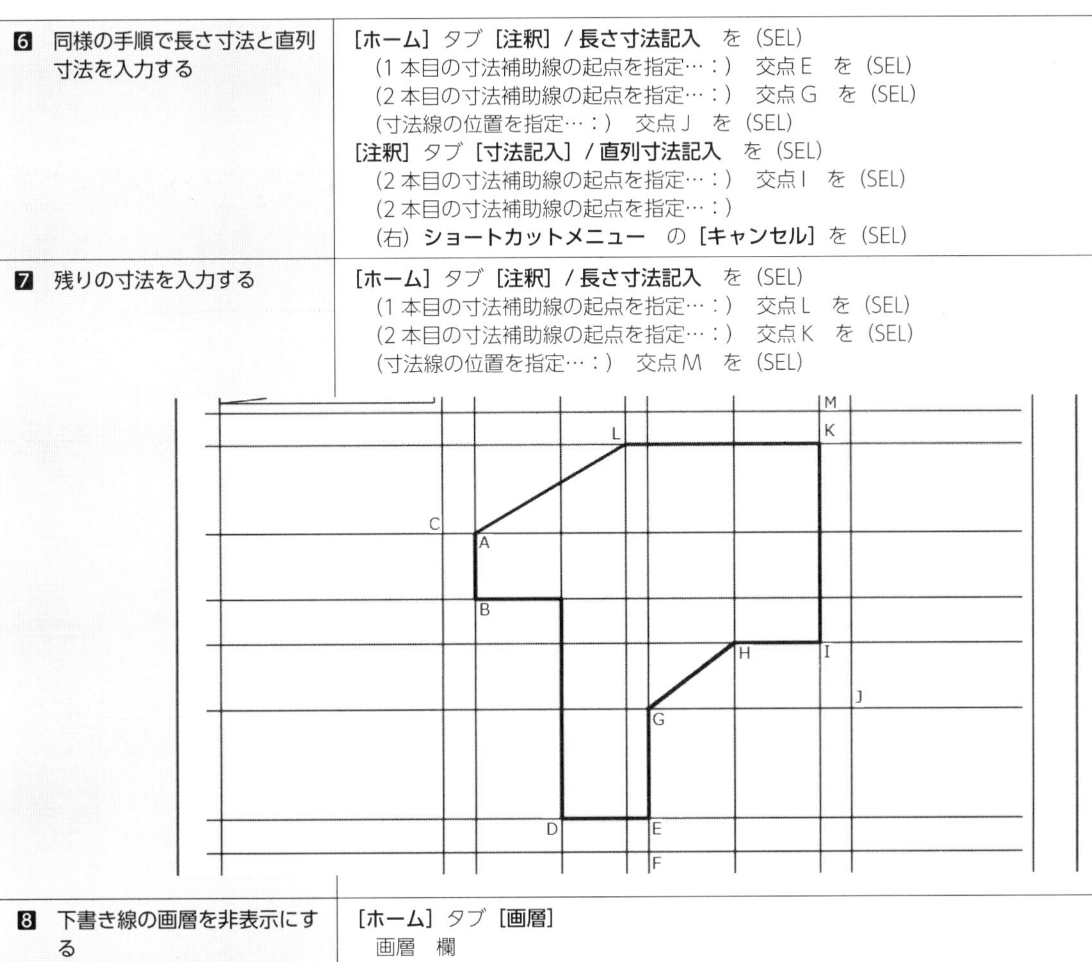

8 下書き線の画層を非表示にする	**[ホーム]** タブ **[画層]** 画層 欄 下書き線 の **[画層の表示 / 非表示]** アイコン を (SEL) … 表示をオフにする

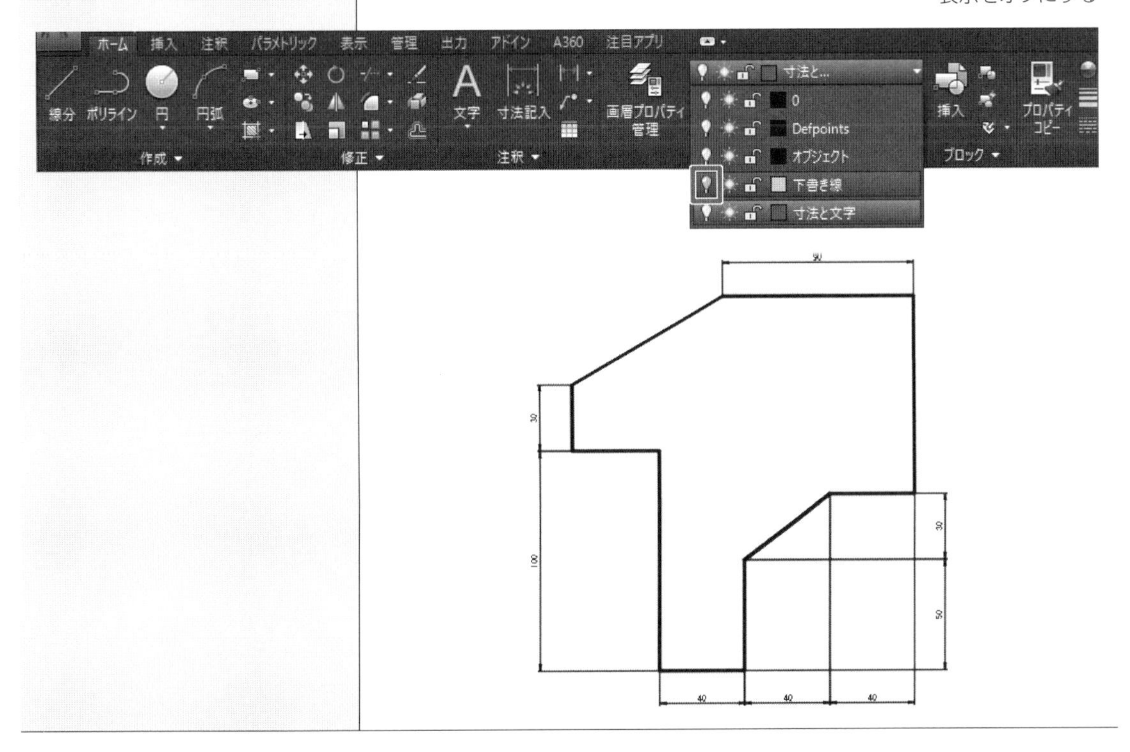

3 見映えをよくするために寸法線間隔を統一する

■ 「寸法線間隔」コマンドを使う。

内側の寸法線と外側の寸法線との距離を統一して、見映えをよくします。

内容	操作手順
❶ 外側の長さ寸法を入力する	**[ホーム] タブ [注釈] / 長さ寸法記入** を (SEL) (1 本目の寸法補助線の起点を指定…：) 交点 A を (SEL) (2 本目の寸法補助線の起点を指定…：) 交点 C を (SEL) (寸法線の位置を指定…：) P1 付近 を (SEL) (右) **ショートカットメニュー** の **[繰り返し]** を (SEL) (1 本目の寸法補助線の起点を指定…：) 交点 B を (SEL) (2 本目の寸法補助線の起点を指定…：) 交点 E を (SEL) (寸法線の位置を指定…：) P2 付近 を (SEL) (右) **ショートカットメニュー** の **[繰り返し]** を (SEL) (1 本目の寸法補助線の起点を指定…：) 交点 D を (SEL) (2 本目の寸法補助線の起点を指定…：) 交点 F を (SEL) (寸法線の位置を指定…：) P3 付近 を (SEL)
❷ 寸法線間隔を統一する 寸法線間隔：15 mm	**[注釈] タブ [寸法記入] / 寸法線間隔** を (SEL) ホーム 挿入 注釈 パラメトリック 表示 管理 出力 アドイン A360 注目アプリ A マルチテキスト ゴシックの文字 文字検索 4 文字 寸法記入 寸法-1 現在を使用 長さ寸法 クイック 寸法記入 (基準の寸法を選択：) 寸法オブジェクト G を (SEL) (間隔を調整する寸法を選択：) 寸法オブジェクト H を (SEL) (間隔を調整する寸法を選択：) (右) (値を入力…：) 15 Enter キー (右) **ショートカットメニュー** の **[繰り返し]** を (SEL) (基準の寸法を選択：) 寸法オブジェクト I を (SEL) (間隔を調整する寸法を選択：) 寸法オブジェクト J を (SEL) (間隔を調整する寸法を選択：) (右) (値を入力…：) 15 Enter キー (右) **ショートカットメニュー** の **[繰り返し]** を (SEL) (基準の寸法を選択：) 寸法オブジェクト K を (SEL) (間隔を調整する寸法を選択：) 寸法オブジェクト L を (SEL) (間隔を調整する寸法を選択：) (右) (値を入力…：) 15 Enter キー 90 F A 30 B E P1 P3 100 30 50 C D 40 40 40 P2

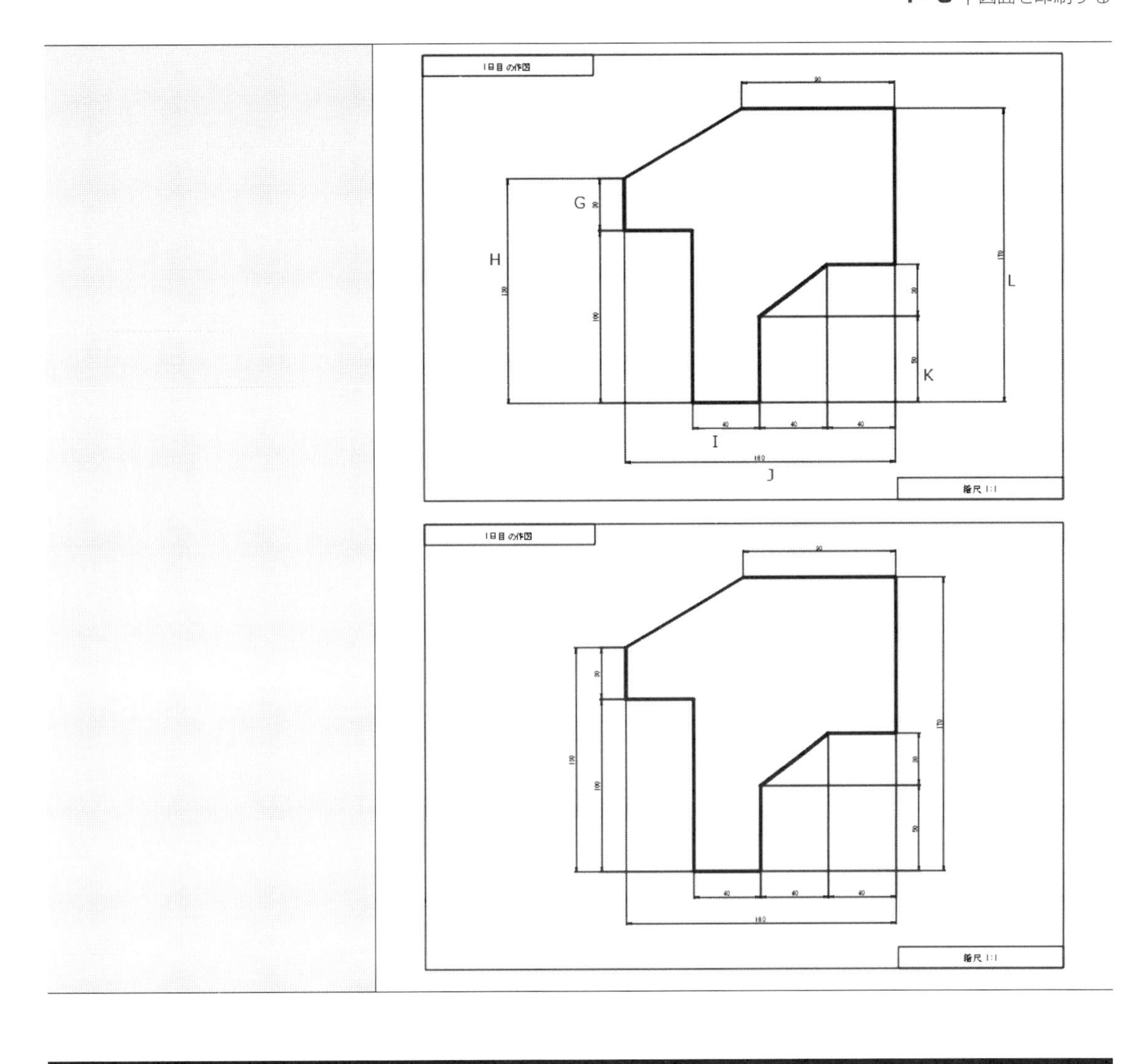

DAY 1
1
2
3
DAY 2
1
2
3
DAY 3
1
2
3

1・9 図面を印刷する

■ **印刷設定を理解する。**

図面を印刷します。最初に、ページ設定をつくります。

ページ設定をつくっておくと、次に印刷するときにページ設定の名前を選択すれば、同じ設定内容で印刷することができます。

1 図面に印刷設定を保存する

■ **ページ設定をつくる。**

内 容	操 作 手 順
1 新しくページ設定をつくる	［出力］タブ［印刷］/ ページ設定管理 を (SEL)

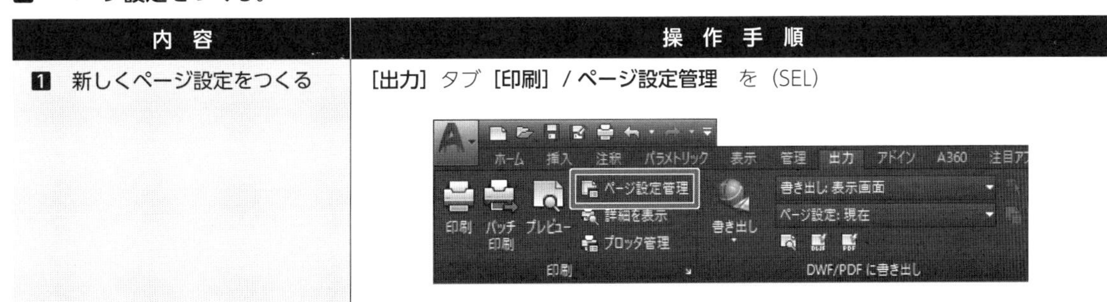

ページ設定管理　ダイアログ
　[新規作成] を（SEL）

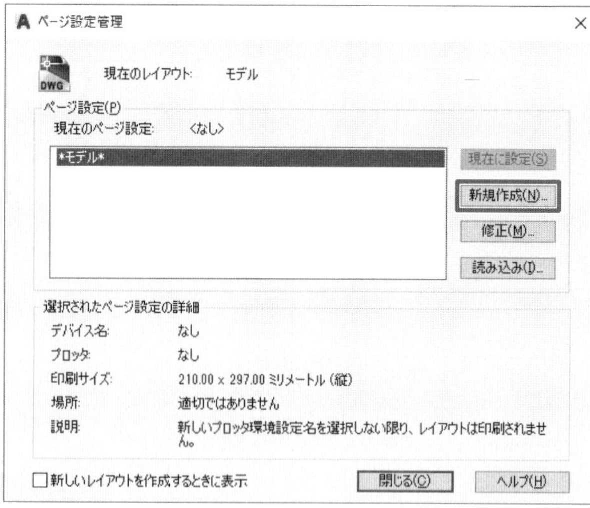

ページ設定を新規作成　ダイアログ
　（新しいページ設定名：）　A3- 印刷尺度 1　と入力
　[OK] を（SEL）

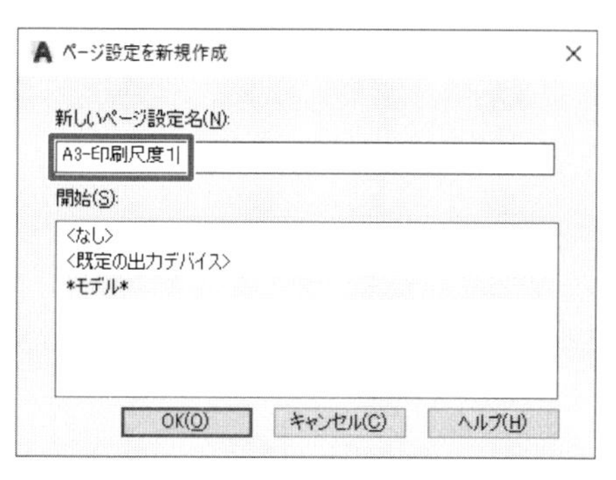

2 プリンタを設定する

ページ設定 - モデル　ダイアログ
　プリンタ / プロッタ　欄
　（名前：）　使用するプリンタ名　を（SEL）

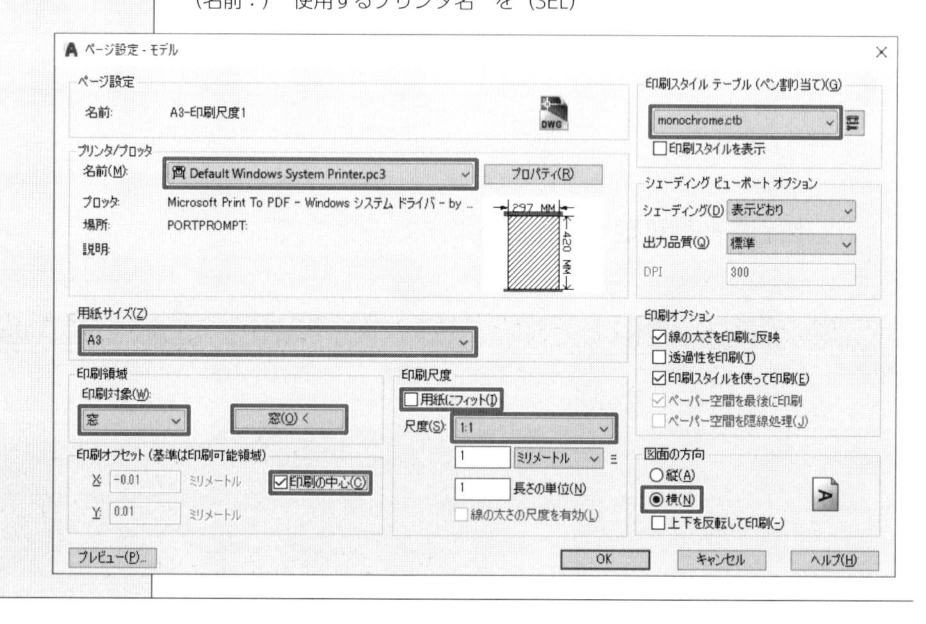

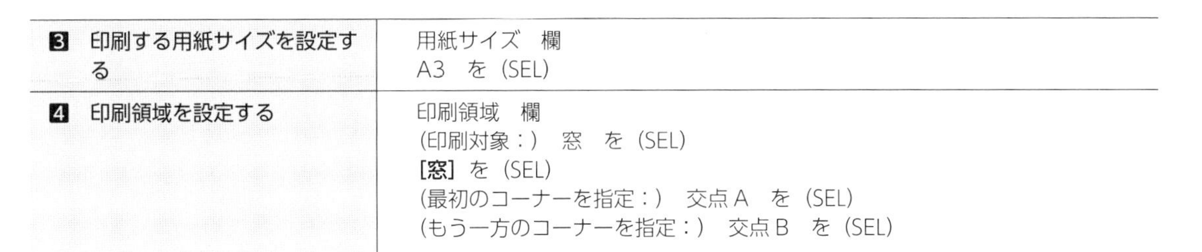

❸ 印刷する用紙サイズを設定する	用紙サイズ 欄 A3 を（SEL）
❹ 印刷領域を設定する	印刷領域 欄 （印刷対象：） 窓 を（SEL） **[窓]** を（SEL） （最初のコーナーを指定：） 交点A を（SEL） （もう一方のコーナーを指定：） 交点B を（SEL）

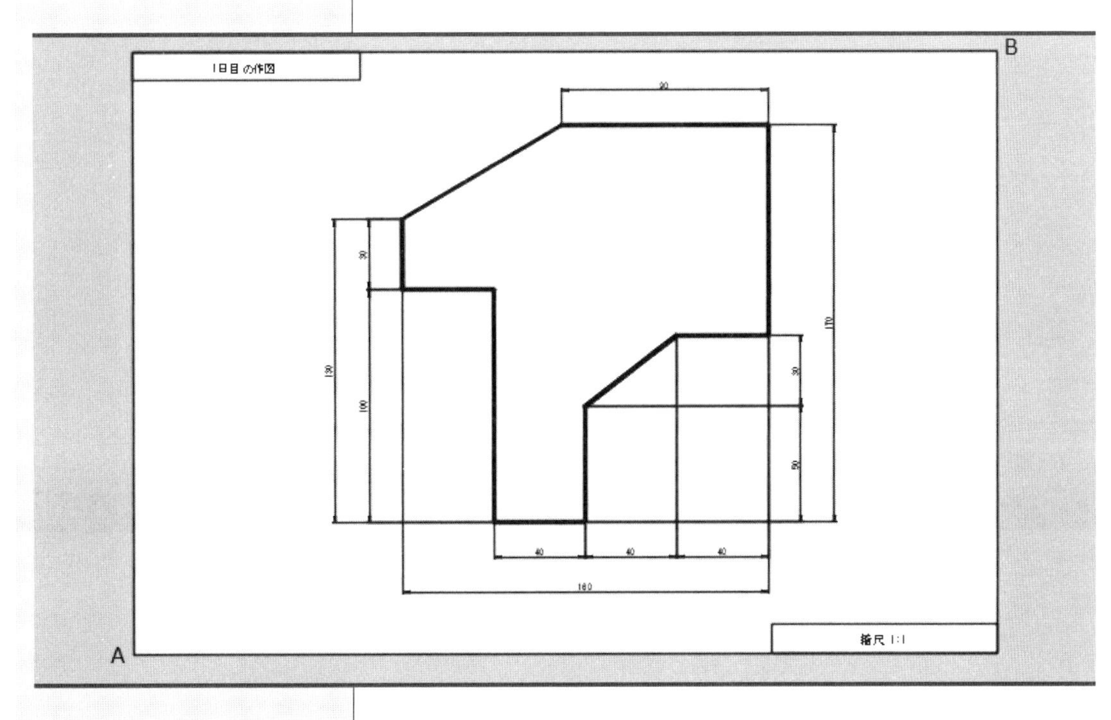

❺ 印刷領域が用紙の中心に配置されるように設定する	印刷オフセット（基準は印刷可能領域）欄 □ 印刷の中心 を（SEL） …チェックを付ける
❻ 印刷尺度を設定する	印刷尺度 欄 □ 用紙にフィット を（SEL）してチェックをとる （尺度：） 1：1 を（SEL）
❼ 黒一色で印刷するように設定する	印刷スタイルテーブル（ペンの割り当て）欄 monochrome.ctb を（SEL） 質問 ダイアログ **[はい]** を（SEL） 
❽ 用紙に対しての図面の方向を設定する	図面の方向 欄 ○ 横 を（SEL） …●になる **[OK]** を（SEL）
❾ 設定した内容で印刷できるように設定する	ページ設定管理 ダイアログ **[現在に設定]** を（SEL） **[閉じる]** を（SEL）

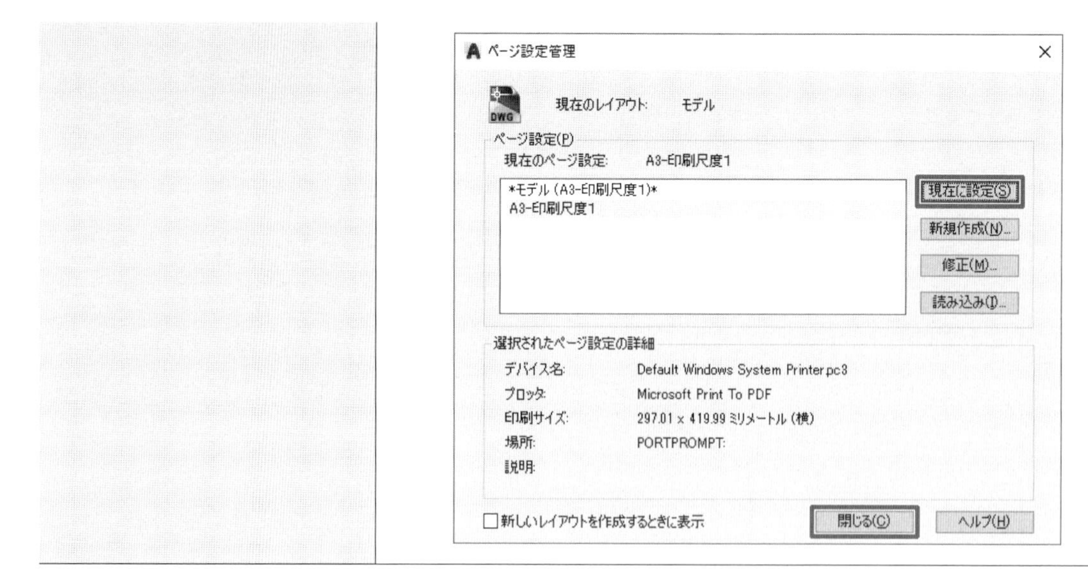

2 図面を印刷して終了する

■ 「印刷」コマンドを使う。

内 容	操 作 手 順
❶ 図面を印刷する	クイックアクセスツールバー の [印刷] を (SEL) [プレビュー] を (SEL) (右) ショートカットメニュー の [印刷] を (SEL)
❷ 保存をして閉じる	図面タブの [1 日目の作図] 右側にある × を (SEL) AutoCAD ダイアログ 「はい」 を (SEL) … 保存をする

2日目

テンプレートの作成

1時間目 テンプレートファイルをつくる ①
▶▶▶ 図面の体裁を統一する

2時間目 作図の時間 ②
▶▶▶ テンプレートファイルを使う

3時間目 テンプレートファイルをつくる ②
▶▶▶ 縮尺して印刷する図面のために

2日目の作図

2日目の作図

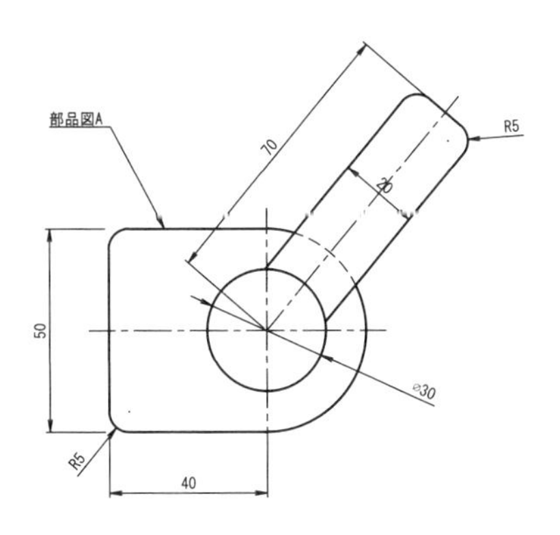

縮尺 1：1

テンプレートファイルをつくる ① ▶▶▶ 図面の体裁を統一する

2・1　他の図面の設定を運用する

■ **他の図面の設定内容と合わせるためのいくつかの操作を理解する。**

図面の仕様を統一するために、ひな形となるテンプレートファイルを作成します。

この時間では、1日目に設定した内容をいろいろな方法でテンプレートファイルにもっていきます。1日目に操作した内容を繰り返し実行することなく、1日目の図面と仕様が統一できます。

1　「A3の大きさ」を開く

■ テンプレートの元になるファイルからはじめる。

内容	操作手順
1 AutoCADを起動し，「A3の大きさ」を開く … この図面から設定を開始する	AutoCADを起動 スタートタブ画面 ［ファイルを開く ...］を（SEL） 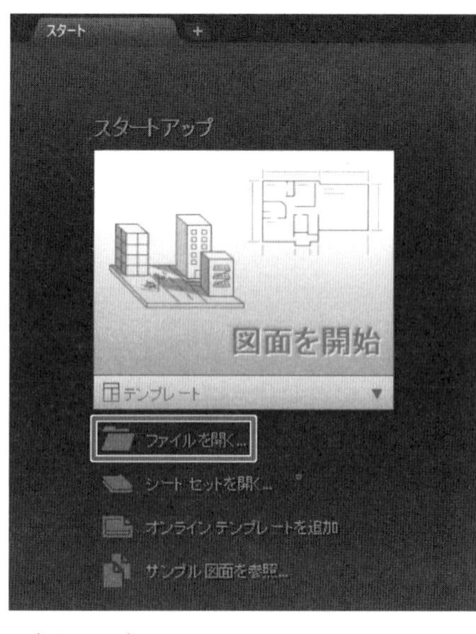 ファイルを選択　ダイアログ （探す場所：）　保存されているフォルダー　を（SEL） 一覧から　A3の大きさ　を（SEL） ［開く］を（SEL）

2　他の図面から画層と寸法スタイルを追加する

■ 「Designcenter」コマンドを使う。

内容	操作手順
1 Designcenterを実行する	［表示］タブ［パレット］/DesignCenter　を（SEL）

2 追加する設定要素をもっている図面「1日目の作図」を選択する

DESIGNCENTER パレット
[ロード] アイコン を（SEL）

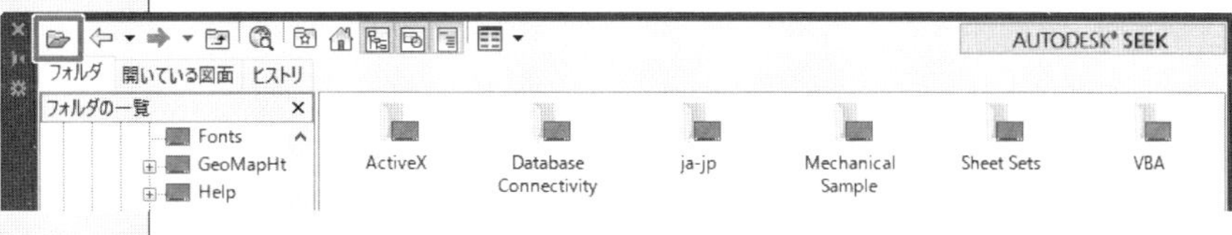

ロード ダイアログ
（探す場所：）［1日目の作図］が保存されているフォルダー を（SEL）
一覧から 1日目の作図 を（SEL）
[開く] を（SEL）

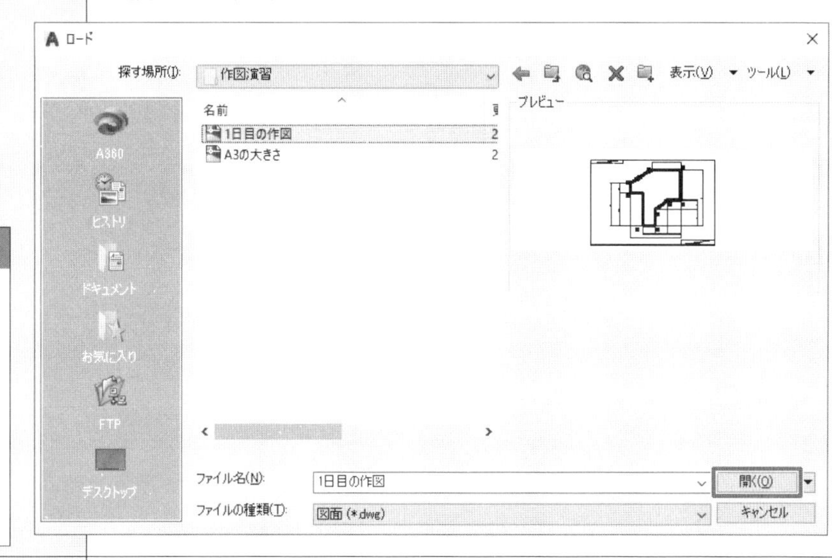

TIPS

DESIGNCENTER

デザインセンターを使用すると、他の図面から、作業中の図面に画層や文字、寸法などの設定要素を追加することができます。新たにスタイル設定をする必要がなく、他の図面と統一した仕様で図面を管理したいときに便利な機能です。

3 画層を追加する

[画層] アイコン をダブルクリック

[オブジェクト] アイコン を（SEL）
Shift キーを押しながら
[寸法と文字] アイコン を（SEL）
[寸法と文字] アイコン上にカーソルがある状態で
（右）**ショートカットメニュー** の **[画層を追加]** を（SEL）

DAY 1 1 2 3 DAY 2 1 2 3 DAY 3 1 2 3

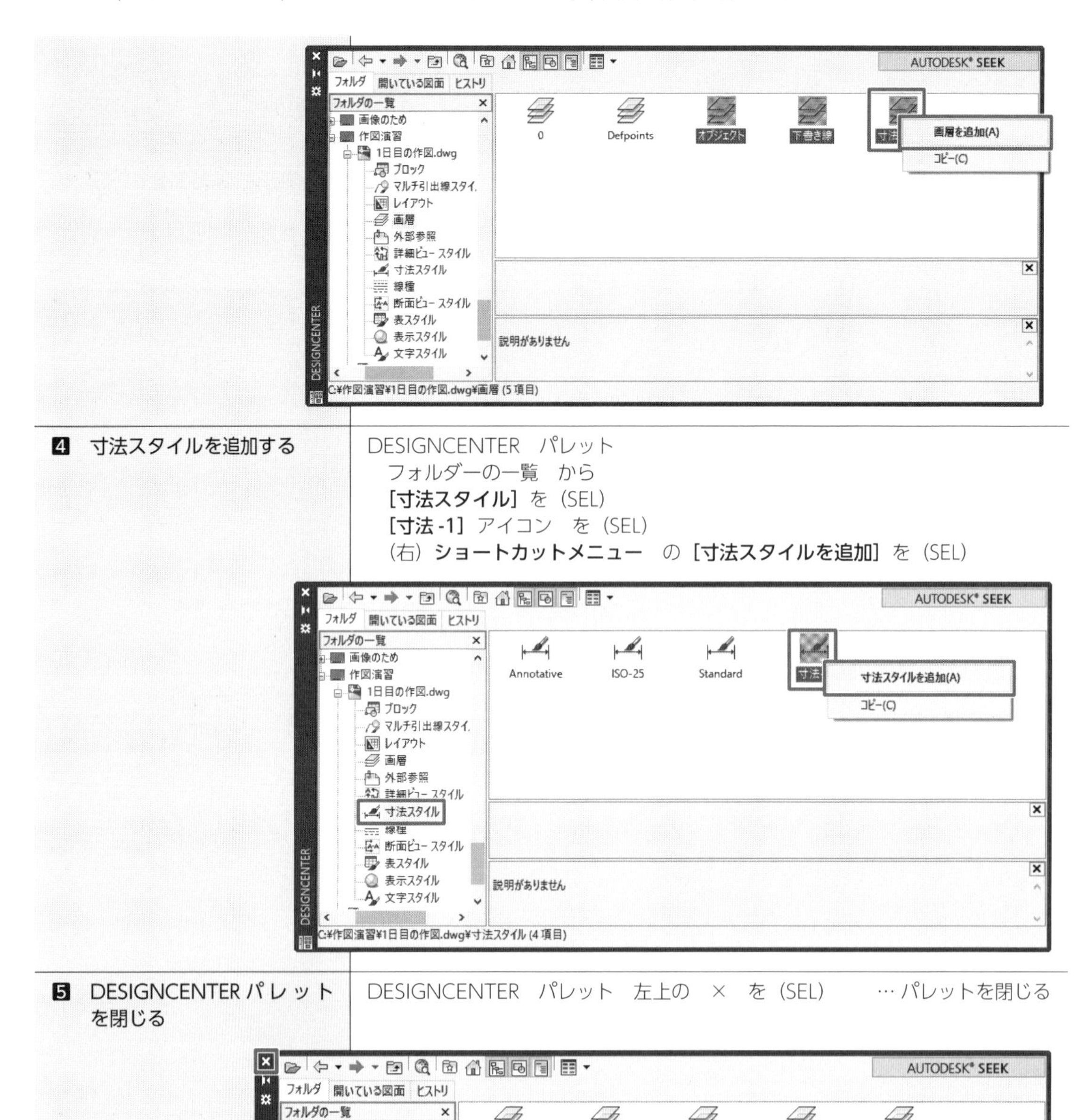

4 寸法スタイルを追加する	DESIGNCENTER　パレット フォルダーの一覧　から **[寸法スタイル]** を（SEL） **[寸法 -1]** アイコン　を（SEL） （右）**ショートカットメニュー**　の **[寸法スタイルを追加]** を（SEL）
5 DESIGNCENTER パレットを閉じる	DESIGNCENTER　パレット　左上の　×　を（SEL）　… パレットを閉じる

3 他の図面から文字をコピーして文字スタイルを追加する

■ クリップボード／コピー操作を使う。

内　容	操　作　手　順
1 図面「1 日目の作図」を開く	**クイックアクセスツールバー**　の **[開く]** を（SEL） ファイルを選択　ダイアログ （探す場所：）　保存されているフォルダー　を（SEL） 一覧から　1 日目の作図　を（SEL） **[開く]** を（SEL）
2 図面のタイトルボックスを選択してクリップボードにコピーをする	P1 付近　を（SEL） P2 付近　を（SEL）　… 交差選択する 左上のタイトルボックスと文字，枠線が選択される

TIPS

クリップボード

コンピュータの操作画面で、コピーや切り取りの操作を指示したオブジェクトを一時的に保管しておく場所です。

P3 付近　を（SEL）
P4 付近　を（SEL）　… 窓選択する
右下のタイトルボックスと文字が選択される
（右）**ショートカットメニュー**　の［**クリップボード / コピー**］を（SEL）

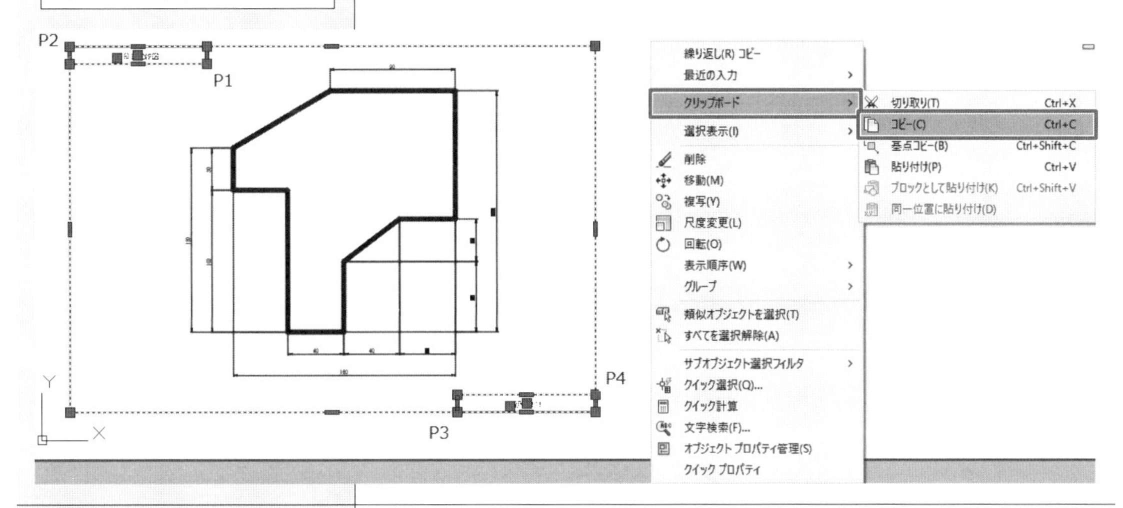

3 図面「1 日目の作図」を閉じる

図面タブの［1 日目の作図］右側にある　×　を（SEL）
AutoCAD　ダイアログ
［**いいえ**］を（SEL）　… 保存をしない

スタート　A3の大きさ　1日目の作図*

4 図面に貼り付ける

（右）**ショートカットメニュー**　の
［**クリップボード / 同一位置に貼り付け**］を（SEL）
…［1 日目の作図］と同一位置に貼り付ける

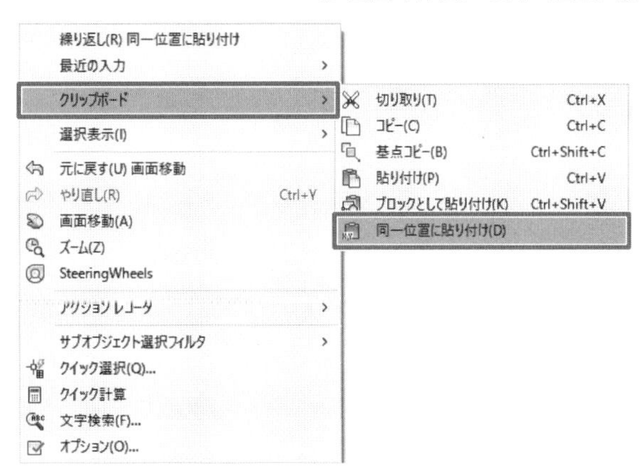

TIPS

コピー&貼り付け

他の図面からクリップボードにコピーしたオブジェクトを作業中の図面に貼り付けると、オブジェクトだけではなく、オブジェクトの所属している画層と画層の設定、文字、寸法、そのスタイルを一緒にもってくることができます。

4 文字や寸法が入力されるスタイルを設定する

■ 現在のスタイル設定を確認、設定する。

内　容	操　作　手　順
1 現在の文字スタイルを設定する	［**注釈**］タブ［**文字**］の　文字スタイル欄　▼　を（SEL） ［**ゴシックの文字**］を（SEL）

DAY 1 1 2 3
DAY 2 1 2 3
DAY 3 1 2 3

2 現在の寸法スタイルを設定する

［注釈］タブ［寸法記入］の　寸法スタイル欄　▼　を（SEL）
［寸法 -1］を（SEL）

TIPS

現在のスタイル

注釈タブの文字、寸法記入パネルには、現在のスタイル名が表示されます。

文字や寸法は現在のスタイルで入力されます。

DAY 1 1 2 3 DAY 2 1 2 3 DAY 3 1 2 3

5 他の図面からページ設定を読み込む

■ 「ページ設定管理」コマンドで読み込む。

内容	操作手順
1 ページ設定を読み込む	［出力］タブ［印刷］/ ページ設定管理　を（SEL）

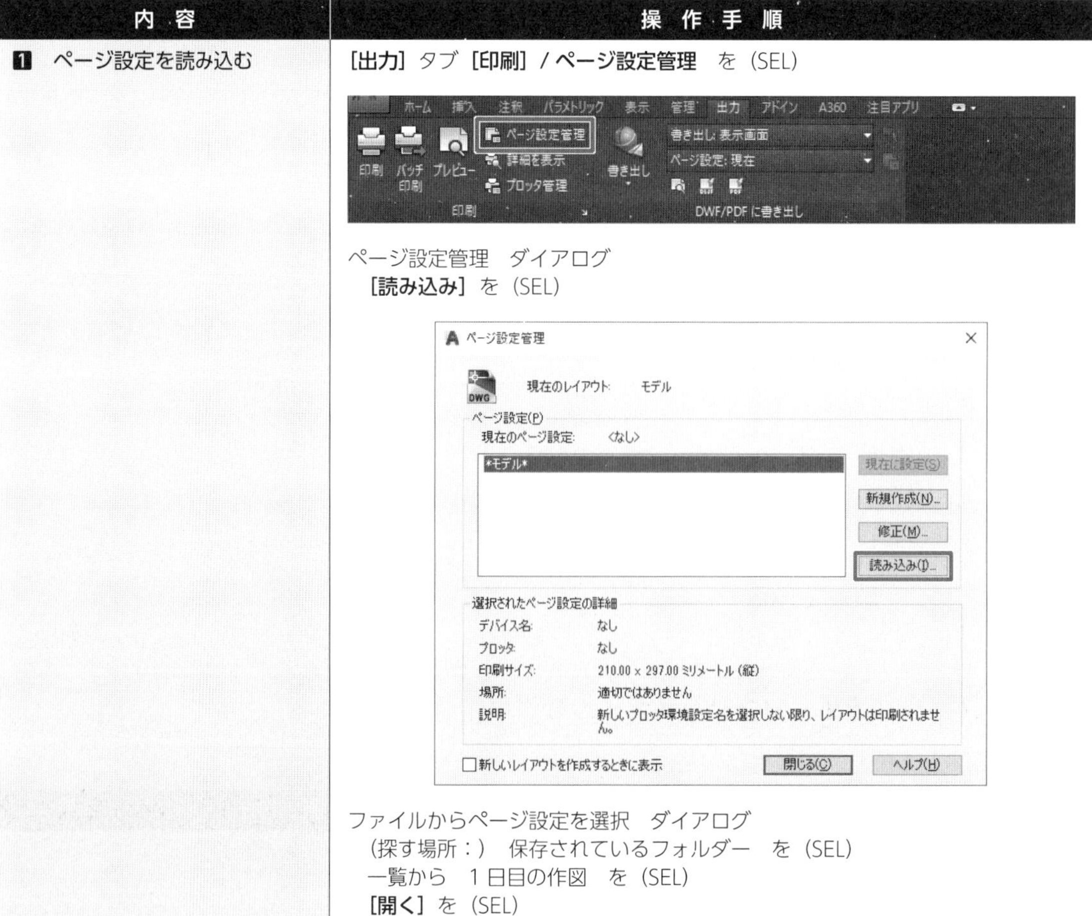

ページ設定管理　ダイアログ
［読み込み］を（SEL）

ファイルからページ設定を選択　ダイアログ
（探す場所：）　保存されているフォルダー　を（SEL）
一覧から　１日目の作図　を（SEL）
［開く］を（SEL）

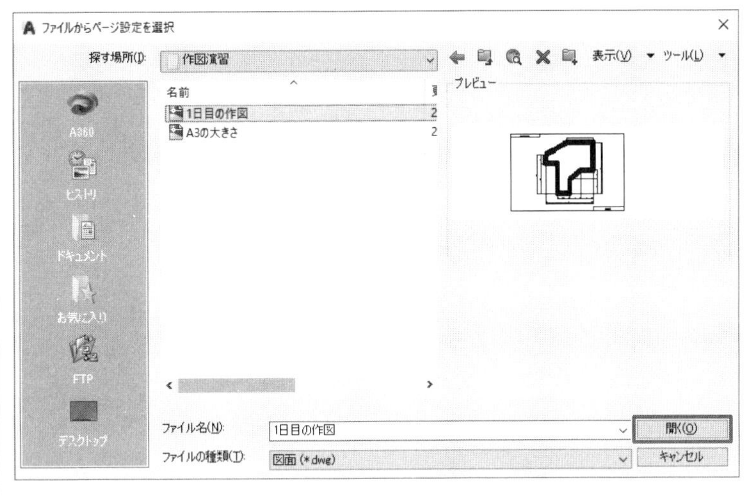

ページ設定を読み込み　ダイアログ
[OK] を (SEL)

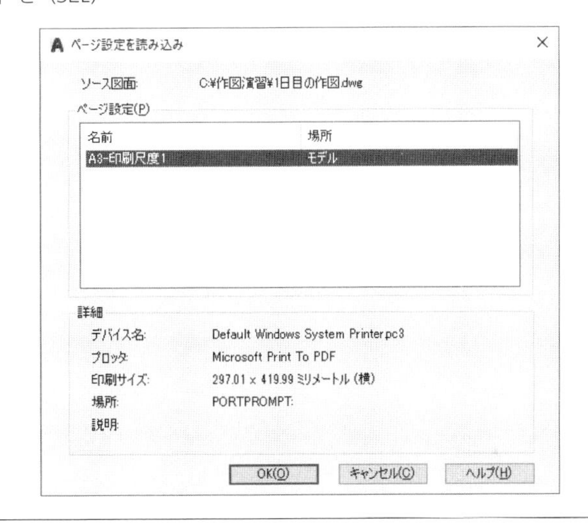

2 読み込んだページ設定を現在に設定する

ページ設定管理　ダイアログ
ページ設定　欄
[A3- 印刷尺度 1] を (SEL)
[現在に設定] を (SEL)

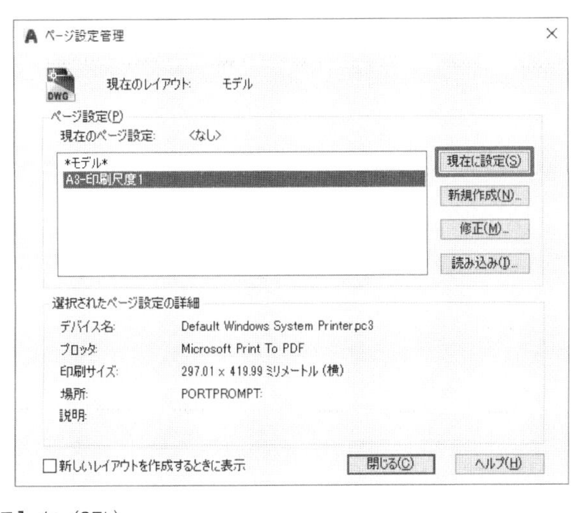

[閉じる] を (SEL)

2・2　必要な内容を設定する

■ **作図の時間②（p.072）の図面に必要な設定を追加する。**

テンプレートファイルには、通常使う画層、線種、グローバル線種尺度、文字スタイル、寸法スタイル、図面枠、ページ設定を保存しておくとよいでしょう。

そのほかにも、図面内容に応じて設定を追加して、作業図面の仕様に合わせたひな形をつくっておけば、図面ごとに同じ設定を繰り返す手間が省けます。

作図の時間②では、実線以外に中心線となる一点鎖線、隠れた部分を表わす破線を使います。その線種を準備し、その線種を使う図形を実線で表わす図形とは区別するために画層をつくります。

実線以外の線種を使用するときは、線種の見映えを調整するグローバル線種尺度の設定を必ず確認し、設定をします。

また作図の時間②では、引出線で注記を作図するので、引出線のスタイルを設定します。

1　一点鎖線と破線の線種を準備して画層をつくる

■ **線種をロードする。**

内　容	操　作　手　順
1 1点鎖線と破線の画層をつくる … 1点鎖線は中心線で使う … 破線は隠れ線で使う	**[ホーム] タブ [画層] / 画層プロパティ管理** を (SEL) 画層プロパティ管理　パレット … すでに［1日目の作図］と同じ画層が作成されている **[新規作成]** アイコン　を (SEL) (名前：)　1点鎖線　と入力 1点鎖線の画層欄　の色　white　を (SEL) 色選択　ダイアログ magenta　を (SEL) **[OK]** を (SEL) 1点鎖線の画層欄　の線の太さ　既定　を (SEL) 線の太さ　ダイアログ 0.18　を (SEL) **[OK]** を (SEL)

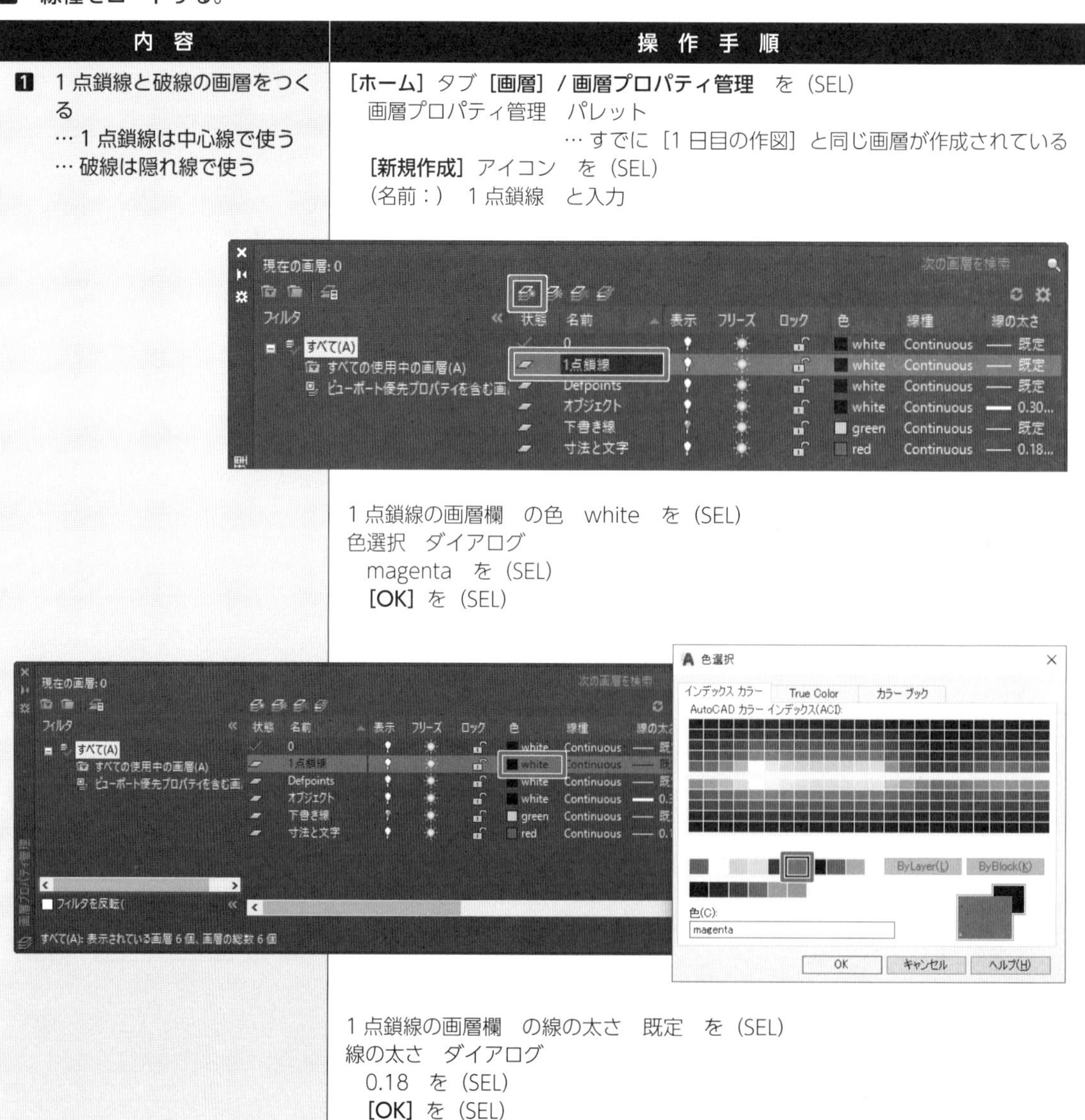

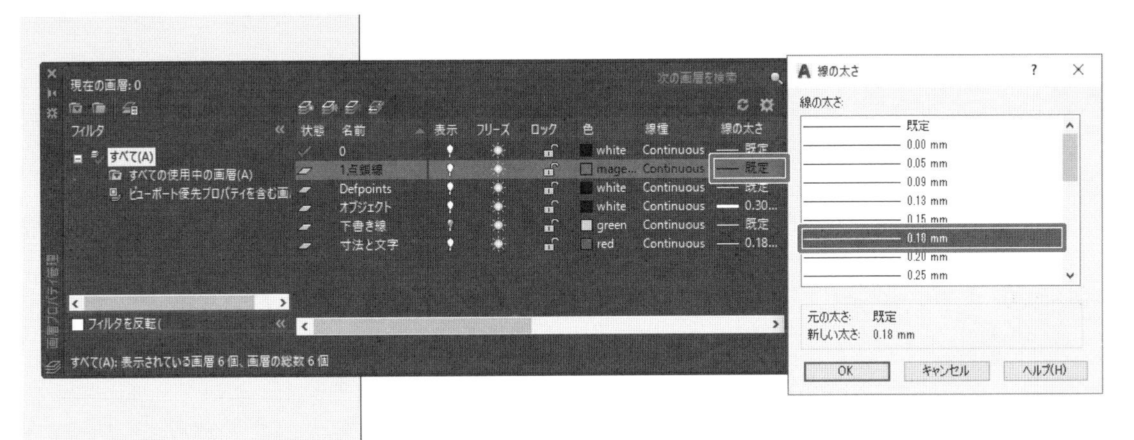

[新規作成] アイコン　を（SEL）
（名前：）　破線　と入力
破線の画層欄　の色　magenta　を（SEL）
色選択　ダイアログ
　blue　を（SEL）
　[OK] を（SEL）

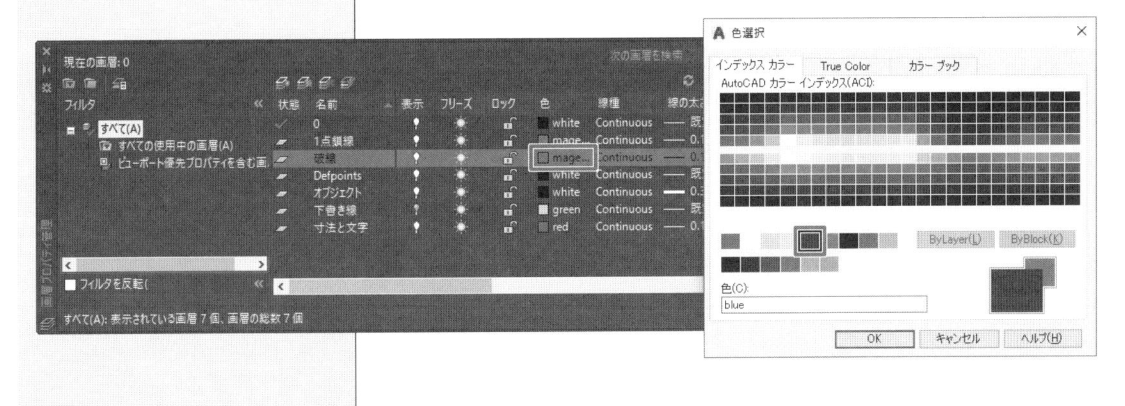

2 実線以外の線種を準備する（ロードする）

破線の画層欄　の線種　Continuous　を（SEL）
線種を選択　ダイアログ
　[ロード] を（SEL）

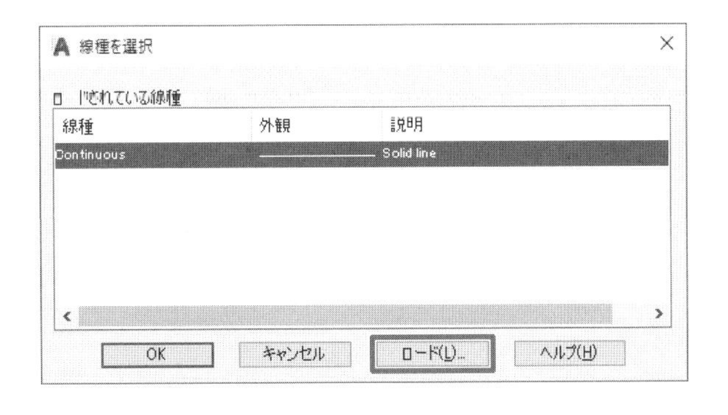

線種のロードまたは再ロード　ダイアログ
　使用可能な線種　欄
　[Center2] を（SEL）
　Ctrl キーを押しながら [HIDDEN] を（SEL）
　[OK] を（SEL）
　　　　…Ctrl キーを押しながら選択すると，一度に複数要素を選択できる

TIPS

線種のロード

Continuous という名前の実線だけが最初に準備されています。一点鎖線や破線などの他の線の種類を作図するときは、線種をロードする操作をします。

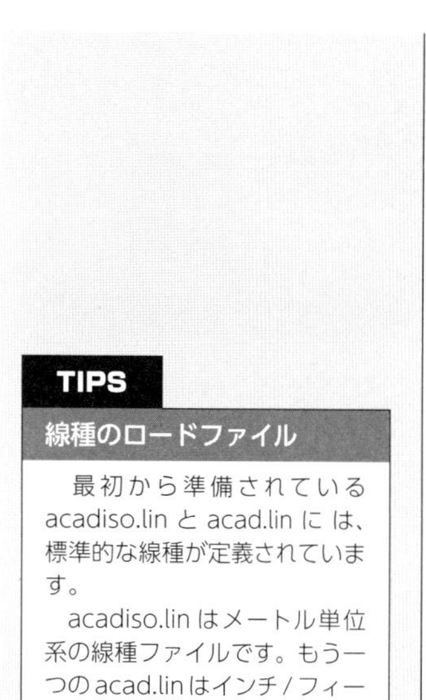

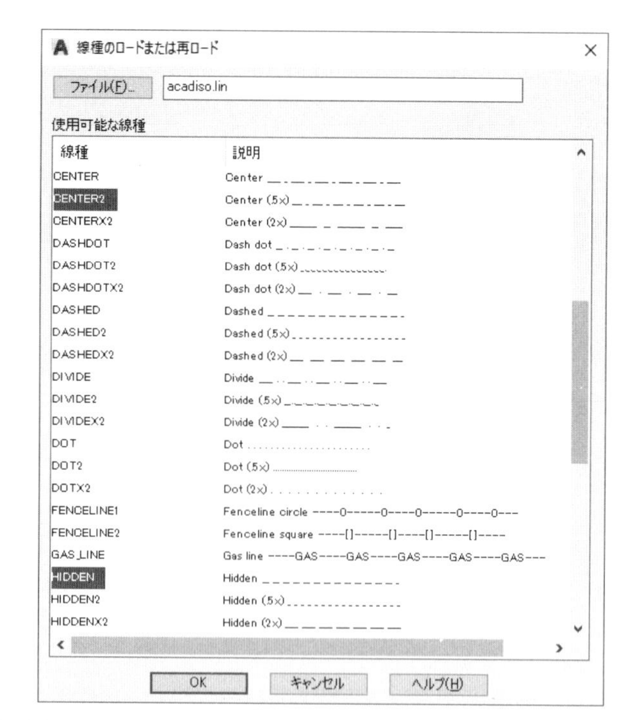

TIPS

線種のロードファイル

最初から準備されている acadiso.lin と acad.lin には、標準的な線種が定義されています。

acadiso.lin はメートル単位系の線種ファイルです。もう一つの acad.lin はインチ / フィート単位系の線種ファイルです。1 作図単位をミリメートルで考えて作図を始める場合は、acadiso.lin から線種をロードするとグローバル線種尺度の値がわかりやすくなります。

3 破線と 1 点鎖線の画層に線種を設定する

線種を選択　ダイアログ
　[HIDDEN] を (SEL)
　[OK] を (SEL)

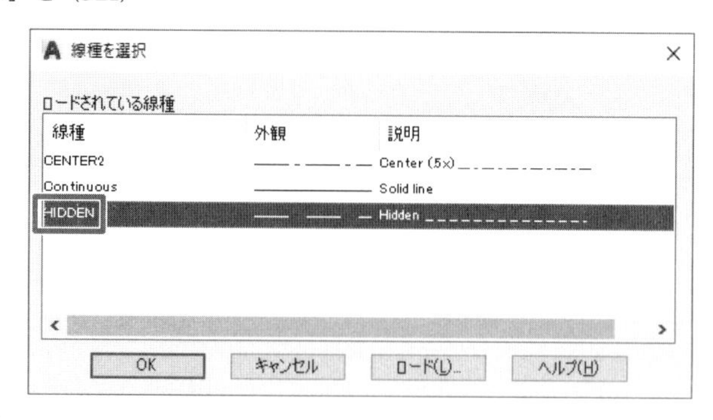

1 点鎖線の画層欄　の線種　Continuous　を (SEL)
線種を選択　ダイアログ
　[CENTER2] を (SEL)
　[OK] を (SEL)

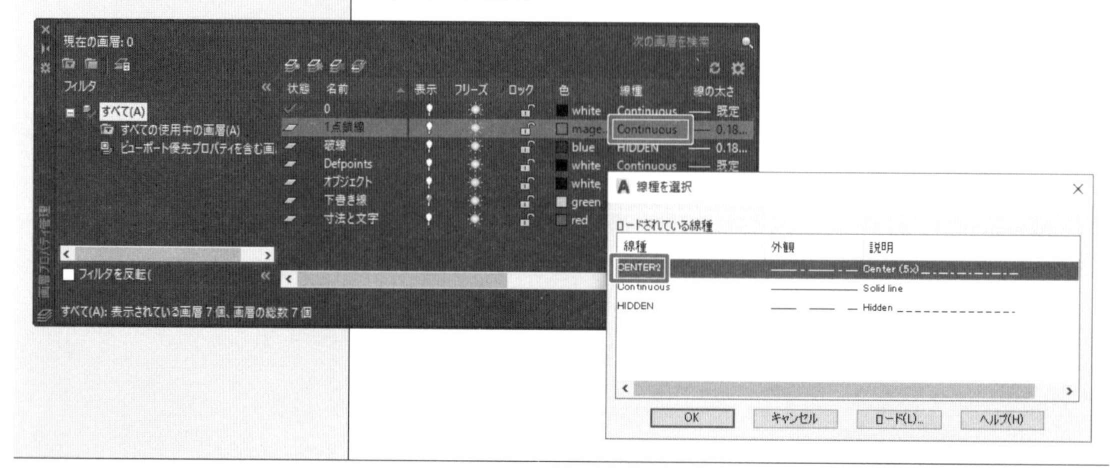

4 現在層を設定する	下書き線の画層欄　を（SEL）　… 画面表示をオンにする **[現在に設定]** アイコン　を（SEL）

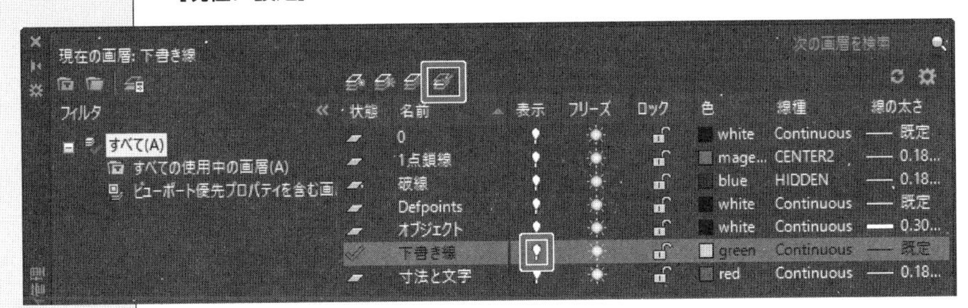

5 画層プロパティ管理パレットを閉じる	画層プロパティ管理　パレット　にある　×　を（SEL） … パレットを閉じる

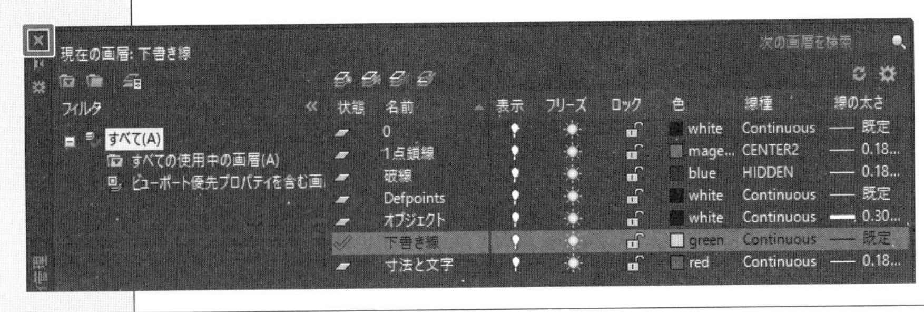

TIPS　ロードできる線種

ロードできる線種は沢山あります。ここでは一点鎖線 Center2 と破線 Hidden を使用します。

Center という名前の線種には、「Center」「Center2」「Centerx2」という 3 種類があり、同じ線種でも目の粗さが違うものが準備されています。

「Center2」は「Center」の半分の目の粗さで、「Centerx2」は「Center」の 2 倍の目の粗さでつくられています。

2　一点鎖線と破線の見映えを調整する

■ グローバル線種尺度を設定する。

内　容	操　作　手　順
1 グローバル線種尺度を 0.5 に設定する … 目の粗さを半分にする	**[ホーム]** タブ **[プロパティ]** の　線種欄　▼　を（SEL） **[その他 ...]** を（SEL）

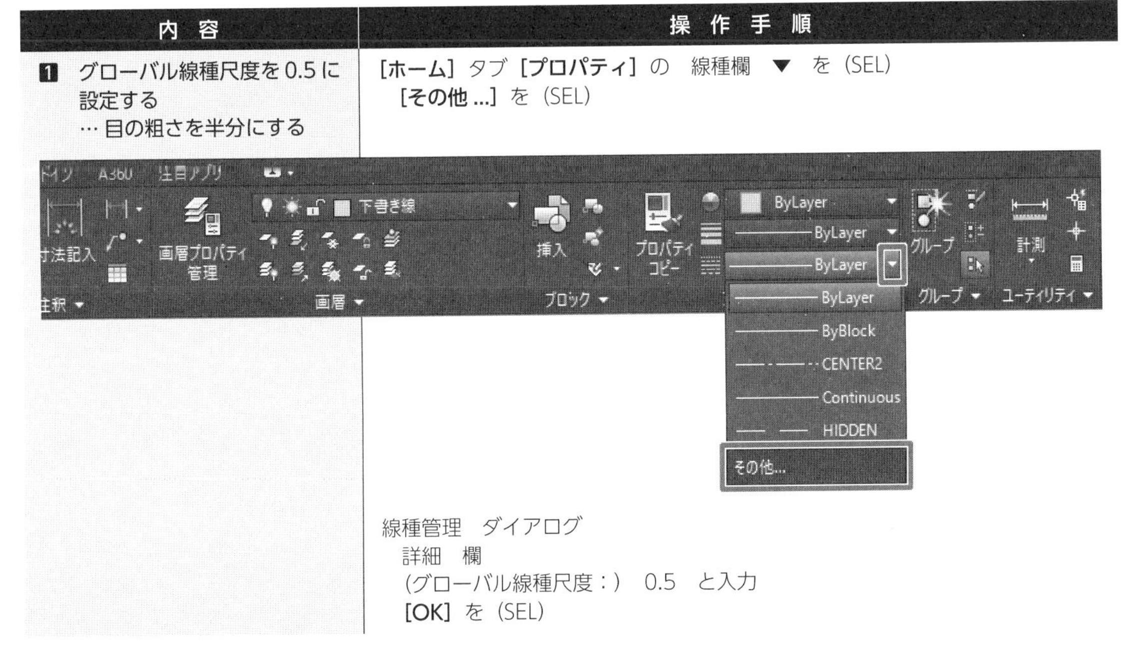

線種管理　ダイアログ
詳細　欄
（グローバル線種尺度：）　0.5　と入力
[OK] を（SEL）

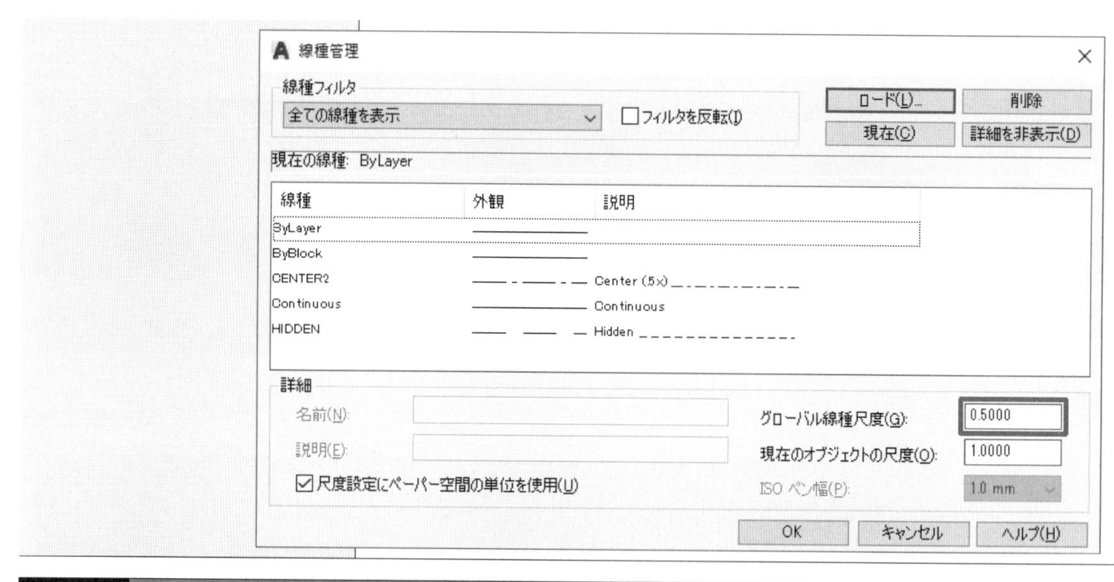

TIPS　グローバル線種尺度

Continuous（実線）以外の線種は、線分とスペースの連続で線がつくられています。図面の中でその線分とスペースの間隔が程よく表示されるように、目の粗さを調整します。目が細かすぎても粗すぎても、設定した一点鎖線や破線が実線に見えてしまうからです。

acadiso.lin は、Center も Hidden はそのまま使用すると A3 の作図領域では目が粗めに表示されます。

ここでは、グローバル線種尺度の値を半分（0.5）に設定します。

また、目の粗さの見映えを考えて、Hidden と Center2 を使用します。

3 課題に合った引出線が入力できるようにする

■ マルチ引出線スタイルをつくる。

内　容	操　作　手　順
❶ 新しい引出線スタイルをつくる	［注釈］タブ［引出線］の　ダイアログボックスランチャー矢印　を（SEL）

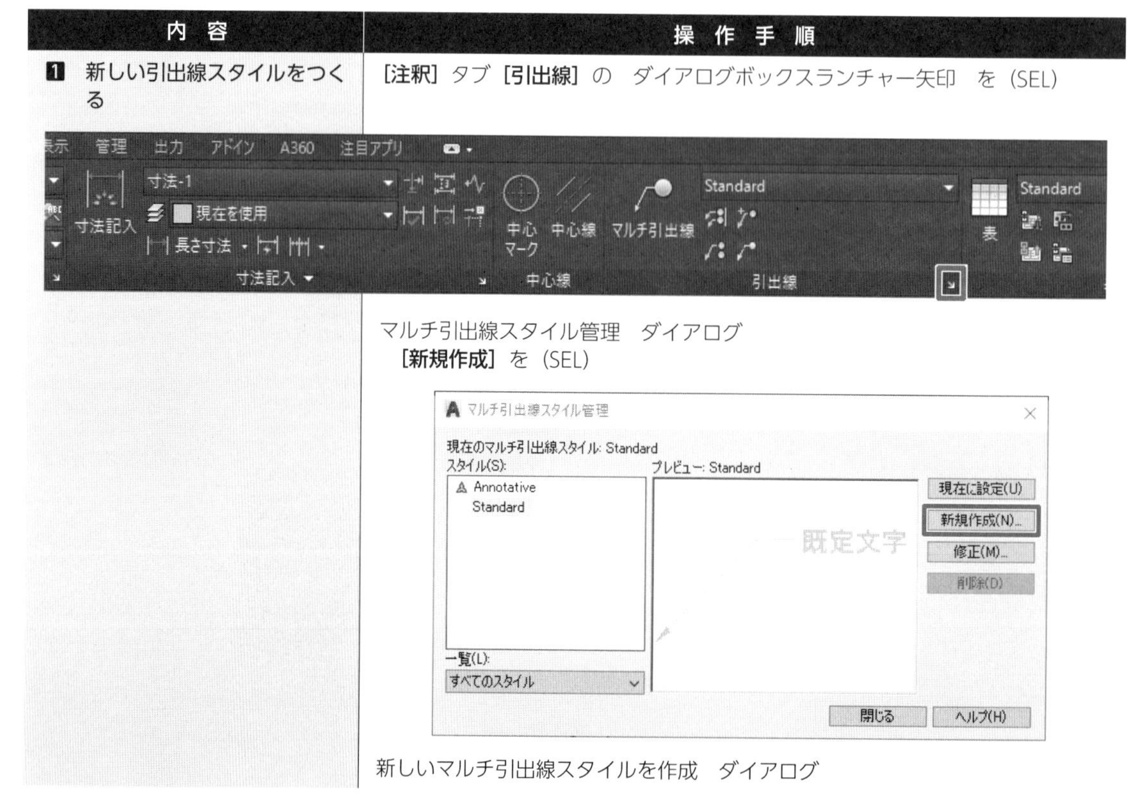

マルチ引出線スタイル管理　ダイアログ
［新規作成］を（SEL）

新しいマルチ引出線スタイルを作成　ダイアログ

DAY 1 1 2 3
DAY 2 1 2 3
DAY 3 1 2 3

(新しいマルチ引出線スタイル名：)　引出線 -1　と入力
[続ける] を（SEL）

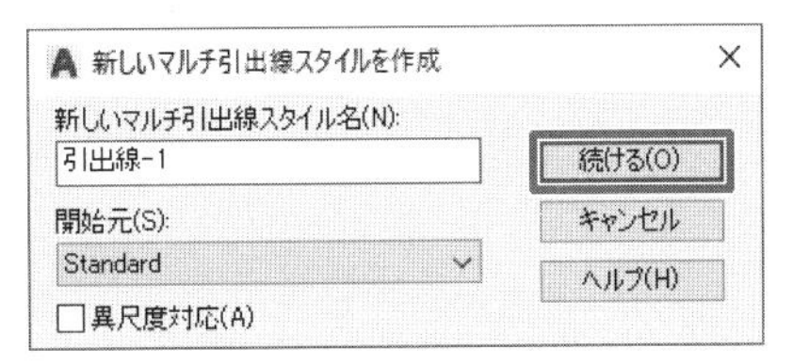

2　引出線の矢印の形，大きさを設定する

マルチ引出線スタイルを修正：引出線 -1　ダイアログ
引出線の形式タブ　を（SEL）　… 引出線の形式タブ画面になる
　矢印　欄
　(記号：)　開矢印　を（SEL）
　(サイズ：)　3　と入力

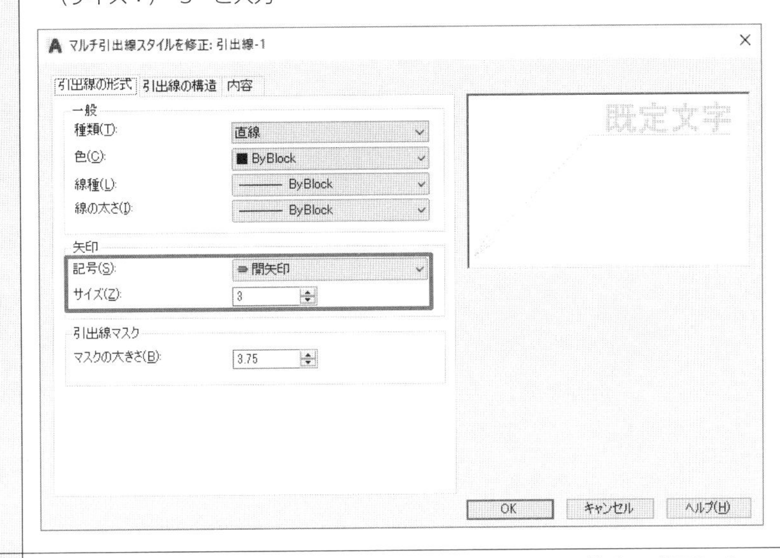

3　引出線の参照線の長さを設定する

引出線の構造タブ　を（SEL）　… 引出線の構造タブ画面になる
　参照線の設定　欄
　□　参照線の長さを設定　で　0　と入力

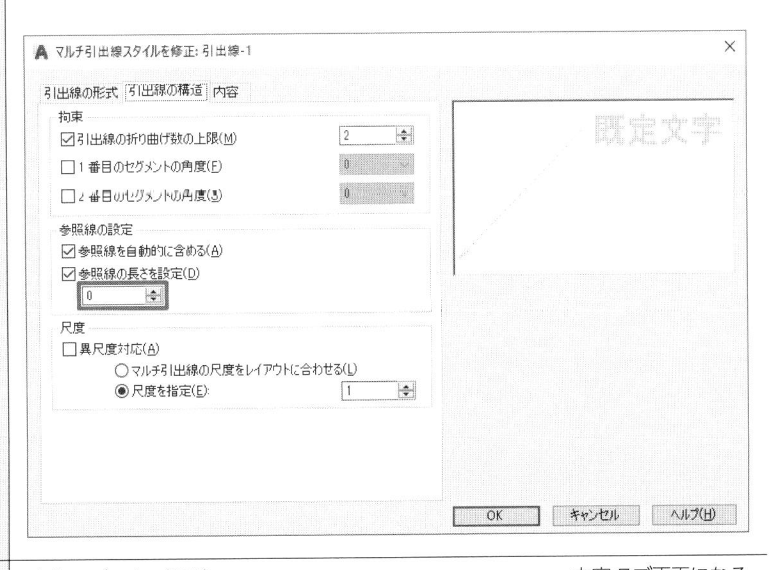

TIPS

マルチ引出線

　マルチ引出線で作図された引出線オブジェクトは、矢印、引出線、参照線、マルチテキストという段落文字のまとまり図形になっています。
　スタイル設定では、寸法オブジェクトと同じ、端末記号（矢印）、文字スタイルと文字高さを設定しておくと、寸法オブジェクトとの見映えが統一されます。

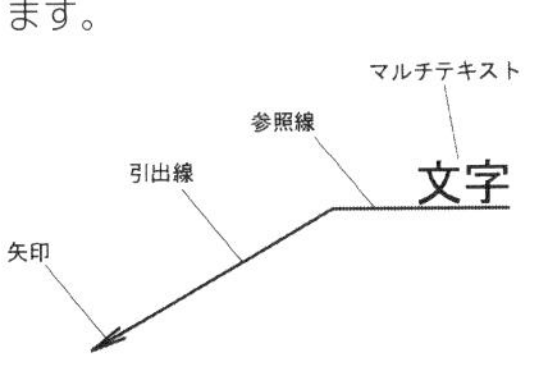

4　引出線の文字に関して設定をする

内容タブ　を（SEL）　… 内容タブ画面になる
　文字オプション　欄
　(文字スタイル：)　ゴシックの文字　を（SEL）

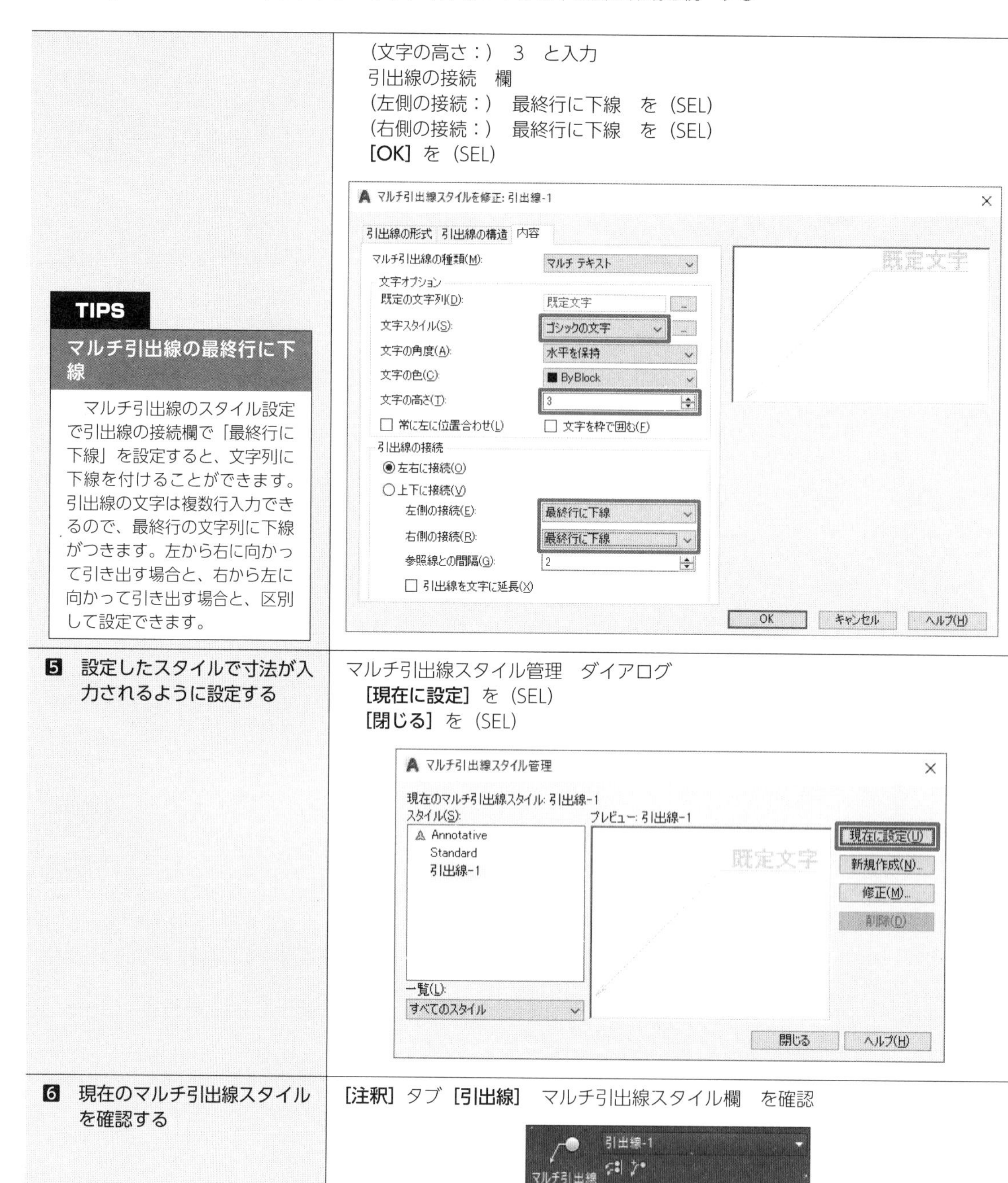

（文字の高さ：） 3 と入力
引出線の接続 欄
（左側の接続：） 最終行に下線 を（SEL）
（右側の接続：） 最終行に下線 を（SEL）
[OK] を（SEL）

TIPS

マルチ引出線の最終行に下線

マルチ引出線のスタイル設定で引出線の接続欄で「最終行に下線」を設定すると、文字列に下線を付けることができます。引出線の文字は複数行入力できるので、最終行の文字列に下線がつきます。左から右に向かって引き出す場合と、右から左に向かって引き出す場合と、区別して設定できます。

5 設定したスタイルで寸法が入力されるように設定する

マルチ引出線スタイル管理 ダイアログ
[現在に設定] を（SEL）
[閉じる] を（SEL）

6 現在のマルチ引出線スタイルを確認する

[注釈] タブ [引出線] マルチ引出線スタイル欄 を確認

2・3 図面を保存する

■ ファイルの種類をテンプレートとして保存する

課題に必要な、「画層」「線種」「グローバル線種尺度」「文字スタイル」「寸法スタイル」「マルチ引出線スタイル」「ページ設定」を含めた状態で、テンプレートファイルとして保存します。次回の作図から、同じ手間をかけての設定操作がなくなり、図面作成に集中できます。

タイトルボックスは、どの課題図面でも使用するので、テンプレートファイルに配置しておきます。課題ごとに、図面名称、縮尺の文字を修正します。

1 テンプレートファイルとして保存する

■ ファイル形式に注意する。

内 容	操 作 手 順
❶ 外側の長方形を下書き線の画層に変更する … A3 サイズの長方形は印刷時に必要ないため	外側の長方形　を（SEL） **[ホーム] タブ [画層]** 画層　欄 下書き線　の画層名　を（SEL） Esc キー
❷ 図面を保存する	**クイックアクセスツールバー　の [名前を付けて保存 ...]** 図面に名前を付けて保存　ダイアログ （ファイルの種類：）AutoCAD 図面テンプレート（*.dwt）を（SEL） 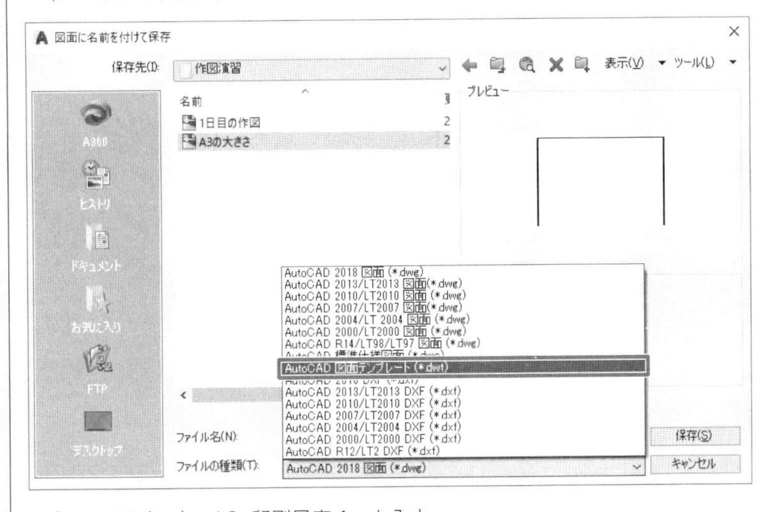 （ファイル名：）A3- 印刷尺度 1　と入力 **[保存]** を（SEL） テンプレートオプション　ダイアログ [OK] を（SEL）　… テンプレートの説明書きを入力できる（ここでは省略）
❸ 図面を閉じる	図面タブの [A3- 印刷尺度 1.dwt] 右側にある　×　を（SEL） … スタートタブ画面になる

TIPS

図面ファイル（dwg）とテンプレートファイル（dwt）

AutoCAD で図面を保存すると、拡張子は dwg となります。テンプレートファイルとして保存すると、dwt になります。

テンプレートファイルを使って新規に図面をはじめると、図面名は、仮の名称 drawing1 となります。

テンプレートファイルとして保存しなおさないと、上書き保存はできません。

作図の時間 ② ▶▶▶ テンプレートファイルを使う

2・4 作図をする

■ テンプレートを使う。

テンプレート「A3-印刷尺度 1」を使って作図をはじめます。コマンドの使い方に慣れましょう。
新たに、「回転」コマンド、「トリム」コマンド、「フィレット」コマンド、「長さ変更」コマンドを使います。

1 テンプレート「A3- 印刷尺度 1」ではじめる

■ テンプレートを指定する。

内容	操作手順
1 図面をはじめる	スタートタブ画面 図面を開始　テンプレート　▼　を（SEL） 一覧から　A3- 印刷尺度 1.dwt　を（SEL） 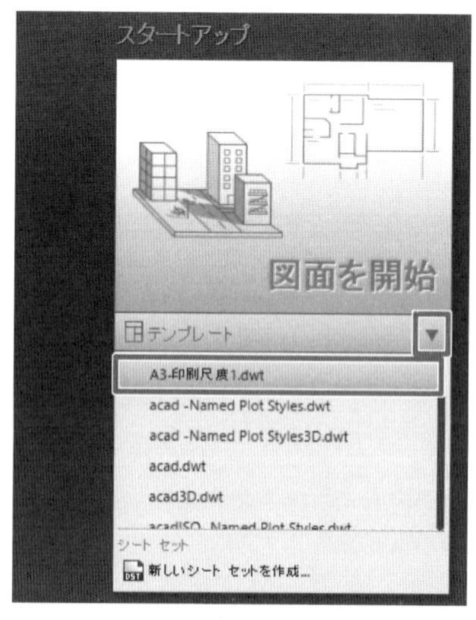 … 図面タブの名前は［Drawing1］となっている
2 図面を保存する … 図面に名前を付ける	クイックアクセスツールバー　の［名前を付けて保存 ...］を（SEL） 図面に名前を付けて保存　ダイアログ （保存先：）　保存するフォルダー　を（SEL） （ファイル名：）　2 日目の作図　と入力 ［保存］を（SEL）

2 下書き線を作図する

■ 「オフセット」コマンドを使う。

内容	操作手順
1 基本となる線分を作図する	ステータスバー　の［直交モード］アイコン　を（SEL）　… 設定をオンにする

[ホーム] タブ **[作成] / 線分** を (SEL)
(1 点目を指定…：) P1 を (SEL)
(次の点を指定…：) P2 を (SEL) … 長めに作図する
(次の点を指定…：)
(右) **ショートカットメニュー** の **[Enter]** を (SEL)
(右) **ショートカットメニュー** の **[繰り返し]** を (SEL)
(1 点目を指定…：) P3 を (SEL)
(次の点を指定…：) P4 を (SEL)
(次の点を指定…：)
(右) **ショートカットメニュー** の **[Enter]** を (SEL)

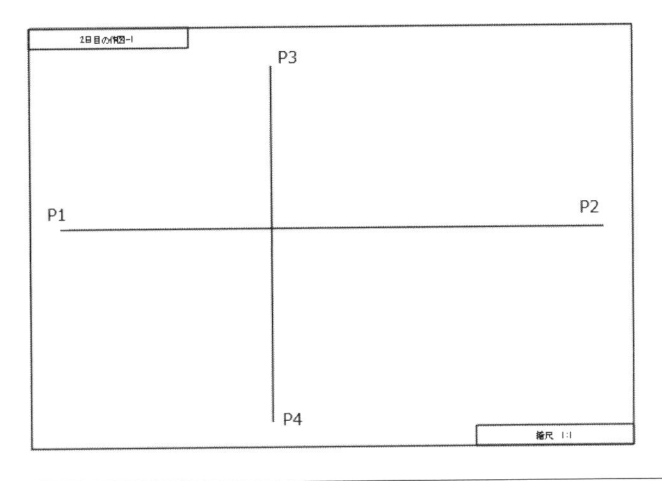

2 水平な線分 L1 からオフセットする

[ホーム] タブ **[修正] / オフセット** を (SEL)
(オフセット距離を指定…：) 25 Enter キー
(オフセットするオブジェクトを選択…：) 水平線 L1 を (SEL)
(オフセットする側の点を指定…：) 上側の任意の点 を (SEL)
(オフセットするオブジェクトを選択…：) 水平線 L1 を (SEL)
(オフセットする側の点を指定…：) 下側の任意の点 を (SEL)
(オフセットするオブジェクトを選択…：)
(右) **ショートカットメニュー** の **[終了]** を (SEL)
(右) **ショートカットメニュー** の **[繰り返し]** を (SEL)
(オフセット距離を指定…：) 10 Enter キー
(オフセットするオブジェクトを選択…：) 水平線 L1 を (SEL)
(オフセットする側の点を指定…：) 上側の任意の点 を (SEL)
(オフセットするオブジェクトを選択…：) 水平線 L1 を (SEL)
(オフセットする側の点を指定…：) 下側の任意の点 を (SEL)
(オフセットするオブジェクトを選択…：)
コマンドウィンドウ の **[終了 (E)]** を (SEL)

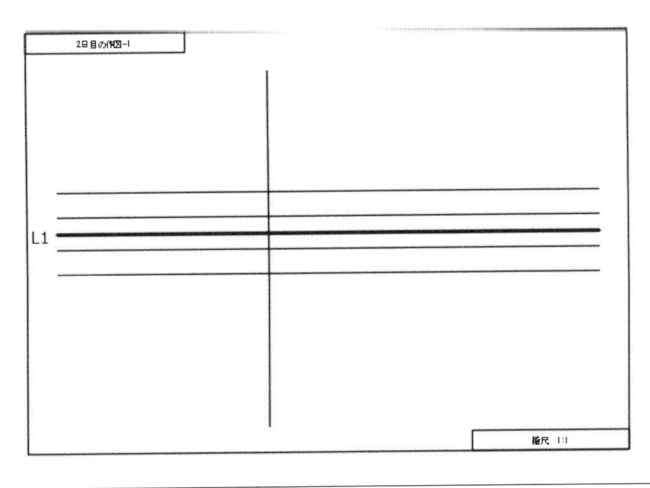

❸ 垂直な線分 L2 からオフセットする	(右) **ショートカットメニュー** の **[繰り返し]** を (SEL) (オフセット距離を指定…：) 40 Enter キー (オフセットするオブジェクトを選択…：) 垂直線 L2 を (SEL) (オフセットする側の点を指定…：) 左側の任意の点 を (SEL) (オフセットするオブジェクトを選択…：) (右) **ショートカットメニュー** の **[終了]** を (SEL) (右) **ショートカットメニュー** の **[繰り返し]** を (SEL) (オフセット距離を指定…：) 70 Enter キー (オフセットするオブジェクトを選択…：) 垂直線 L2 を (SEL) (オフセットする側の点を指定…：) 右側の任意の点 を (SEL) (オフセットするオブジェクトを選択…：) **コマンドウィンドウ** の **[終了 (E)]** を (SEL)

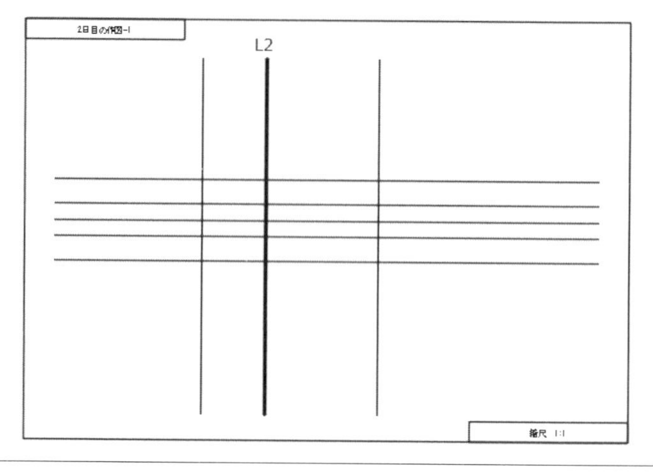

3 線分と円を作図する

■ オブジェクトスナップを使う。

内 容	操 作 手 順
❶ オブジェクトスナップ「交点」を設定する	**ステータスバー** の **[カーソルを 2D 参照点にスナップ]** アイコン右側の ▼ を (SEL) 交点 を (SEL) … 交点にチェックを付ける (他のモードはチェックをとっておく) **[カーソルを 2D 参照点にスナップ]** アイコン を (SEL) … 設定をオンにする

DAY 1 1 2 3 DAY 2 1 2 3 DAY 3 1 2 3

2 オブジェクトの画層を現在層にする	**[ホーム]** タブ **[画層]** 画層 欄 オブジェクト の画層名 を (SEL) 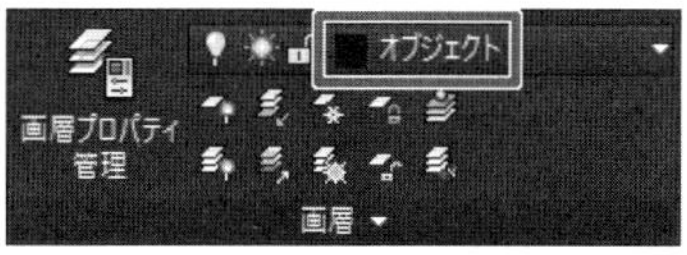
3 線の太さを表示する … 太さ 0.3 に設定したオブジェクト画層のオブジェクトが太く表示される	**ステータスバー** の **[線の太さを表示 / 非表示]** アイコン を (SEL) … 設定をオンにする 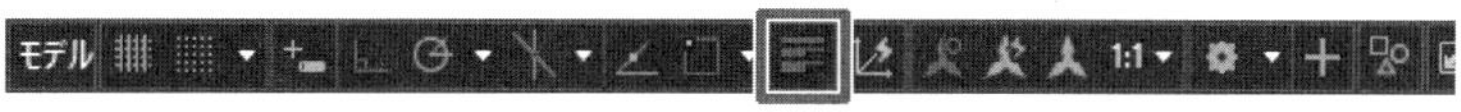
4 円を作図する	**[ホーム]** タブ **[作成] / 円 / 中心、半径** を (SEL) (円の中心を指定…:) 交点 A を (SEL) (円の半径を指定…:) 交点 B を (SEL) **[ホーム]** タブ **[作成] / 円 / 中心、直径** を (SEL) (円の中心を指定…:) 交点 A を (SEL) (円の直径を指定…:) 30 Enter キー 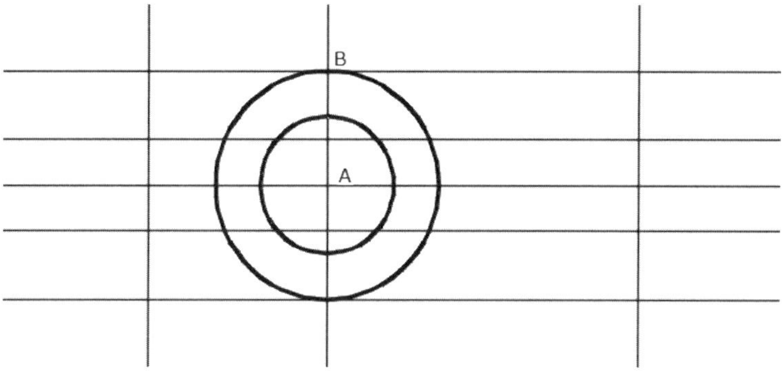
5 線分でオブジェクトを作図する	**[ホーム]** タブ **[作成] / 線分** を (SEL) (1 点目を指定…:) 交点 B を (SEL) (次の点を指定…:) 交点 C を (SEL) (次の点を指定…:) 交点 D を (SEL) (次の点を指定…:) 交点 E を (SEL) (次の点を指定…:) (右) **ショートカットメニュー** の **[Enter]** を (SEL) (右) **ショートカットメニュー** の **[繰り返し]** を (SEL) (1 点目を指定…:) 交点 F を (SEL) (次の点を指定…:) 交点 G を (SEL) (次の点を指定…:) 交点 H を (SEL) (次の点を指定…:) 交点 I を (SEL) (次の点を指定…:) (右) **ショートカットメニュー** の **[Enter]** を (SEL) 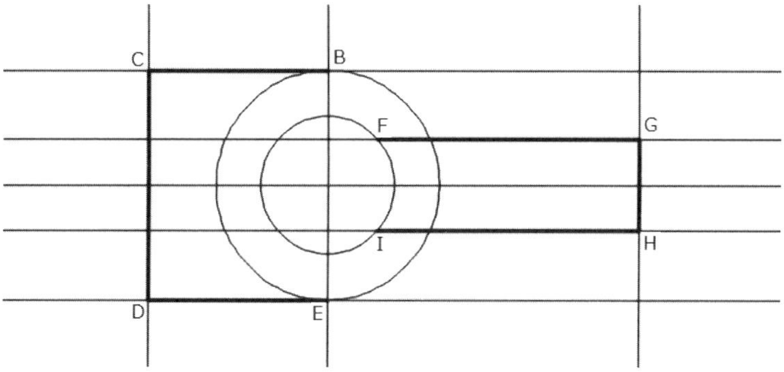

4 作図したオブジェクトの向きを変える

■ 「回転」コマンドを使う。

内 容	操 作 手 順
❶ オブジェクトを回転する 回転角度：50° … 本書では角度寸法は入力しない（そのため、図面上、角度寸法は表記していない）	［ホーム］タブ［修正］/ 回転　を（SEL） 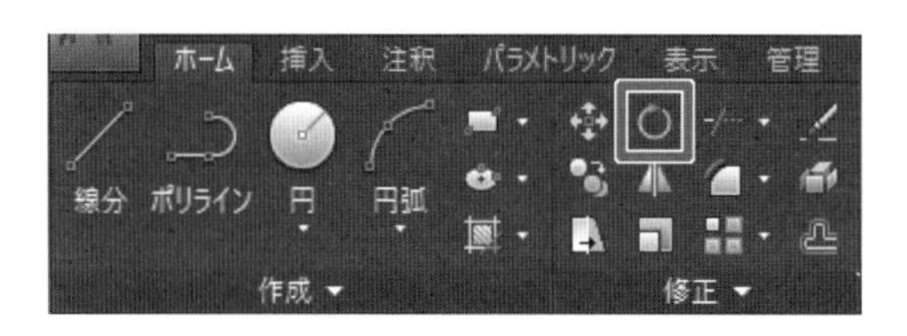 （オブジェクトを選択：）　P1 付近　を（SEL） （もう一方のコーナーを指定：）　P2 付近　を（SEL）　… 窓選択する （オブジェクトを選択：）（右） （基点を指定：）　交点 A　を（SEL） （回転角度を指定…：）　50　Enter キー 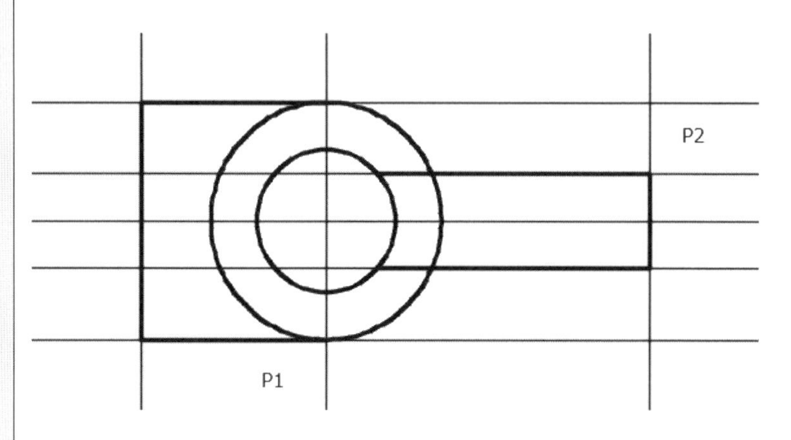 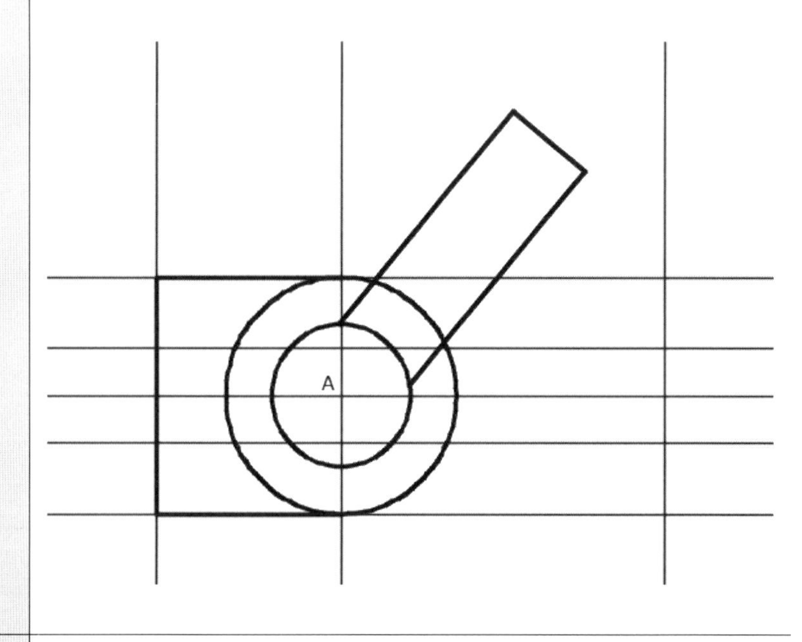
❷ 中心線を回転コピーする	（右）ショートカットメニュー　の［繰り返し］を（SEL）

DAY 1 1 2 3 DAY 2 1 2 3 DAY 3 1 2 3

（オブジェクトを選択：） 水平線 L1 を（SEL）
（オブジェクトを選択：） （右）
（基点を指定：） 交点 A を（SEL）
（回転角度を指定…：） **コマンドウィンドウ** の **［コピー（C）］** を（SEL）
（回転角度を指定…：） Enter キー
… 直前の値と同じ値を受け入れるので Enter キー

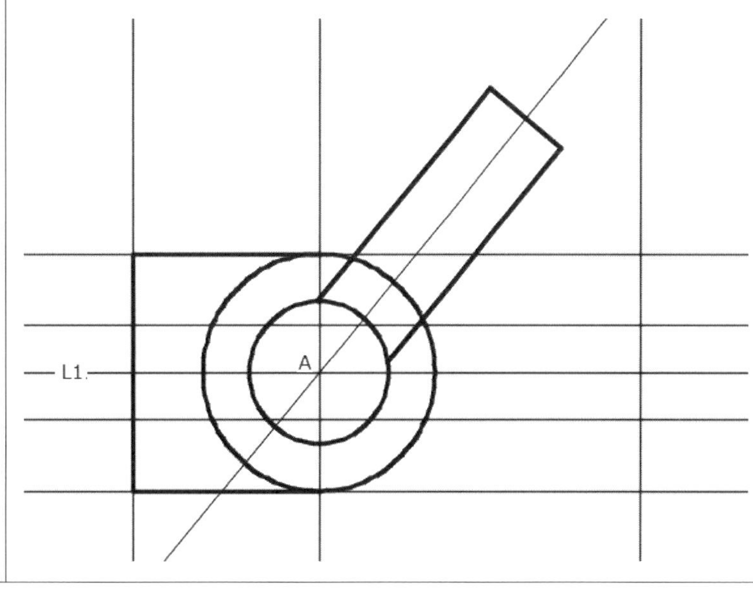

5 部分的に消す

■ 「トリム」コマンドを使う。

内容	操作手順
1 外側の円の不要な部分を部分的に消す **TIPS** **トリムコマンドの切り取りエッジ** トリムコマンドは、他のオブジェクトのエッジとぶつかる位置でオブジェクトを切り取ります。 トリムコマンドを実行して、最初に選択するのは、切り取りエッジです。切り取りたい部分ではないので、注意します。 切り取る部分のエッジとぶつかっている別のオブジェクトを選択することになります。	**［ホーム］**タブ **［修正］/トリム** を（SEL）  （切り取りエッジを選択… オブジェクトを選択：） 垂直線 L2 を（SEL） （オブジェクトを選択：） （右） （トリムするオブジェクトを選択…：） 円上切り取りエッジより左部 を（SEL） （トリムするオブジェクトを選択…：） （右）**ショートカットメニュー** の **［Enter］**
2 破線の円弧になる部分を消す	（右）**ショートカットメニュー** の **［繰り返し］** を（SEL） （切り取りエッジを選択… オブジェクトを選択：） 線分 L3 を（SEL） （オブジェクトを選択：） 線分 L4 を（SEL） （オブジェクトを選択：） （右） （トリムするオブジェクトを選択…：） 円上トリムしたい部分 を（SEL） （トリムするオブジェクトを選択…：） （右）**ショートカットメニュー** の **［Enter］**

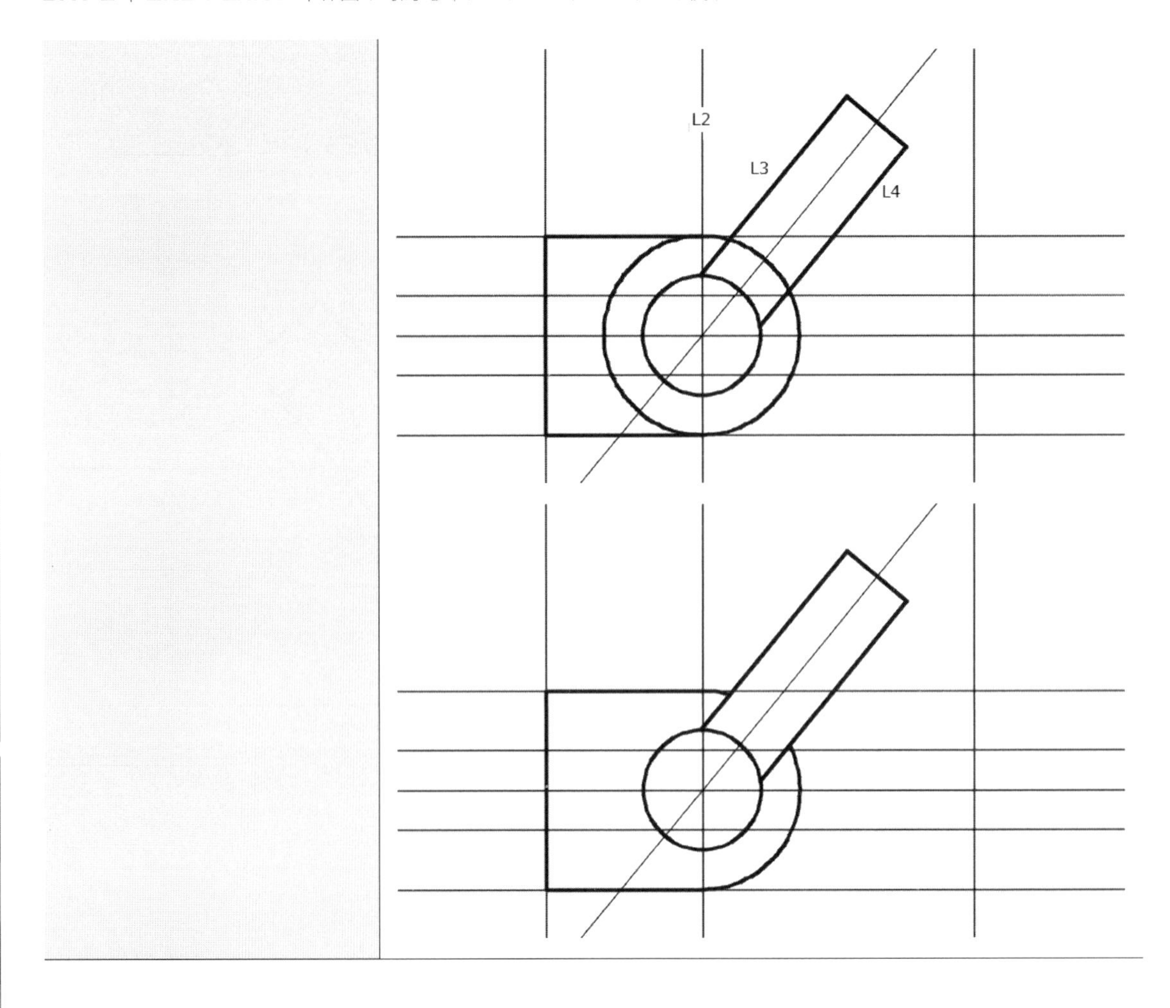

DAY 1 1 2 3 DAY 2 1 2 3 DAY 3 1 2 3

6 角を丸く処理をする

■ 「フィレット」コマンドを使う。

内 容	操 作 手 順
1 線分と線分でつくられたコーナー部分を丸めて円弧をつくる	**[ホーム] タブ [修正] / フィレット** を (SEL) 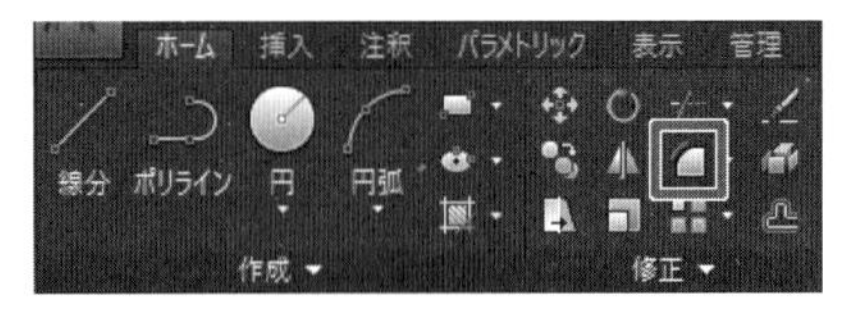 (最初のオブジェクトを選択…：) **コマンドウィンドウ** の **[半径 (R)]** を (SEL) (フィレット半径を指定：) 5 Enter キー (最初のオブジェクトを選択…：) **コマンドウィンドウ** の **[複数 (M)]** を (SEL) (最初のオブジェクトを選択…：) 線分 BC を (SEL) (2 つ目のオブジェクトを選択…：) 線分 CD を (SEL) (最初のオブジェクトを選択…：) 線分 CD を (SEL) (2 つ目のオブジェクトを選択…：) 線分 DE を (SEL) (最初のオブジェクトを選択…：) 線分 FG を (SEL) (2 つ目のオブジェクトを選択…：) 線分 GH を (SEL) (最初のオブジェクトを選択…：) 線分 GH を (SEL) (2 つ目のオブジェクトを選択…：) 線分 HI を (SEL)

(最初のオブジェクトを選択…：)
(右) **ショートカットメニュー** の **[Enter]**

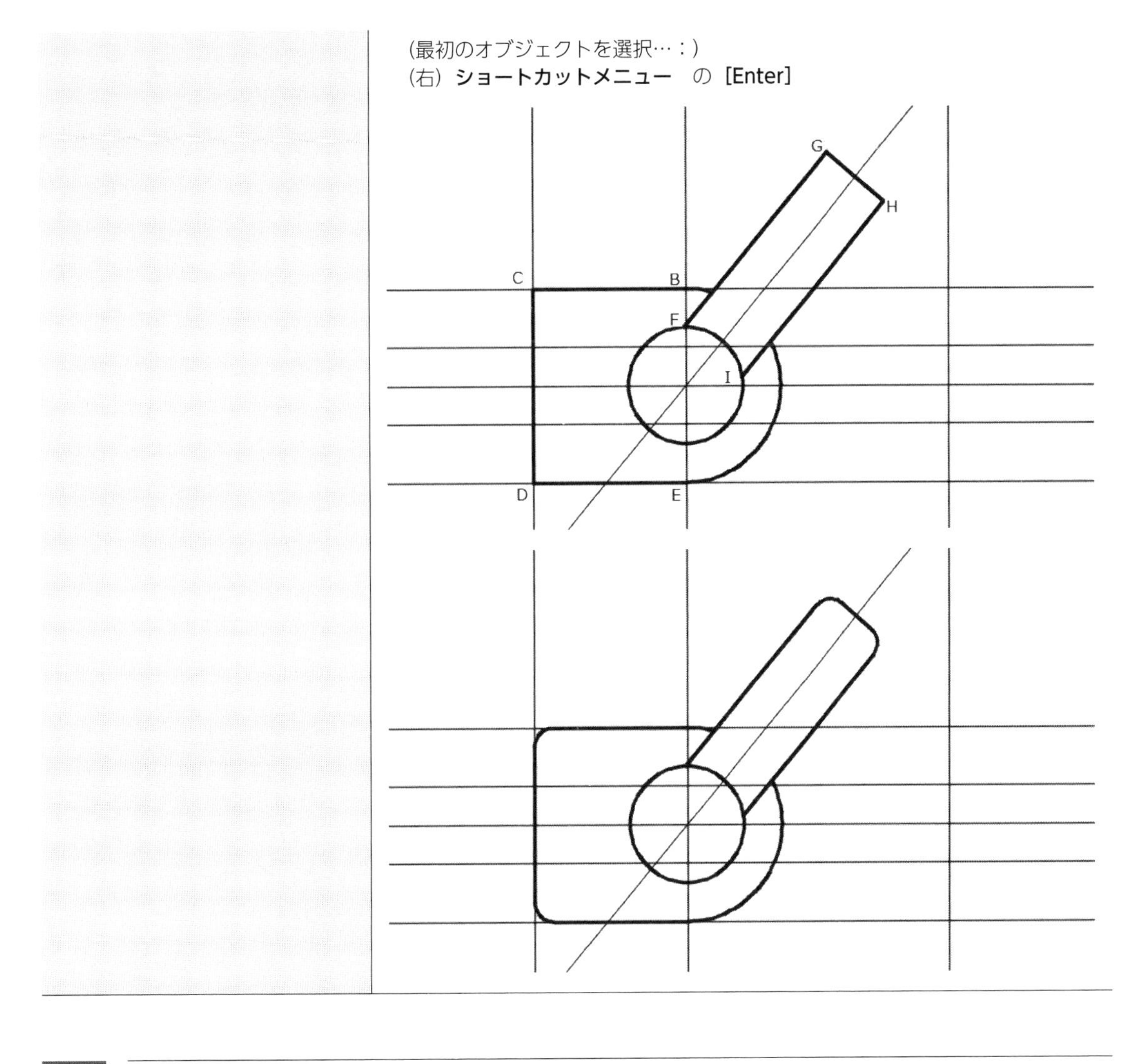

7 中心線を見映えよく長さを調整する

■ 「長さ変更」コマンドを使う

内容	操作手順
❶ 一点鎖線の画層を現在層にする	**[ホーム]** タブ **[画層]** 画層 欄 一点鎖線 の画層名 を (SEL) 1点鎖線 画層プロパティ管理
❷ 中心線を作図する	**[ホーム]** タブ **[作成]** / **線分** を (SEL) (1点目を指定…：) 交点O を (SEL) (次の点を指定…：) 交点P を (SEL) (次の点を指定…：) (右) **ショートカットメニュー** の **[Enter]** を (SEL) (右) **ショートカットメニュー** の **[繰り返し]** を (SEL) (1点目を指定…：) 交点Q を (SEL) (次の点を指定…：) 交点R を (SEL)

（次の点を指定…：）
（右）**ショートカットメニュー**　の［**Enter**］を（SEL）
（右）**ショートカットメニュー**　の［**繰り返し**］を（SEL）
（1点目を指定…：）　交点S　を（SEL）
（次の点を指定…：）　交点T　を（SEL）
（次の点を指定…：）
（右）**ショートカットメニュー**　の［**Enter**］を（SEL）

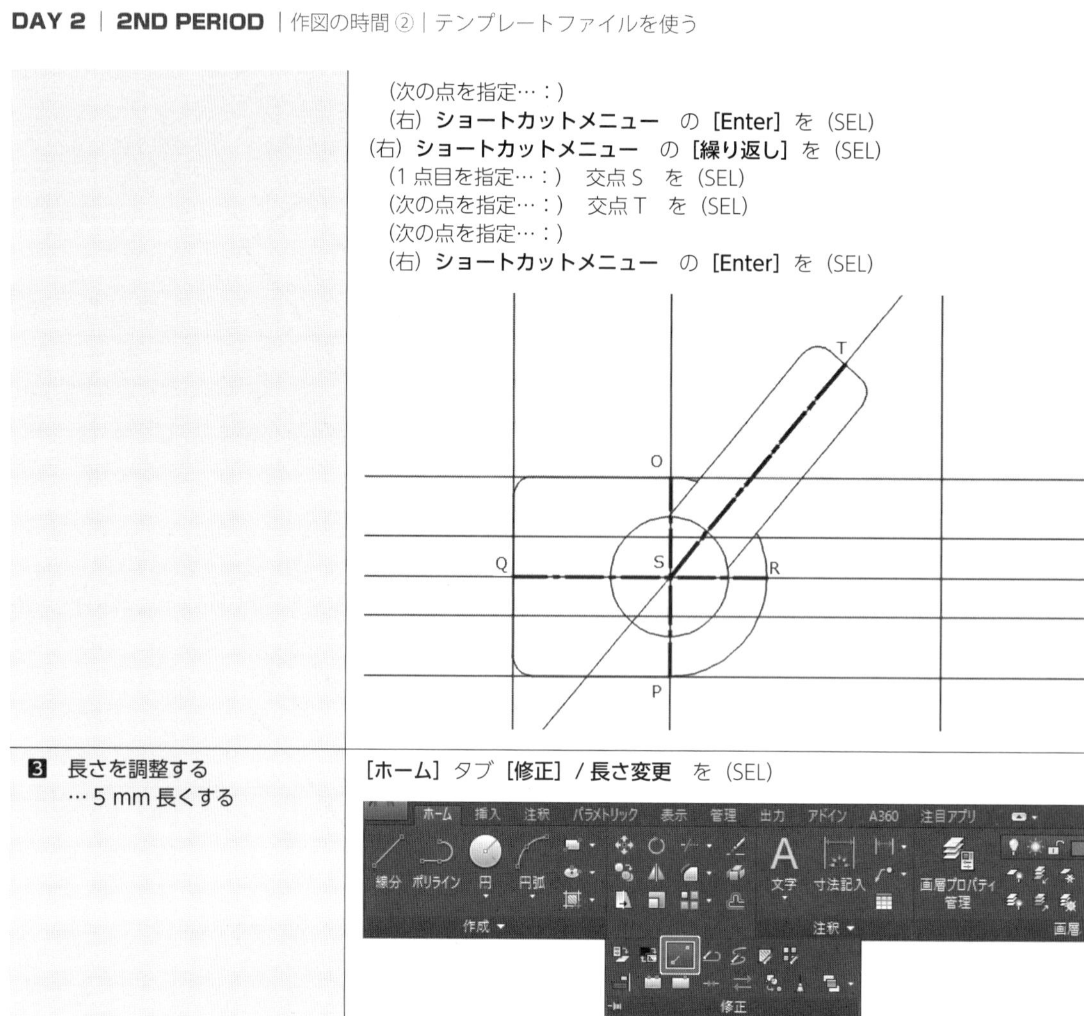

3 長さを調整する
…5 mm 長くする

［ホーム］タブ［**修正**］/ **長さ変更**　を（SEL）

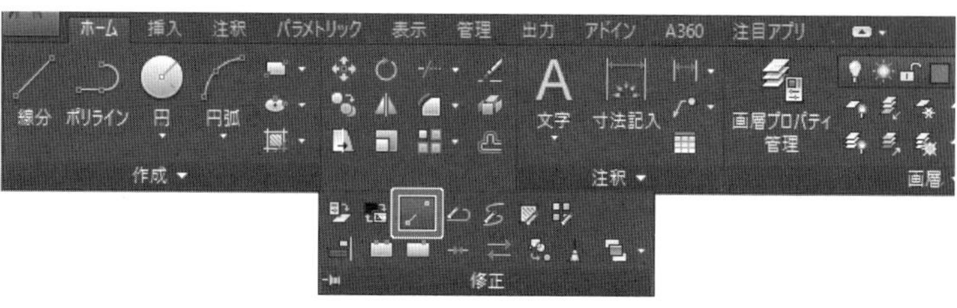

（計測するオブジェクトを選択…：）
コマンドウィンドウ　の［**増減（DE）**］を（SEL）
（増減の長さを入力…：）　5　Enter キー
（変更するオブジェクトを選択…：）　中心線上　O付近　を（SEL）
（変更するオブジェクトを選択…：）　中心線上　P付近　を（SEL）
（変更するオブジェクトを選択…：）　中心線上　Q付近　を（SEL）
（変更するオブジェクトを選択…：）　中心線上　R付近　を（SEL）
（変更するオブジェクトを選択…：）　中心線上　T付近　を（SEL）
（変更するオブジェクトを選択…：）
（右）**ショートカットメニュー**　の［**Enter**］

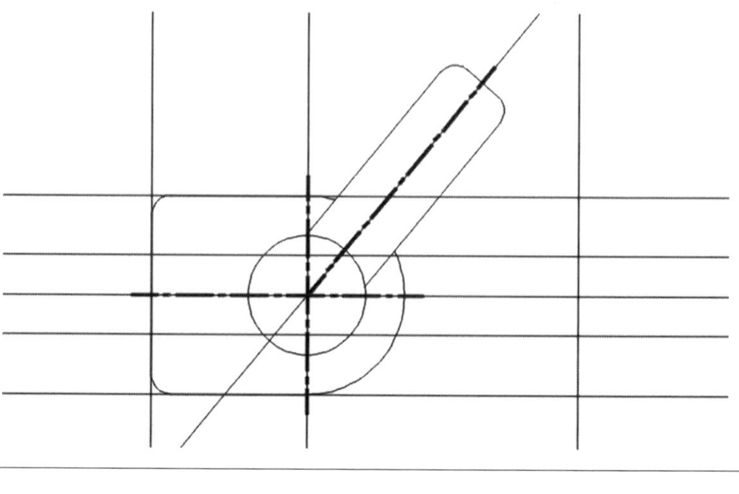

TIPS

長さ変更コマンド

線分の長さを変更するには、長さ変更コマンドが便利です。短くする場合は、増減の数値にマイナスの値を入力します。

8 隠れた円弧部分を作図する

■ 「円弧」コマンドを使う。

内　容	操　作　手　順
1 破線の画層を現在層にする	［ホーム］タブ［画層］ 画層　欄 破線　の画層名　を（SEL）
2 始点、中心、終点で円弧を作図する	［ホーム］タブ［作成］/ 円弧 / 始点、中心、終点　を（SEL）  （円弧の始点を指定…：）　交点U　を（SEL） （円弧の中心点を指定…：）　交点V　を（SEL） （円弧の終点を指定…：）　交点W　を（SEL） 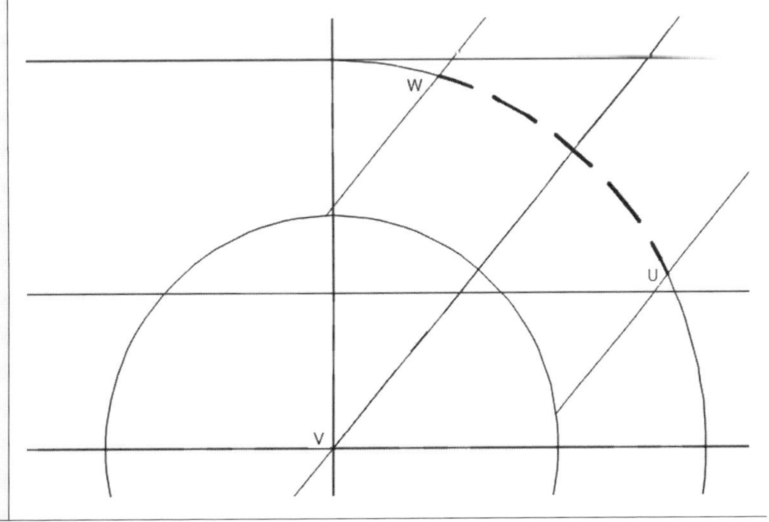

TIPS

円弧

始点、終点、中心点、角度のどの内容を指定して作図するか、作図方法を選択します。

円弧は反時計回りに作図されます。始点と終点の指定する順番に注意します。

2・5 注釈関連オブジェクトを入力する

■ **寸法、引出線を入力する。**

図面に寸法、引出線を入力します。

1 寸法を入力する

■ **長さ寸法、平行寸法、直径寸法、半径寸法を入力する。**

内容	操作手順
❶ 寸法線位置を合わせるための線分をつくる … 図形から15 mmの位置で合わせる	**[ホーム]** タブ **[修正] / オフセット** を (SEL) (オフセット距離を指定…:) 15 Enter キー (オフセットするオブジェクトを選択…:) 垂直線 L1 を (SEL) (オフセットする側の点を指定…:) 左側の任意の点 を (SEL) (オフセットするオブジェクトを選択…:) 水平線 L2 を (SEL) (オフセットする側の点を指定…:) 下側の任意の点 を (SEL) (オフセットするオブジェクトを選択…:) **コマンドウィンドウ** の **[終了 (E)]** を (SEL) 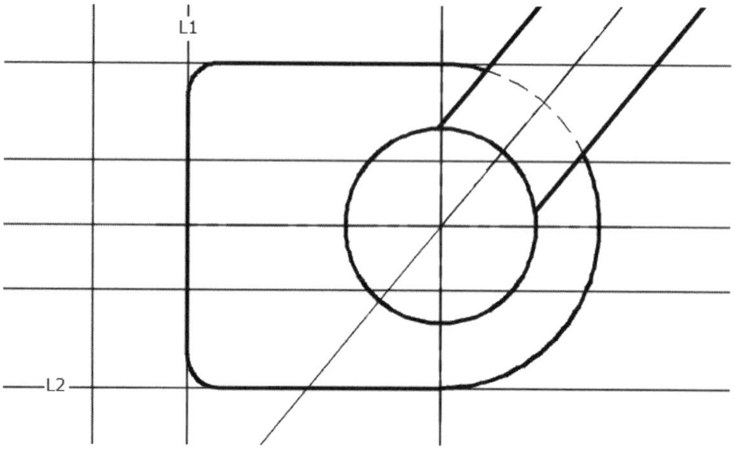 L1 L2
❷ 寸法と文字の画層を現在層にする	**[ホーム]** タブ **[画層]** 画層 欄 寸法と文字 の画層名 を (SEL)
❸ 長さ寸法を入力する	**[ホーム]** タブ **[注釈] / 長さ寸法記入** を (SEL) (1 本目の寸法補助線の起点を指定…:) 交点 A を (SEL) (2 本目の寸法補助線の起点を指定…:) 交点 B を (SEL) (寸法線の位置を指定…:) 交点 C を (SEL) (右) **ショートカットメニュー** の **[繰り返し]** を (SEL) (1 本目の寸法補助線の起点を指定…:) 交点 B を (SEL) (2 本目の寸法補助線の起点を指定…:) 交点 D を (SEL) (寸法線の位置を指定…:) 交点 E を (SEL)
❹ 平行寸法を入力する	**[ホーム]** タブ **[注釈] / 平行寸法記入** を (SEL) (1 本目の寸法補助線の起点を指定…:) 交点 F を (SEL) (2 本目の寸法補助線の起点を指定…:) 交点 G を (SEL) (寸法線の位置を指定…:) H 付近 を (SEL)

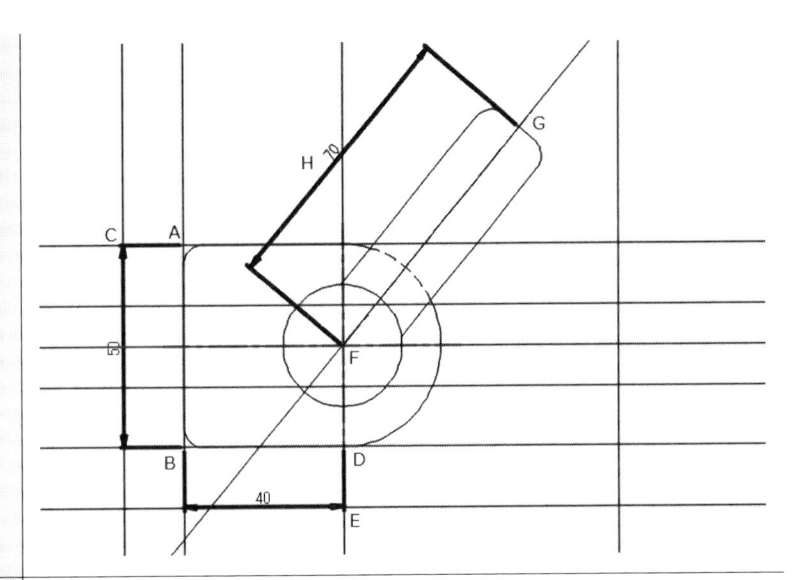

5 オブジェクトスナップで近接点と垂線を設定する	**ステータスバー** の **[カーソルを 2D 参照点にスナップ]** アイコン右側の ▼ を（SEL） 近接点 と 垂線 を（SEL） … チェックを付ける
6 平行寸法を入力する	**[ホーム]** タブ **[注釈] / 平行寸法記入** を（SEL） （1 本目の寸法補助線の起点を指定…：） 線上の I 付近 を（SEL） … 近接点で線上を指定

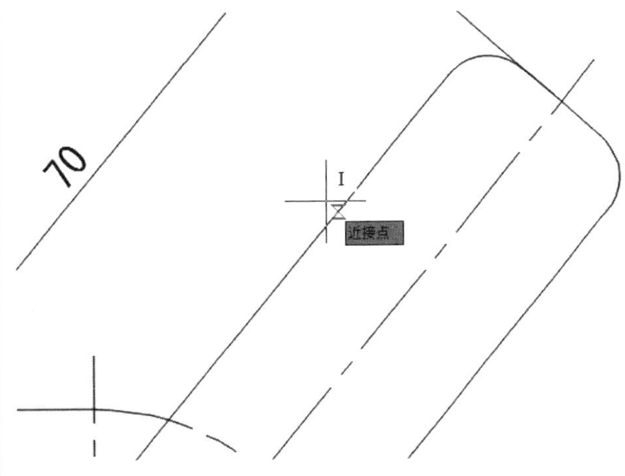

（2 本目の寸法補助線の起点を指定…：） 線上の J 付近 を（SEL）
… 垂線で線上を指定

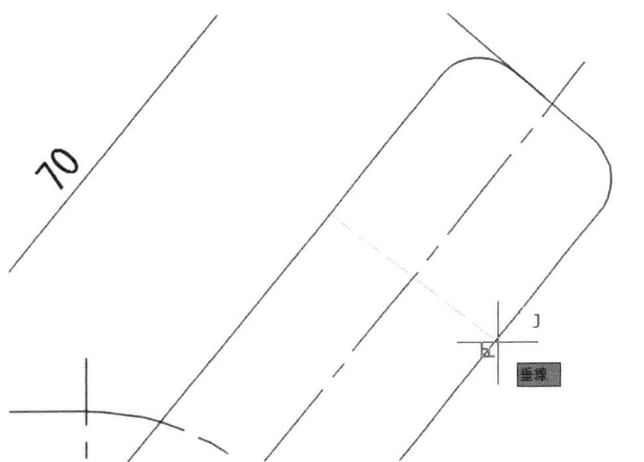

TIPS

近接点

近接点は、オブジェクト上のカーソル位置に近い任意の点を指定するときに使用します。

TIPS

垂線

垂線は、直前の点から指定したオブジェクトに向かって垂直な点を指定するときに使用します。

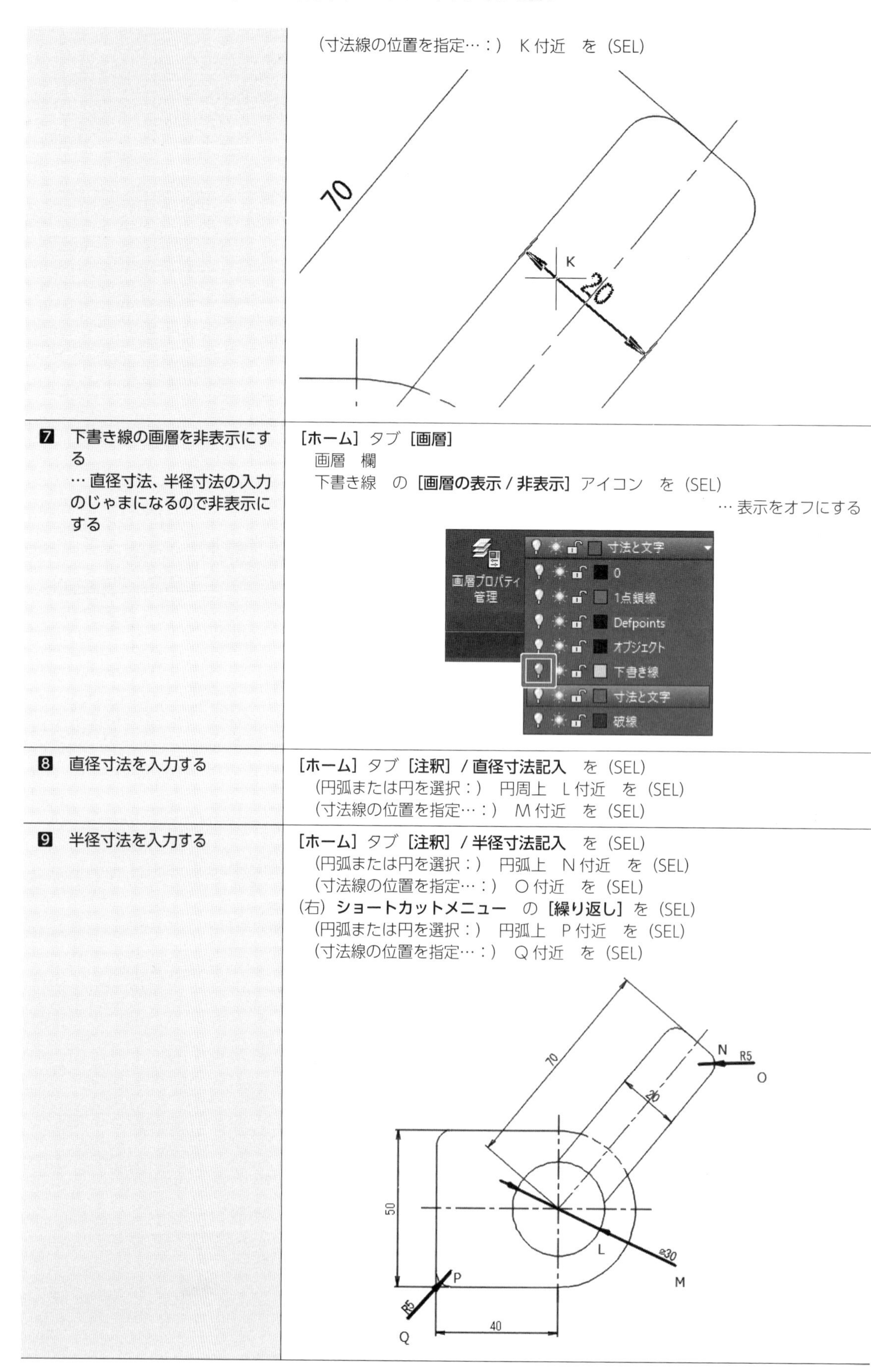

	(寸法線の位置を指定…：) K 付近 を (SEL)
7 下書き線の画層を非表示にする … 直径寸法、半径寸法の入力のじゃまになるので非表示にする	**[ホーム]** タブ **[画層]** 画層 欄 下書き線 の **[画層の表示 / 非表示]** アイコン を (SEL) … 表示をオフにする
8 直径寸法を入力する	**[ホーム]** タブ **[注釈] / 直径寸法記入** を (SEL) (円弧または円を選択：) 円周上 L 付近 を (SEL) (寸法線の位置を指定…：) M 付近 を (SEL)
9 半径寸法を入力する	**[ホーム]** タブ **[注釈] / 半径寸法記入** を (SEL) (円弧または円を選択：) 円弧上 N 付近 を (SEL) (寸法線の位置を指定…：) O 付近 を (SEL) (右) **ショートカットメニュー** の **[繰り返し]** を (SEL) (円弧または円を選択：) 円弧上 P 付近 を (SEL) (寸法線の位置を指定…：) Q 付近 を (SEL)

DAY 1 1 2 3
DAY 2 1 2 3
DAY 3 1 2 3

2 円の半径寸法の見映えを調整する

■ プロパティを変更する。

内容	操作手順
1 半径の寸法オブジェクトの円の内側の線分を入れないように設定を変更する	R5 の寸法オブジェクト　を（SEL） もうひとつの R5 寸法オブジェクト　を（SEL） （右）**ショートカットメニュー**　の［**オブジェクトプロパティ管理**］を（SEL） 　フィット　欄 　（寸法線強制記入：）　オフ　を（SEL）　… 円の内側の線分が記入されない 　プロパティパレット　×　を（SEL）　… プロパティパレットを閉じる 　Esc キー　… オブジェクトの選択を解除する

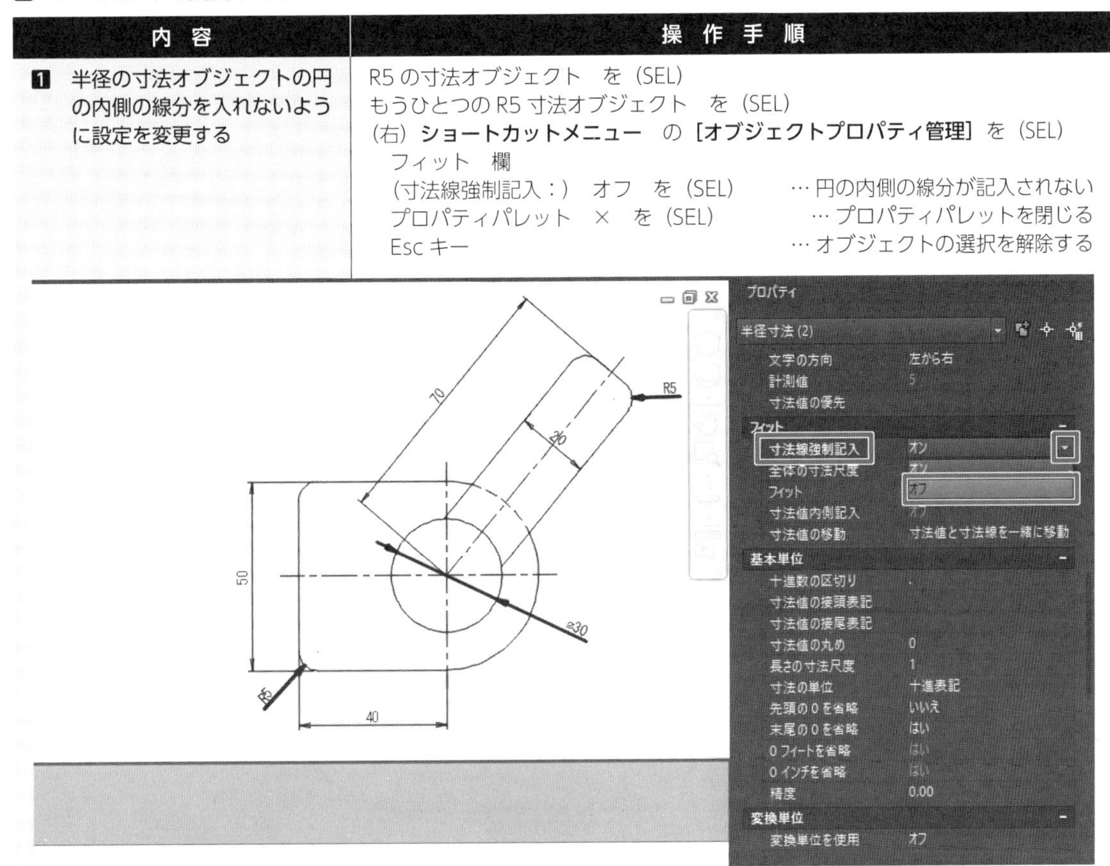

TIPS 半径、直径の内側線分記入

半径、直径の寸法記入の、円の内側に線分を記入するかどうかは以下の設定によります。

寸法スタイル管理で設定した様々な設定は、個々の寸法オブジェクトで変更ができます。個々の寸法オブジェクトでプロパティを変更するときは、図面の見映えや仕様によって、元の寸法スタイルを変更をしたほうがよいのかを再度確認します。

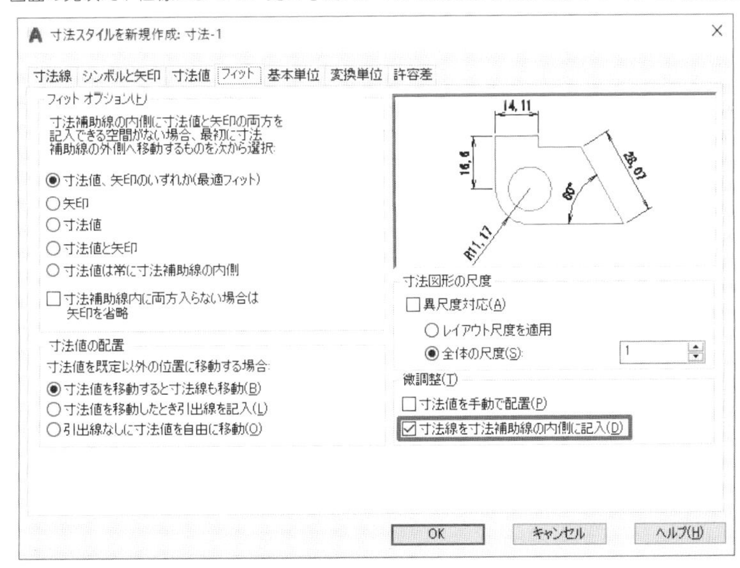

3 図面要素の注記を入力する

■ 「マルチ引出線」コマンドを使う。

内 容	操 作 手 順
1 引出線寸法を入力する	**[注釈]** タブ **[引出線] / マルチ引出線** を (SEL) (引出線の矢印の位置を指定…:) 線上の A 付近 を (SEL) … 近接点が指定される (引出線参照線の位置を指定:) B 付近 を (SEL) (参照線の長さを指定:) (右) … 0 の値そのまま 部品図 A と入力 **[テキストエディタ]** タブ **[閉じる] / テキストエディタを閉じる** を (SEL)

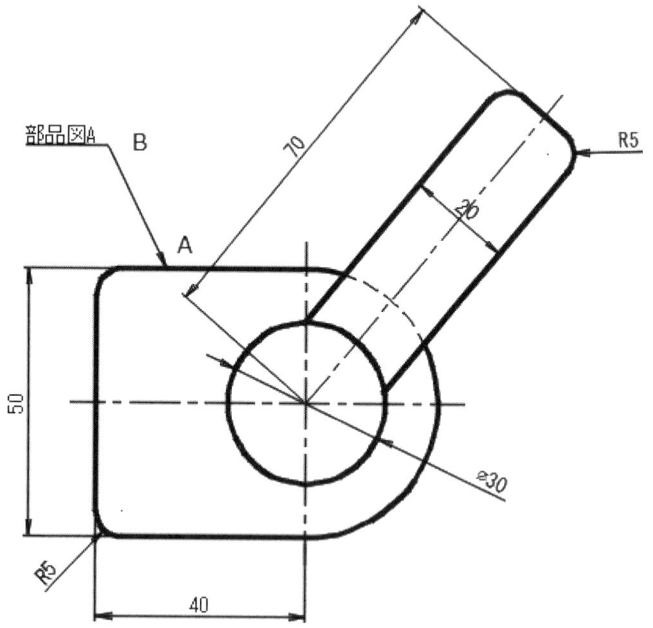

DAY 1 1 2 3 DAY 2 1 2 3 DAY 3 1 2 3

2・6 完成図面の確認と終了

■ 画面での確認と印刷結果を確認する。

図面名称を変更して、完成図面を印刷します。印刷を実行する前に、プレビューを実行して、印刷された状態のイメージを画面で確認するとよいでしょう。

プレビュー画面で確認後、印刷範囲や尺度など変更する必要がある場合は、印刷前なので、すぐに対応できます。

1 図面名称を変更する

■ 文字を修正する。

内 容	操 作 手 順
1 図面名称を修正する	修正する文字列 をダブルクリック 文字列 1 日目の作図 を 2 日目の作図 に変更する Enter キー Enter キー

2 図面を印刷して終了する

■ 「印刷」コマンドを使う。

内 容	操 作 手 順
❶ 図面を印刷する	**クイックアクセスツールバー** の **[印刷]** を（SEL） **[プレビュー]** を（SEL） （右） **ショートカットメニュー** の **[印刷]** を（SEL）

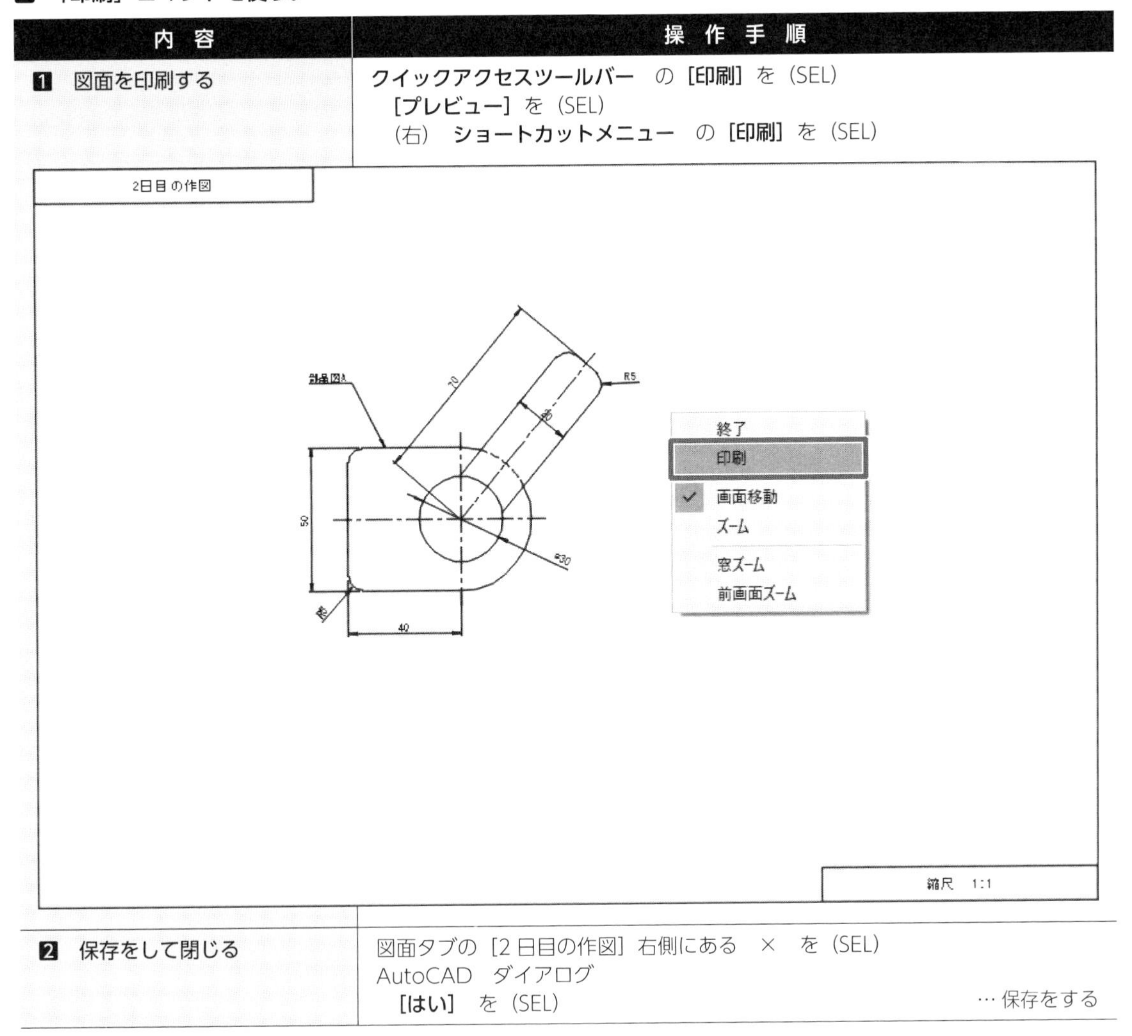

❷ 保存をして閉じる	図面タブの［2日目の作図］右側にある × を（SEL） AutoCAD ダイアログ **[はい]** を（SEL） … 保存をする

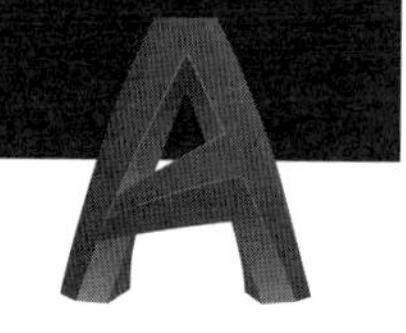

テンプレートファイルをつくる② ▶▶▶ 縮尺して印刷する図面のために

2・7 テンプレートを変更する

■ 縮尺する図面で注意する設定を理解する。

この時間は、A3 の 30 倍の領域に作図し、A3 用紙に 1：30 で縮尺して印刷する図面のテンプレートをつくります。

2 日目の 1 時間目に作成したテンプレートは、A3 用紙に 1：1 で印刷するためのテンプレートです。そのテンプレートを元に、縮尺して印刷する図面のテンプレートに変更します。

縮尺して印刷する図面を作成するときに、印刷尺度に関連して気をつけなければいけない設定がいくつかあります。内容をしっかり確認し、設定箇所を覚えましょう。

1 作図領域 A3 の 30 倍の領域を明確にする

■ A3 の 30 倍の大きさにタイトルボックスを拡大する。「尺度変更」コマンドを使う。

内 容	操 作 手 順
❶ テンプレート「A3-印刷尺度 1」ではじめる	スタートタブ画面 図面を開始　テンプレート ▼ を（SEL） 一覧から　A3-印刷尺度 1.dwt を（SEL）
❷ A3 の枠線とタイトルボックスを 30 倍に大きくする	［ホーム］タブ［修正］/ 尺度変更 を（SEL） （オブジェクトを選択：）P1 付近 を（SEL） （もう一方のコーナーを指定：）P2 付近 を（SEL）　…窓選択する （オブジェクトを選択：）（右） （基点を指定：）0，0 Enter キー （尺度を指定…：）30 Enter キー

3 作図してあるオブジェクトを画面いっぱいに表示する	ナビゲーションバー の［オブジェクト範囲］を（SEL）

2 線種の見映えを調整する

■ 印刷尺度 1：30 を考えてグローバル線種尺度を変更する。

内 容	操 作 手 順
1 グローバル線種尺度を元の値の 30 倍にする	［ホーム］タブ［プロパティ］の 線種欄 ▼ を（SEL） ［その他 ...］を（SEL） 線種管理 ダイアログ 詳細 欄 （グローバル線種尺度：） 15 と入力 ［OK］を（SEL）

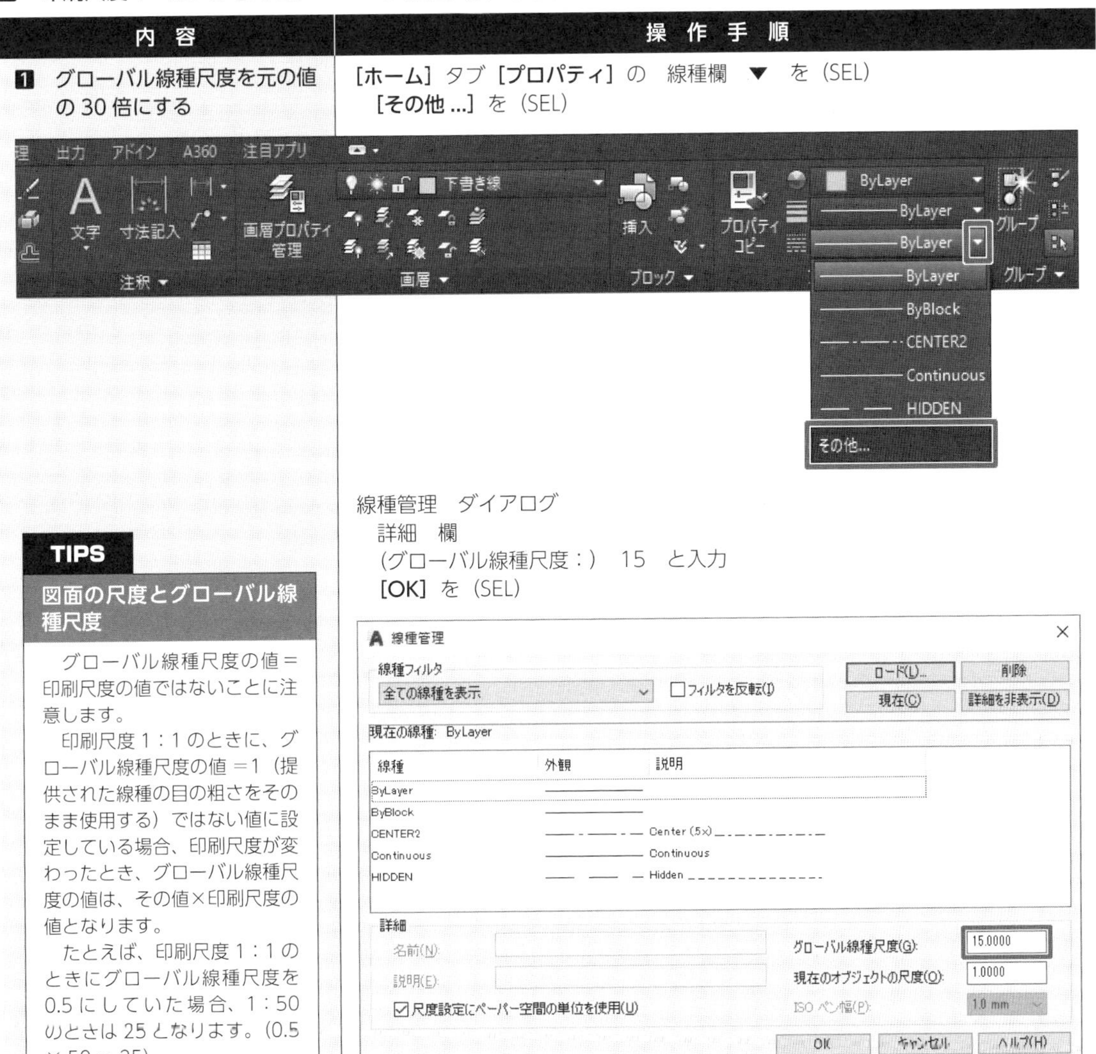

TIPS

図面の尺度とグローバル線種尺度

グローバル線種尺度の値＝印刷尺度の値ではないことに注意します。

印刷尺度 1：1 のときに、グローバル線種尺度の値 ＝1（提供された線種の目の粗さをそのまま使用する）ではない値に設定している場合、印刷尺度が変わったとき、グローバル線種尺度の値は、その値×印刷尺度の値となります。

たとえば、印刷尺度 1：1 のときにグローバル線種尺度を 0.5 にしていた場合、1：50 のときは 25 となります。（0.5 × 50 = 25）

3 寸法オブジェクトの尺度を変更する

■ 印刷尺度 1：30 を考えて設定する。

内 容	操 作 手 順
1 寸法スタイルを修正する	［注釈］タブ［寸法記入］の ダイアログボックスランチャー矢印 を（SEL） 寸法スタイル管理 ダイアログ ［修正］を（SEL）

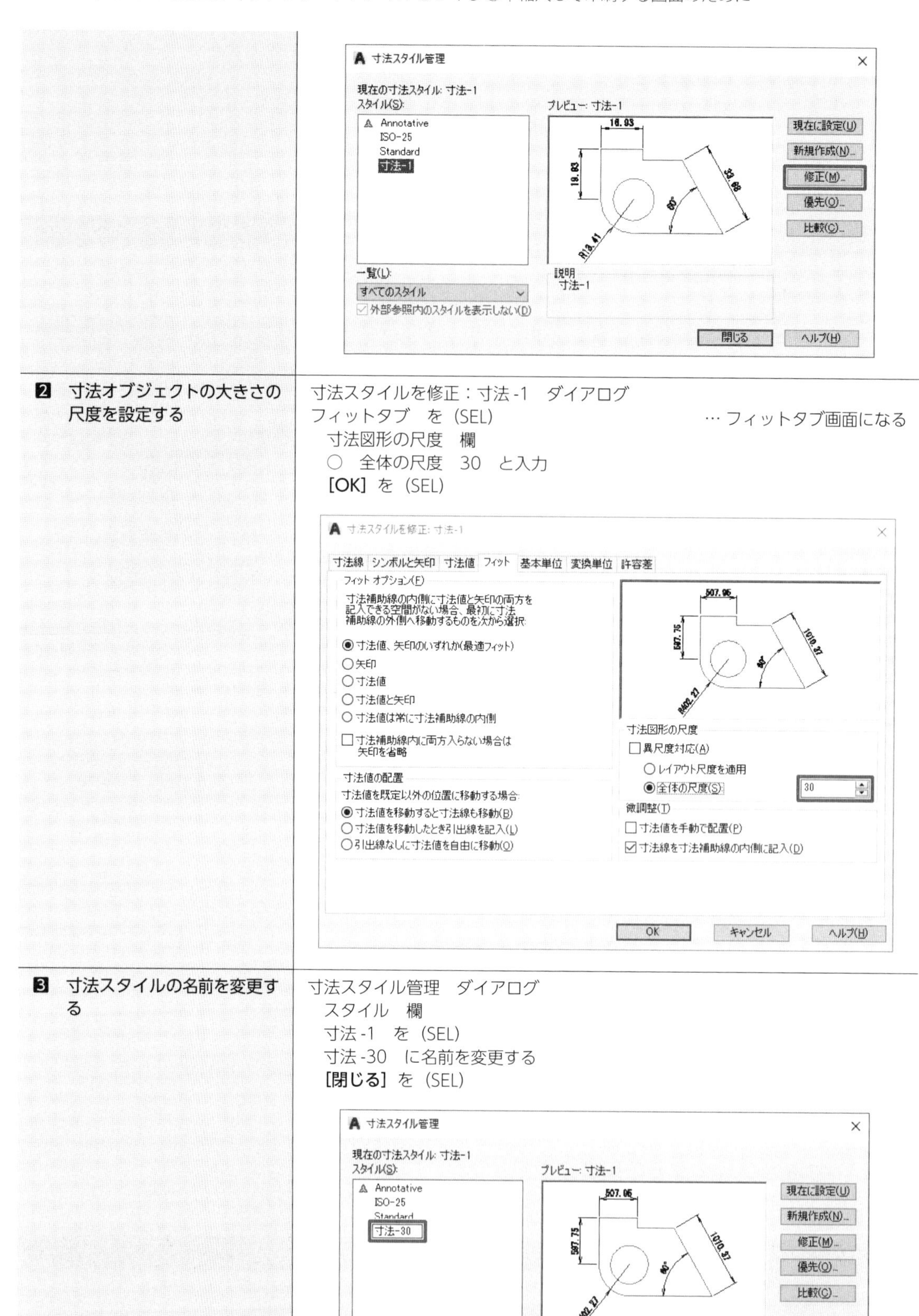

2 寸法オブジェクトの大きさの尺度を設定する

寸法スタイルを修正：寸法-1　ダイアログ
フィットタブ　を（SEL）　　… フィットタブ画面になる
　寸法図形の尺度　欄
　○　全体の尺度　30　と入力
　[OK]　を（SEL）

3 寸法スタイルの名前を変更する

寸法スタイル管理　ダイアログ
　スタイル　欄
　寸法-1　を（SEL）
　寸法-30　に名前を変更する
　[閉じる]　を（SEL）

4 マルチ引出線オブジェクトの尺度を変更する

■ 印刷尺度 1：30 を考えて設定する。

内 容	操 作 手 順
❶ 引出線スタイルを修正する	[注釈] タブ [引出線] の ダイアログボックスランチャー矢印 を (SEL) マルチ引出線スタイル管理 ダイアログ [修正] を (SEL) 
❷ 引出線オブジェクトの大きさの尺度を設定する	マルチ引出線スタイルを修正：引出線 -1 ダイアログ 引出線の構造タブ を (SEL) … 引出線の構造タブ画面になる 尺度 欄 ○ 尺度を設定 30 と入力 [OK] を (SEL) 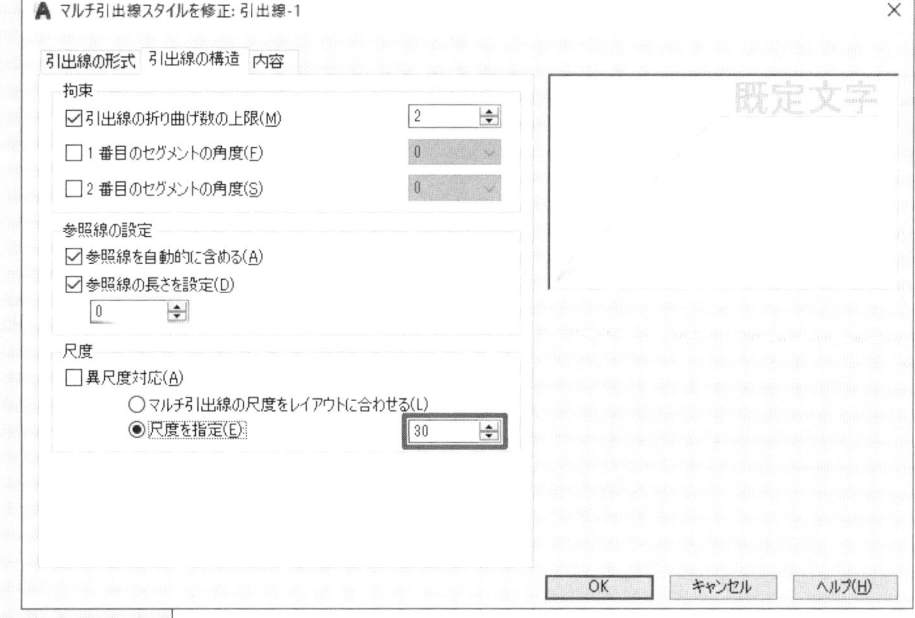
❸ 引出線のスタイルの名前を変更する	マルチ引出線スタイル管理 ダイアログ スタイル 欄 引出線 -1 を (SEL) 引出線 -30 に名前を変更する [閉じる] を (SEL)

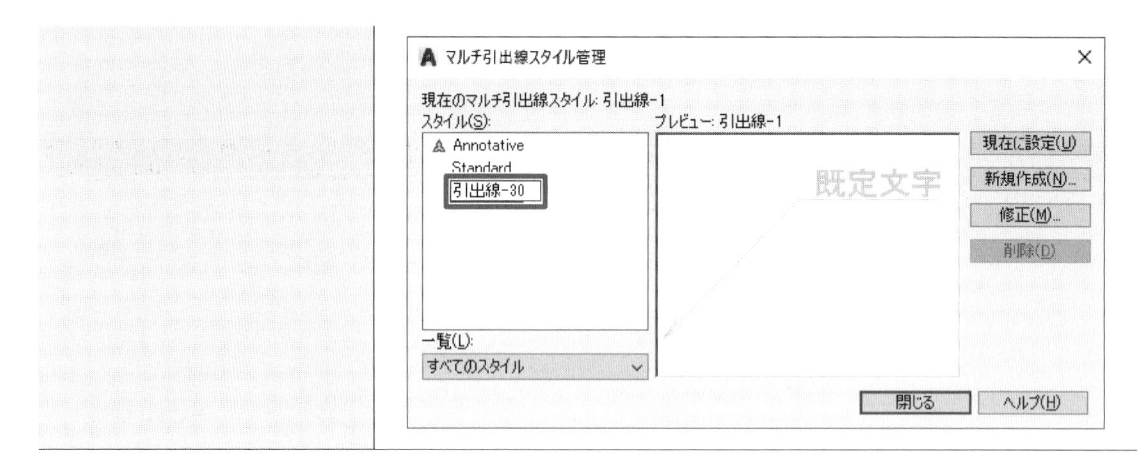

DAY 1 1 2 3 DAY 2 1 2 3 DAY 3 1 2 3

5 ページ設定の印刷尺度を変更する

■ 印刷尺度 1：30 を設定する。

内 容	操 作 手 順
❶ ページ設定を修正する	**[出力]** タブ **[印刷]** / **ページ設定** を（SEL） ページ設定管理 ダイアログ **[修正]** を（SEL） 
❷ 印刷領域を設定する	ページ設定 - モデル ダイアログ 印刷領域 欄 （印刷対象：） オブジェクト範囲 を（SEL）
❸ 印刷尺度を設定する	印刷尺度 欄 （尺度：） 1：30 を（SEL） **[OK]** を（SEL）

4 ページ設定の名前を変更する

ページ設定管理 ダイアログ
　ページ設定 現在のページ設定 欄
　A3-印刷尺度1 を (SEL)
　A3-印刷尺度30 に名前を変更する
　[閉じる] を (SEL)

6 タイトルボックスの文字を修正する

■ 文字を修正する。

内 容	操 作 手 順
1 タイトルボックスの縮尺の値を修正する	修正する文字列 をダブルクリック 文字列 縮尺 1：1 を 縮尺 1：30 に変更する Enter キー Enter キー

7 テンプレートファイルとして保存する

■ 設定した内容がわかるようにファイル名を付ける。

内 容	操 作 手 順
1 図面を保存する	クイックアクセスツールバー の［名前を付けて保存 ...］ 図面に名前を付けて保存 ダイアログ （ファイルの種類：） AutoCAD 図面テンプレート（*.dwt） を（SEL） （ファイル名：） A3- 印刷尺度 30 と入力 ［保存］を（SEL） テンプレートオプション ダイアログ ［OK］を（SEL）

2 図面を閉じる	図面タブの［A3- 印刷尺度 30.dwt］右側にある × を（SEL） … スタートタブ画面になる

TIPS 図面の尺度と注釈関連オブジェクトの扱いに注意

実際の寸法で作図したオブジェクトを用紙内におさまるように印刷するとき、印刷尺度を設定して、縮尺することができます。

そのときに、オブジェクトに関連した注釈関連の要素、線種や寸法、文字などは、印刷尺度を考慮した大きさで入力しておく必要があります。

寸法スタイル、マルチ引出線スタイルでは、印刷尺度と同様の設定値を設定しておくことができますが、文字スタイルにはないので、文字を入力するときに、文字高さに注意します。

印刷時 10 mm の文字 印刷尺度 1：30 の場合 入力時 300 mm
印刷尺度 1：100 の場合 入力時 1000 mm

3日目

レイアウトの活用

1時間目 作図の時間 ③
▶▶▶ テンプレートファイルを使う

2時間目 レイアウトを使って印刷する ①
▶▶▶ ペーパー空間のレイアウト機能

3時間目 レイアウトを使って印刷する ②
▶▶▶ 異尺度対応機能を使う

3日目の作図

3日目の作図

くい配置図

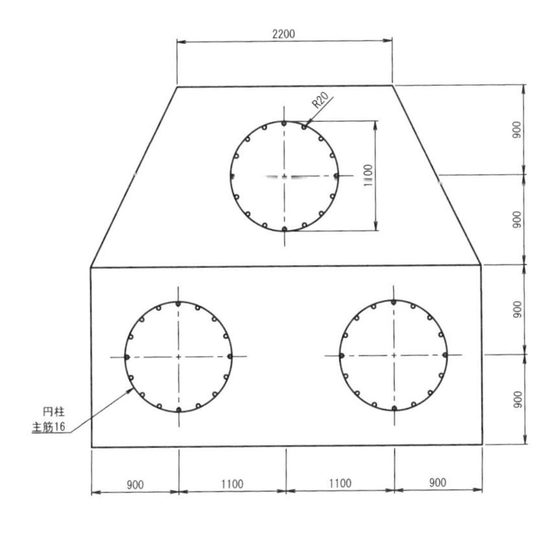

縮尺 1 : 30

作図の時間 ③ ▶▶▶ テンプレートファイルを使う

3・1 A3用紙に1：1で印刷する図面を作図する

■ 「A3-印刷尺度30」のテンプレートを使う

テンプレート「A3-印刷尺度30」を使って作図をはじめます。テンプレート「A3-印刷尺度1」ではじめた「作図の時間②」(p.072) のときと、最初の画面状態は同じに見えますが、作図を進める上で、作図領域の大きさを意識することが大切です。

A3の30倍の領域に作図していくので、オブジェクトをオフセットするときのオフセット間隔や文字を入力するときの文字高さの値は，A3の領域で作図したときよりも大きな値になるので注意します。

この作図では同じ図形がいくつかあります。同じ図形は、同じ手間を繰り返さずに、複写コマンドや配列複写コマンドを使用して効率よく作成します。

1 テンプレート「A3-印刷尺度30」ではじめる

■ テンプレートを指定する。

内 容	操 作 手 順
1 AutoCADを起動し、図面をはじめる	AutoCADを起動 スタートタブ画面 **図面を開始　テンプレート**　▼　を（SEL） 一覧から　A3-印刷尺度30.dwt　を（SEL）
2 図面を保存する	**クイックアクセスツールバー**　の **[名前を付けて保存 ...]** を（SEL） 図面に名前を付けて保存　ダイアログ （保存先：）　保存するフォルダー　を（SEL） （ファイル名：）　3日目の作図　と入力 **[保存]** を（SEL）

2 下書き線を作図する

■ 「オフセット」コマンドを使う。

内 容	操 作 手 順
1 基本となる線分を作図する	**ステータスバー**　の **[直交モード]** アイコン　を（SEL）　… 設定をオンにする **[ホーム]** タブ **[作成]** / **線分**　を（SEL） （1点目を指定…：）　P1　を（SEL） （次の点を指定…：）　P2　を（SEL）　… 長めに作図する （次の点を指定…：）（右）**ショートカットメニュー**　の **[Enter]** を（SEL） （右）**ショートカットメニュー**　の **[繰り返し]** を（SEL） （1点目を指定…：）　P3　を（SEL） （次の点を指定…：）　P4　を（SEL） （次の点を指定…：）（右）**ショートカットメニュー**　の **[Enter]** を（SEL）

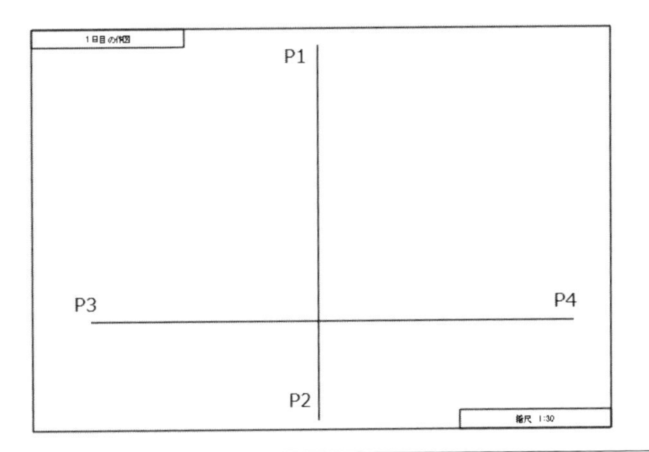

2 垂直な線分L2からオフセットする

[ホーム] タブ **[修正] / オフセット** を (SEL)
(オフセット距離を指定…：) 1100 Enter キー
(オフセットするオブジェクトを選択…：) 垂直線L1 を (SEL)
(オフセットする側の点を指定…：) 左側の任意の点 を (SEL)
(オフセットするオブジェクトを選択…：) 垂直線L1 を (SEL)
(オフセットする側の点を指定…：) 右側の任意の点 を (SEL)
(オフセットするオブジェクトを選択…：)
コマンドウィンドウ の **[終了 (E)]** を (SEL)

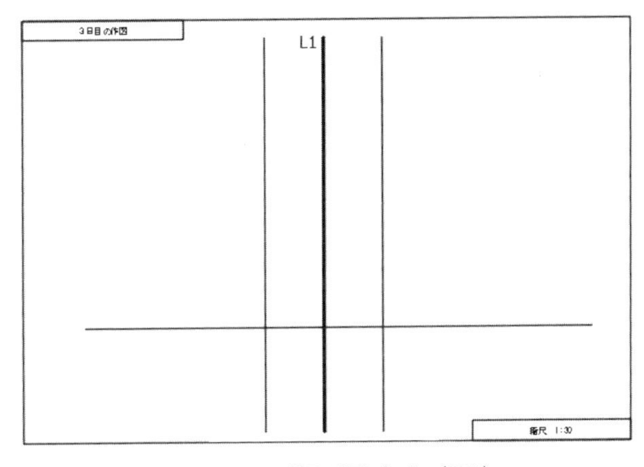

(右) **ショートカットメニュー** の **[繰り返し]** を (SEL)
(オフセット距離を指定…：) 900 Enter キー
(オフセットするオブジェクトを選択…：) 垂直線L2 を (SEL)
(オフセットする側の点を指定…：) 左側の任意の点 を (SEL)
(オフセットするオブジェクトを選択…：) 垂直線L3 を (SEL)
(オフセットする側の点を指定…：) 右側の任意の点 を (SEL)

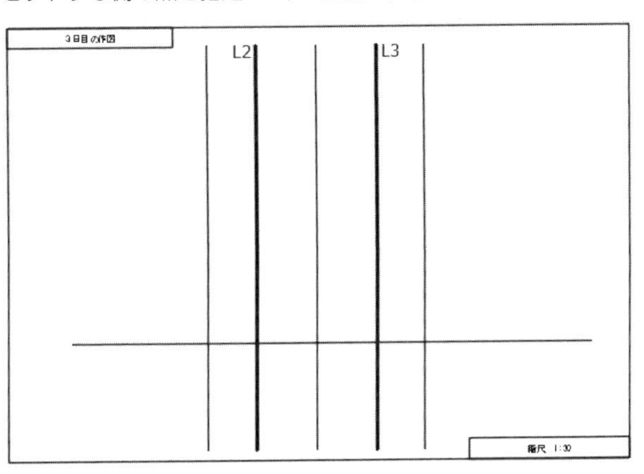

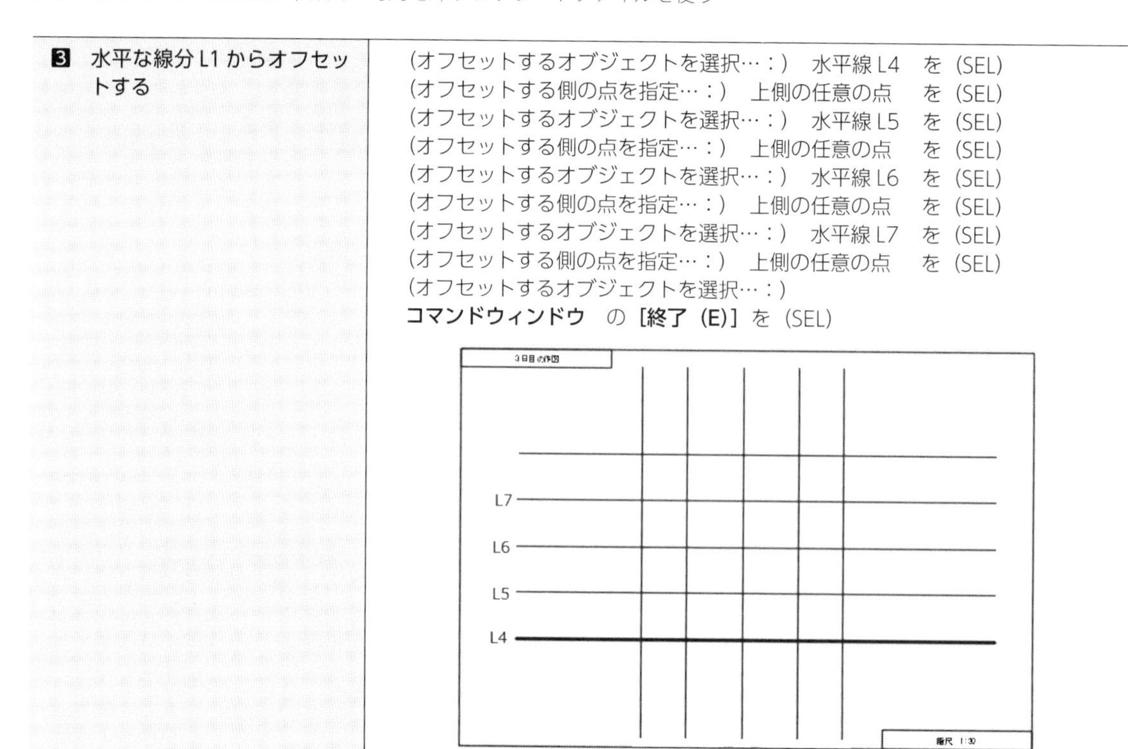

3 水平な線分 L1 からオフセットする	(オフセットするオブジェクトを選択…：) 水平線 L4 を (SEL) (オフセットする側の点を指定…：) 上側の任意の点 を (SEL) (オフセットするオブジェクトを選択…：) 水平線 L5 を (SEL) (オフセットする側の点を指定…：) 上側の任意の点 を (SEL) (オフセットするオブジェクトを選択…：) 水平線 L6 を (SEL) (オフセットする側の点を指定…：) 上側の任意の点 を (SEL) (オフセットするオブジェクトを選択…：) 水平線 L7 を (SEL) (オフセットする側の点を指定…：) 上側の任意の点 を (SEL) (オフセットするオブジェクトを選択…：) **コマンドウィンドウ** の **[終了 (E)]** を (SEL)

3 線分と円を作図する

■ オブジェクトスナップを使う。

内 容	操 作 手 順
1 オブジェクトスナップの設定をオンにする	**[カーソルを 2D 参照点にスナップ]** アイコン を (SEL) … 設定をオンにする 交点が設定されていることを確認
2 オブジェクトの画層を現在層にする	**[ホーム]** タブ **[画層]** 画層 欄 オブジェクト の画層名 を (SEL)
3 線の太さを表示する	**ステータスバー** の **[線の太さを表示 / 非表示]** アイコン を (SEL) … 設定をオンにする
4 線分を作図する	**ステータスバー** の **[直交モード]** アイコンを (SEL) … 設定をオフにする **[ホーム]** タブ **[作成] / 線分** を (SEL) (1 点目を指定…：) 交点 A を (SEL) (次の点を指定…：) 交点 B を (SEL) (次の点を指定…：) 交点 C を (SEL) (次の点を指定…：) 交点 D を (SEL) (次の点を指定…：) 交点 E を (SEL) (次の点を指定…：) 交点 F を (SEL) (次の点を指定…：) 交点 A を (SEL) (次の点を指定…：) 交点 D を (SEL) (次の点を指定…：) (右) **ショートカットメニュー** の **[Enter]** を (SEL)

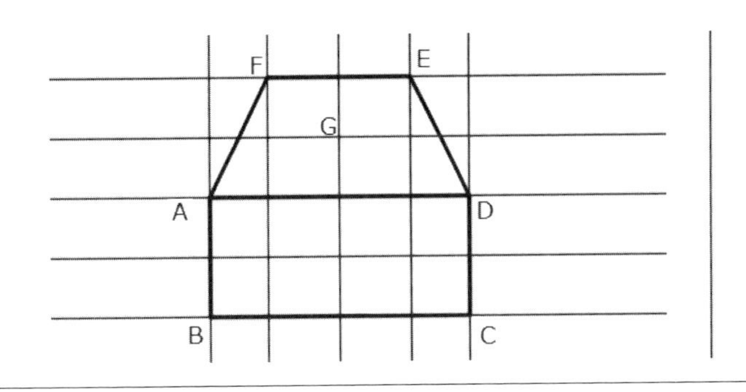

5 円を作図する

[ホーム] タブ **[作成] / 円 / 中心、直径** を（SEL）
（円の中心を指定…：） 交点 G を（SEL）
（円の直径を指定…：） 1100 Enter キー
[ホーム] タブ **[作成] / 円 / 中心、半径** を（SEL）
（円の中心を指定…：） 交点 H を（SEL）
… 下書き線と直径 1100 の円上側の交点
（円の半径を指定…：） 20 Enter キー

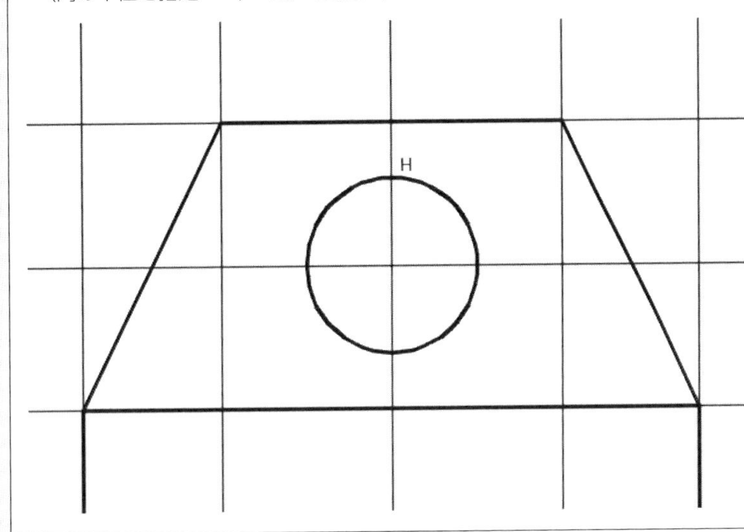

6 円を移動する

[ホーム] タブ **[修正] / 移動** を（SEL）
（オブジェクトを選択：） 半径 20 の円 を（SEL）
（オブジェクトを選択…：） （右）
（基点を指定…：） 交点 H を（SEL）
（目的点を指定…：） 交点 I を（SEL）

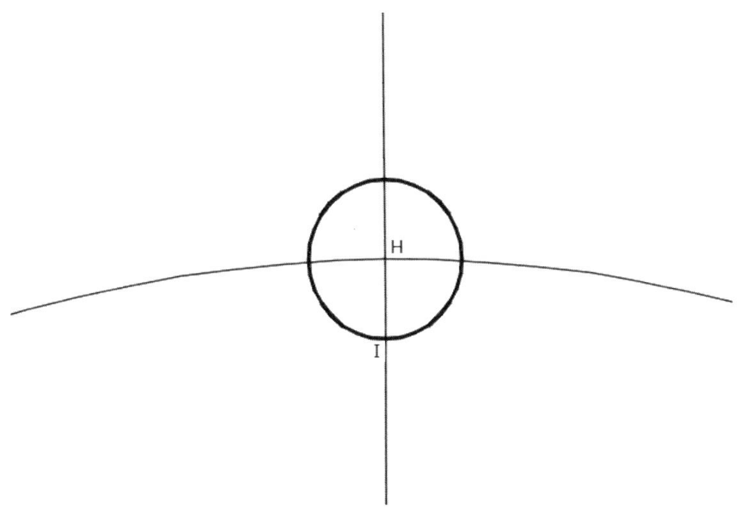

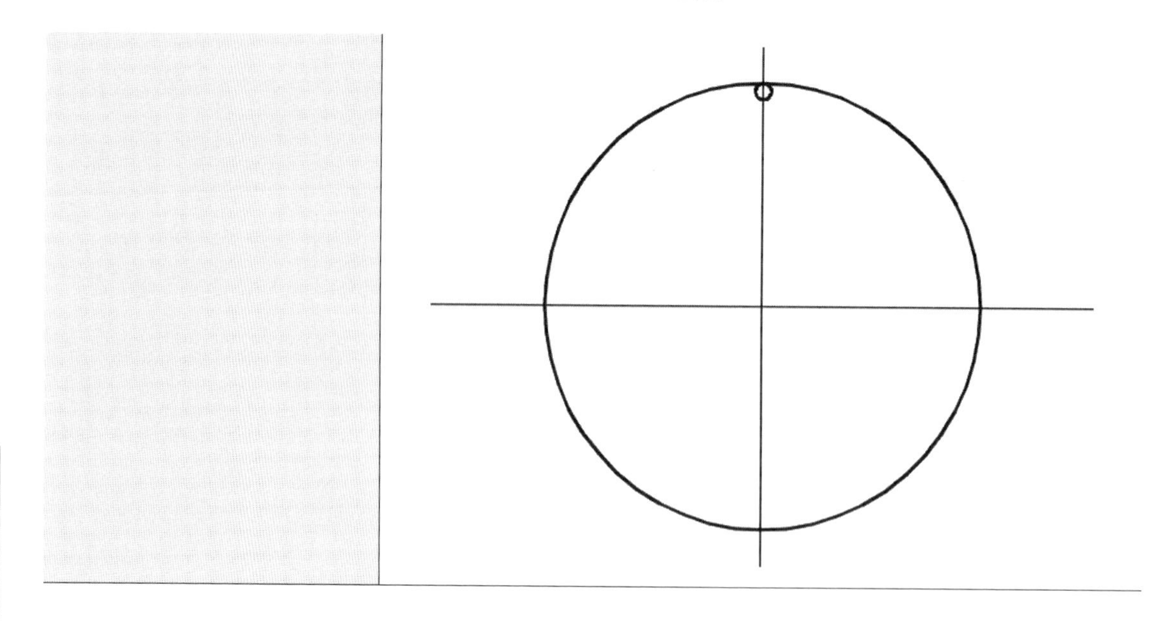

4 円を円形状に複写する

■ 「円形状配列複写」コマンドを使う。

内 容	操 作 手 順
❶ 半径 20 の円を 16 個配列複写する	［ホーム］タブ［修正］/ 円形状配列複写 を（SEL）

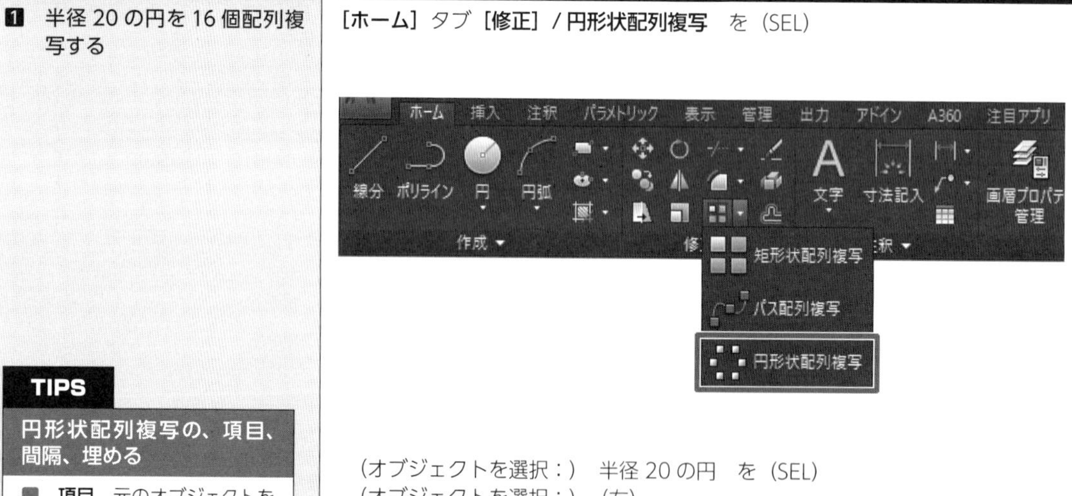

TIPS

円形状配列複写の、項目、間隔、埋める

- **項目**　元のオブジェクトを含めた複写の個数
- **間隔**　オブジェクト間の角度
- **埋める**　配列複写の最初と最後の項目間の角度（全体の複写角度）

（オブジェクトを選択：）　半径 20 の円　を（SEL）
（オブジェクトを選択：）（右）
（配列複写の中心を指定…：）　交点 G　を（SEL）
［配列複写作成］タブ**［項目］**
（項目：）　16　と入力
［配列複写作成］タブ**［オブジェクトプロパティ管理］**
自動調整　を（SEL）　　… アイコンボタンをオフにする
［配列複写作成］タブ**［閉じる］/［配列複写を閉じる］**を（SEL）

> **TIPS**
> **自動調整**
> 　この設定によって、複写元のオブジェクトと複写されたオブジェクト間の関係が保持され、まとまった状態で管理されます。配列複写の設定を変更するだけで、修正が簡単にできます。
> 　複写元のオブジェクトと複写されたオブジェクトがまとまっていると、修正操作がやりにくいので、個々のオブジェクトとして修正する必要がある場合は、あらかじめ、自動調整をオフにして配列複写をします。

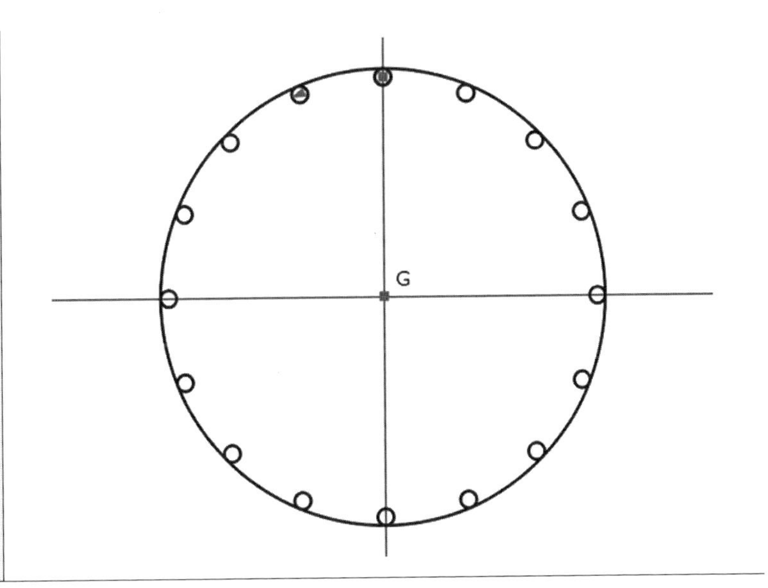

5 中心線を作図し、長さを調整する

■「長さ変更」コマンドを使う。

内 容	操 作 手 順
❶ 1 点鎖線の画層を現在層にする	[ホーム] タブ [画層] 　画層　欄 　1 点鎖線　の画層名　を（SEL）
❷ 中心線を作図する	[ホーム] タブ [作成] / 線分　を（SEL） 　(1 点目を指定…：)　交点 J　を（SEL） 　(次の点を指定…：)　交点 K　を（SEL） 　(次の点を指定…：) 　(右) ショートカットメニュー　の [Enter] を（SEL） (右) ショートカットメニュー　の [繰り返し] を（SEL） 　(1 点目を指定…：)　交点 L　を（SEL） 　(次の点を指定…：)　交点 M　を（SEL） 　(次の点を指定…：) 　(右) ショートカットメニュー　の [Enter] を（SEL）

J
L
M
K

3 2本の中心線の長さを統一して見映えをよくする … 150 mm 長くする	**[ホーム] タブ [修正] / 長さ変更** を (SEL) (計測するオブジェクトを選択…:) **コマンドウィンドウ** の **[増減 (DE)]** を (SEL) (増減の長さを入力…:) 150 Enter キー (変更するオブジェクトを選択…:) 中心線上 P1 付近 を (SEL) (変更するオブジェクトを選択…:) 中心線上 P2 付近 を (SEL) (変更するオブジェクトを選択…:) 中心線上 P3 付近 を (SEL) (変更するオブジェクトを選択…:) 中心線上 P4 付近 を (SEL) (変更するオブジェクトを選択…:) (右) **ショートカットメニュー** の **[Enter]** を (SEL)

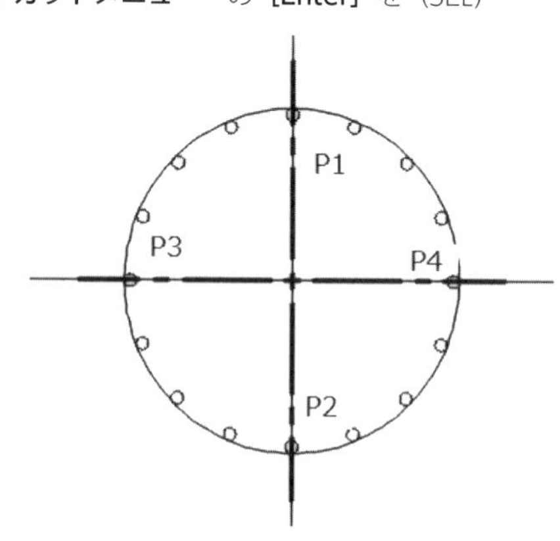

6 同じ図形部分をつくる

■ 「複写」コマンドを使う。

内 容	操 作 手 順
1 オブジェクトを複写する	**[ホーム] タブ [修正] / 複写** を (SEL) (オブジェクトを選択:) P1 付近 を (SEL) (もう一方のコーナーを指定:) P2 付近 を (SEL) … 窓選択する (オブジェクトを選択…:) (右) (基点を指定…:) 交点 A を (SEL) (2 点目を指定…:) 交点 B を (SEL) (2 点目を指定…:) 交点 C を (SEL) (2 点目を指定…:) **コマンドウィンドウ** の **[終了 (E)]** を (SEL)

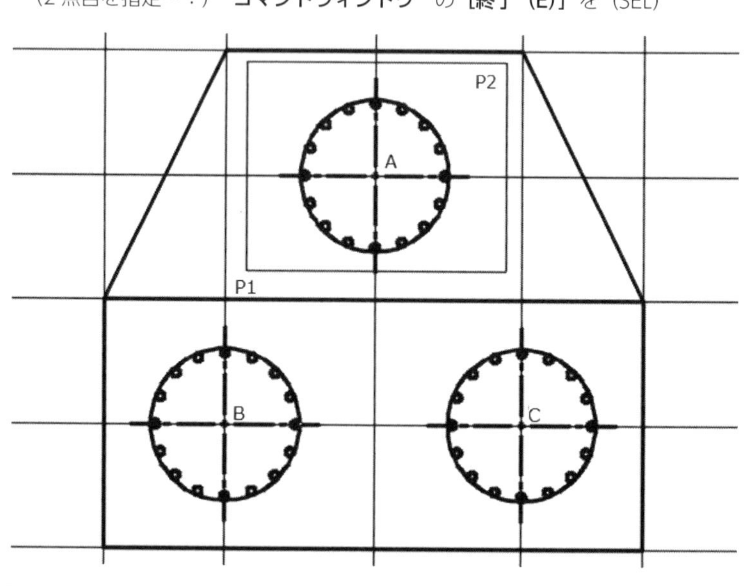

3・2　注釈関連オブジェクトを入力する

■ **寸法、引出線、文字を入力する。**

図面に寸法、引出線を入力し、図面のタイトルを入力します。

1　寸法を入力する

■ **長さ寸法、直列寸法、半径寸法を入力する。**

内　容	操　作　手　順
1 寸法線位置を合わせるための線分をつくる …図形から 450 mm の位置で合わせる	**[ホーム]** タブ **[修正] / オフセット**　を（SEL） （オフセット距離を指定…：）　450　Enter キー （オフセットするオブジェクトを選択…：）　水平線 L1　を（SEL） （オフセットする側の点を指定…：）　上側の任意の点　を（SEL） （オフセットするオブジェクトを選択…：）　水平線 L2　を（SEL） （オフセットする側の点を指定…：）　下側の任意の点　を（SEL） （オフセットするオブジェクトを選択…：）　垂直線 L3　を（SEL） （オフセットする側の点を指定…：）　右側の任意の点　を（SEL） **コマンドウィンドウ**　の **[終了（E）]** を（SEL） 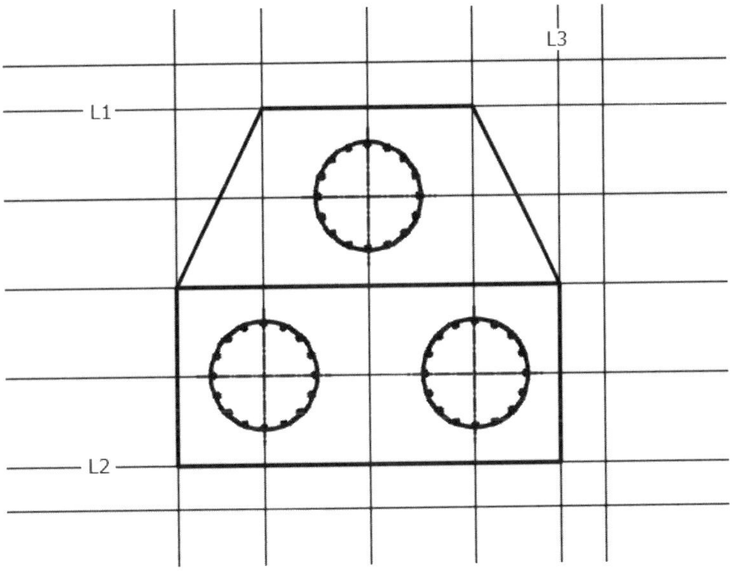
2 寸法と文字の画層を現在層にする	**[ホーム]** タブ **[画層]** 画層　欄 寸法と文字　の画層名　を（SEL）
3 長さ寸法を入力する	**[ホーム]** タブ **[注釈] / 長さ寸法記入**　を（SEL） （1 本目の寸法補助線の起点を指定…：）　交点 A　を（SEL） （2 本目の寸法補助線の起点を指定…：）　交点 B　を（SEL） （寸法線の位置を指定…：）　交点 C　を（SEL） （右）**ショートカットメニュー**　の **[繰り返し]** を（SEL） （1 本目の寸法補助線の起点を指定…：）　交点 D　を（SEL） （2 本目の寸法補助線の起点を指定…：）　交点 E　を（SEL） （寸法線の位置を指定…：）　交点 F　を（SEL）

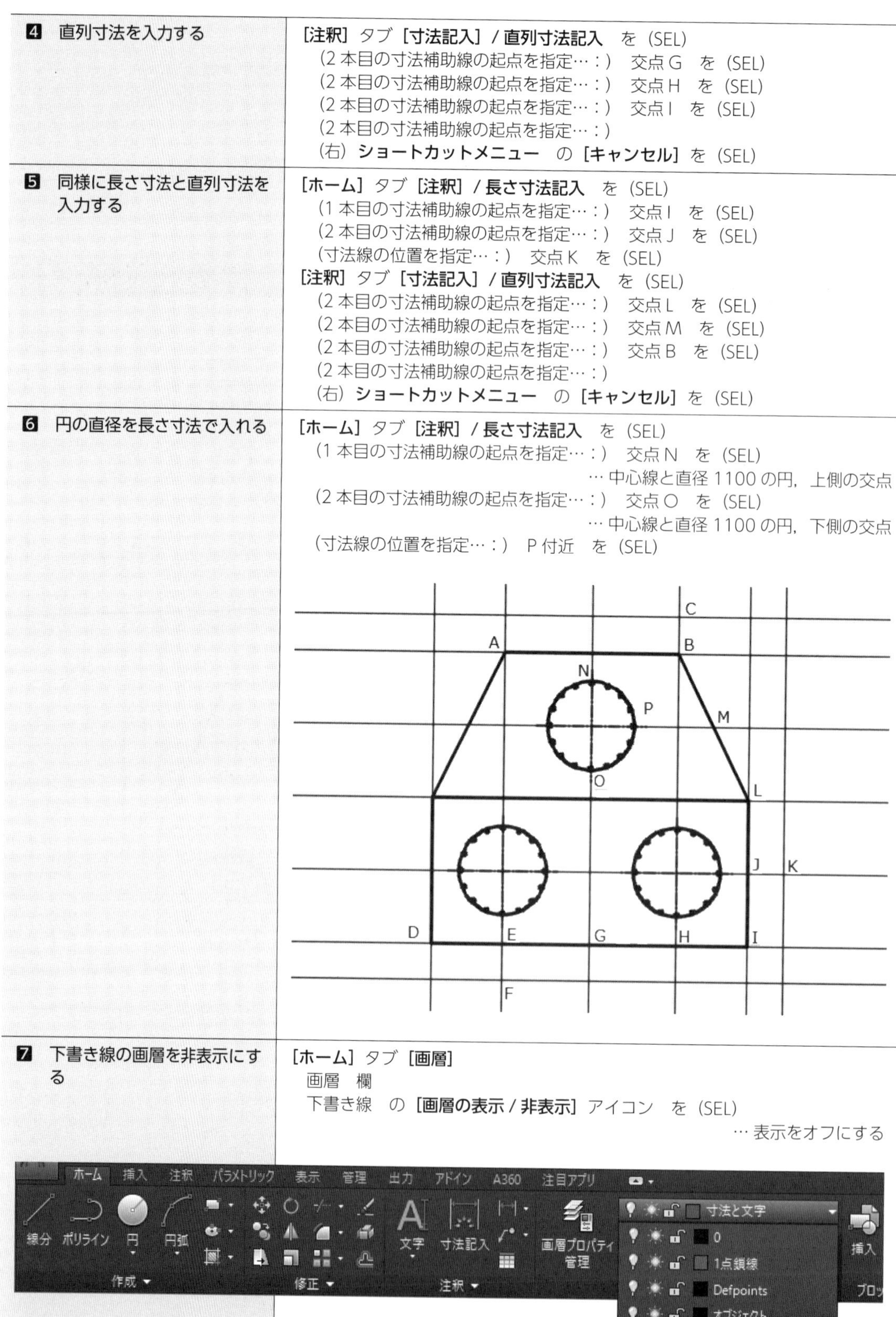

4 直列寸法を入力する	**[注釈]** タブ **[寸法記入] / 直列寸法記入** を (SEL) (2 本目の寸法補助線の起点を指定…：) 交点 G を (SEL) (2 本目の寸法補助線の起点を指定…：) 交点 H を (SEL) (2 本目の寸法補助線の起点を指定…：) 交点 I を (SEL) (2 本目の寸法補助線の起点を指定…：) (右) **ショートカットメニュー** の **[キャンセル]** を (SEL)
5 同様に長さ寸法と直列寸法を入力する	**[ホーム]** タブ **[注釈] / 長さ寸法記入** を (SEL) (1 本目の寸法補助線の起点を指定…：) 交点 I を (SEL) (2 本目の寸法補助線の起点を指定…：) 交点 J を (SEL) (寸法線の位置を指定…：) 交点 K を (SEL) **[注釈]** タブ **[寸法記入] / 直列寸法記入** を (SEL) (2 本目の寸法補助線の起点を指定…：) 交点 L を (SEL) (2 本目の寸法補助線の起点を指定…：) 交点 M を (SEL) (2 本目の寸法補助線の起点を指定…：) 交点 B を (SEL) (2 本目の寸法補助線の起点を指定…：) (右) **ショートカットメニュー** の **[キャンセル]** を (SEL)
6 円の直径を長さ寸法で入れる	**[ホーム]** タブ **[注釈] / 長さ寸法記入** を (SEL) (1 本目の寸法補助線の起点を指定…：) 交点 N を (SEL) … 中心線と直径 1100 の円，上側の交点 (2 本目の寸法補助線の起点を指定…：) 交点 O を (SEL) … 中心線と直径 1100 の円，下側の交点 (寸法線の位置を指定…：) P 付近 を (SEL)
7 下書き線の画層を非表示にする	**[ホーム]** タブ **[画層]** 画層 欄 下書き線 の **[画層の表示 / 非表示]** アイコン を (SEL) … 表示をオフにする

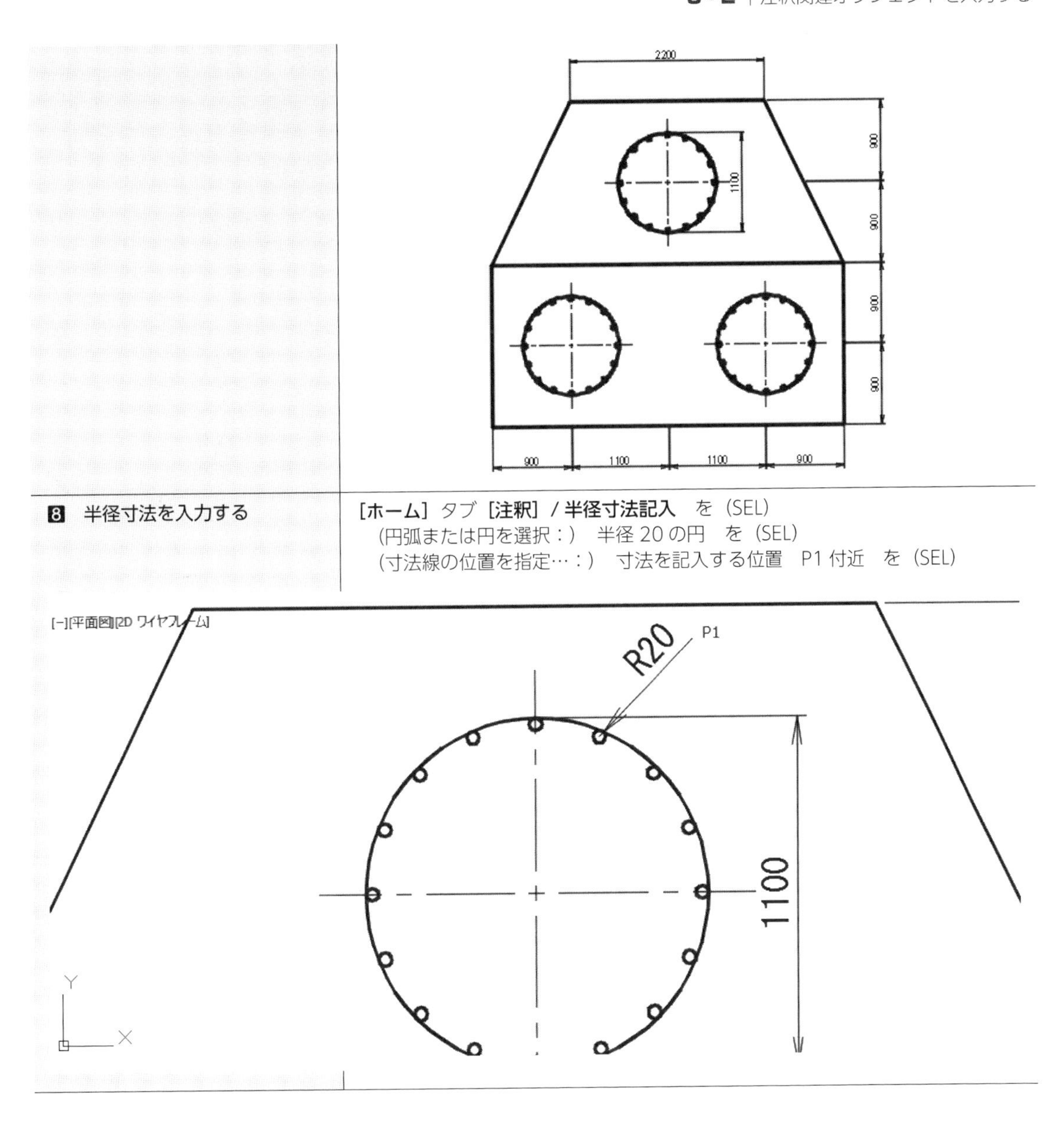

8 半径寸法を入力する	**[ホーム]** タブ **[注釈] / 半径寸法記入** を（SEL） （円弧または円を選択：） 半径 20 の円 を（SEL） （寸法線の位置を指定…：） 寸法を記入する位置 P1 付近 を（SEL）

2 引出線で注記を入力する

■ 「マルチ引出線」コマンドを使う。

内　容	操 作 手 順
1 オブジェクトスナップの近接点を設定する	ステータスバー の **[カーソルを 2D 参照点にスナップ]** アイコン右側の ▼ を（SEL） 近接点 を（SEL） … チェックを付ける

2 引出線を入力する	[注釈] タブ [引出線] / マルチ引出線　を (SEL) (引出線の矢印の位置を指定…：)　円上　P1 付近　を (SEL) (引出線参照線の位置を指定：)　P2 付近　を (SEL) (参照線の長さを指定：)　(右)　… 0 の値はそのまま 円柱　と入力　Enter キー 主筋 16　と入力 [テキストエディタ] タブ [閉じる] / テキストエディタを閉じる　を (SEL)

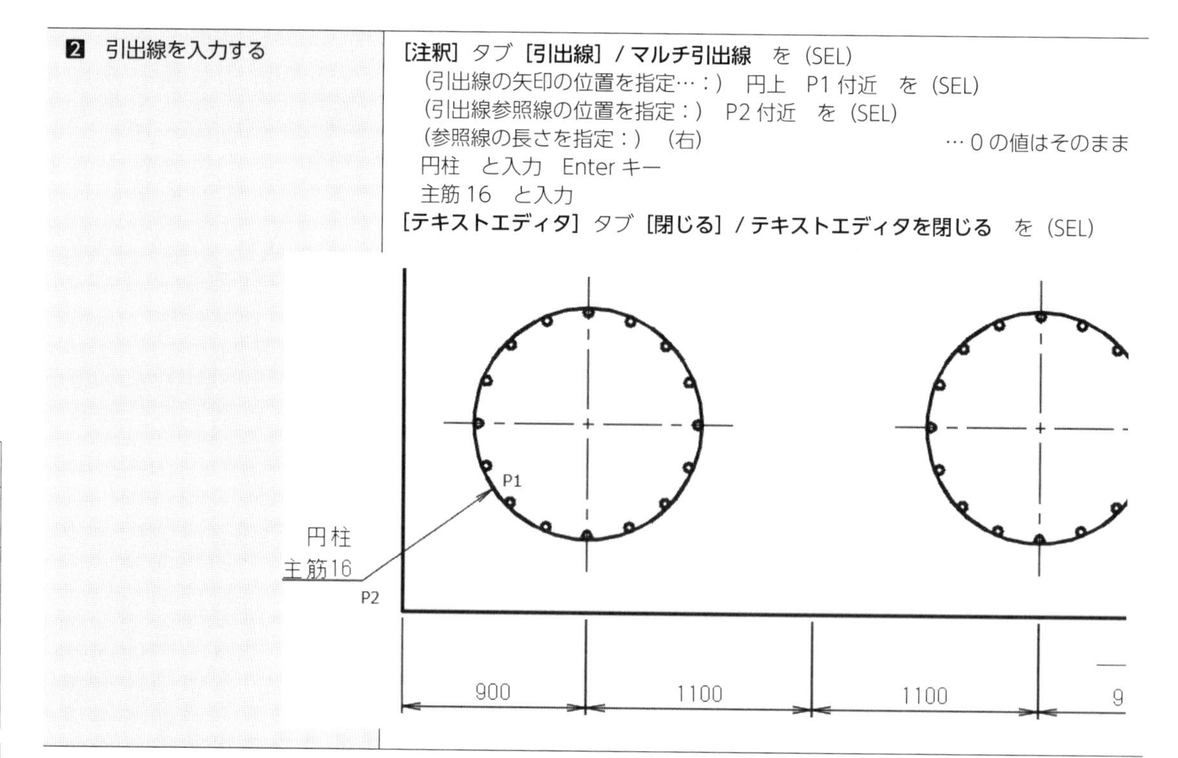

3 図面タイトルを入力する

■ 文字高さに注意する。

内　容	操　作　手　順
1 図面タイトルを入力する 文字高さ：150 mm	[ホーム] タブ [注釈] / 文字記入　を (SEL) (文字列の始点を指定…：)　P3 付近　を (SEL) (高さを指定…：)　150　Enter キー　… 印刷時に 5 mm の文字高さとなる (文字列の角度を指定…：)　Enter キー くい配置図　と入力 Enter キー Enter キー

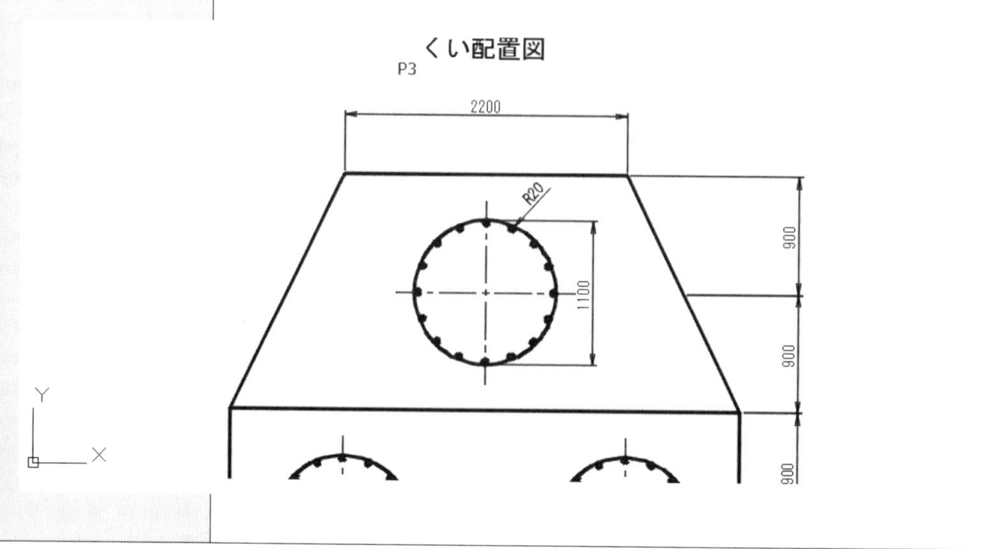

3・3 完成図面の確認と終了

■ **画面での確認と印刷結果を確認する。**

完成図面を印刷します。A3 用紙に 1：30 の指定で、縮尺して印刷します。寸法オブジェクトやタイトルボックスの文字の大きさが、「作図の時間 ②」の印刷結果と同じ大きさになっているのかを確認します。

1 タイトルボックスの文字を修正する

■ 文字を修正する。

内 容	操 作 手 順
1 タイトルボックスの文字を修正する	修正する文字列 をダブルクリック 文字列 1 日目の作図 を 3 日目の作図 に変更する Enter キー Enter キー

2 図面を印刷して終了する

■ 「印刷」コマンドを使う。

内 容	操 作 手 順
1 図面を印刷する	**クイックアクセスツールバー** の **[印刷]** を (SEL) **[プレビュー]** を (SEL) (右) **ショートカットメニュー** の **[印刷]** を (SEL)

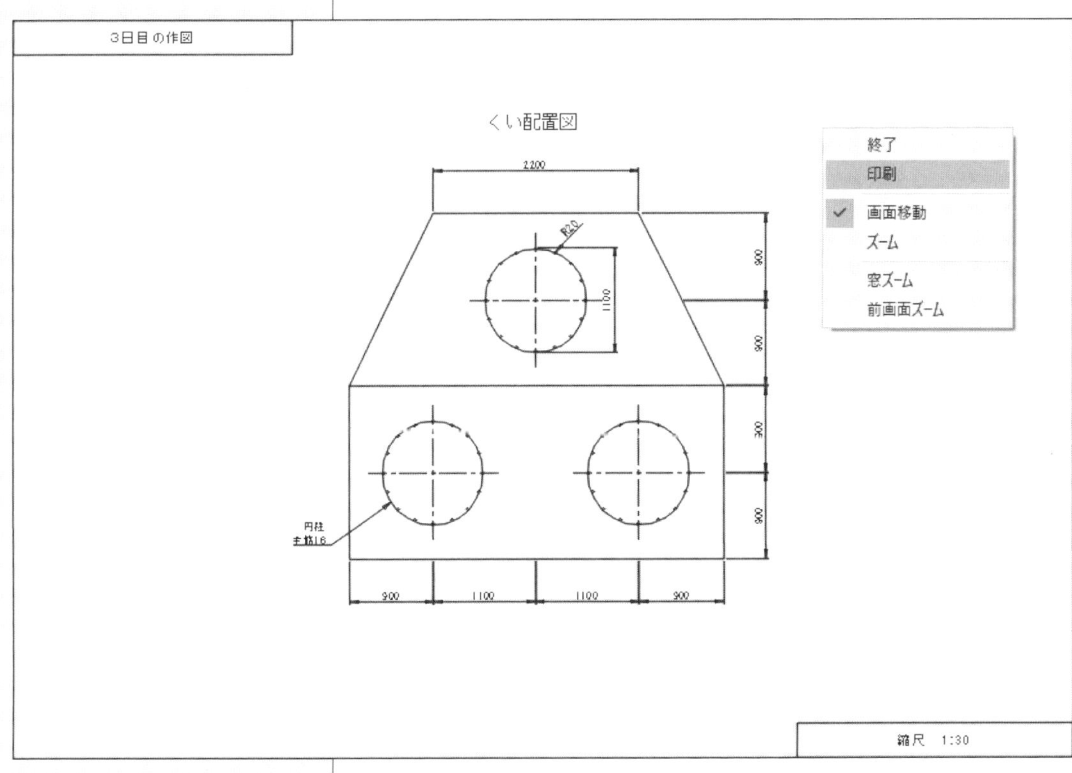

内 容	操 作 手 順
2 図面を保存して，閉じる	図面タブの［3 日目の作図］右側にある × を (SEL) AutoCAD ダイアログ **[はい]** を (SEL) … 上書き保存する

レイアウトを使って印刷する ① ▶▶▶ ペーパー空間のレイアウト機能

3・4　2つの図面を並べて印刷する

■ ペーパー空間に2つの図面オブジェクトをレイアウトする。

これまで作図していた領域は、モデル空間と呼ばれています。モデル空間は作図領域に制限のない3次元の空間になっています。3次元の図形を入力する必要がなければ、空間を上から見ている状態で作図領域を表示して作図を進めることになります。

3日目の1時間目では、モデル空間でA3サイズの30倍の大きさの長方形の内側で作図し、モデル空間から印刷尺度1：30で印刷しましたが、AutoCADの図面には、今まで作業してきたモデル空間とは別に、ペーパー空間と呼ばれている場所があります。

2時間目は、まず、ペーパー空間のレイアウト機能を使って、「2日目の作図」と「3日目の作図」の2つの図面を並べて印刷するためのレイアウトを作成します。そのために、ペーパー空間でA3用紙を設定し、そのペーパーの上にモデル空間で作図した図面を表示するビューポートという枠をつくります。

このレイアウトを使用して、1枚の用紙に印刷尺度1：1で印刷します。「2日目の作図」は印刷尺度1：1、「3日目の作図」は1：30の印刷尺度に合わせた設定で作図されています。違う印刷尺度を考慮して作成された2つの図面を、レイアウトを使用して1枚の用紙に印刷するのです。

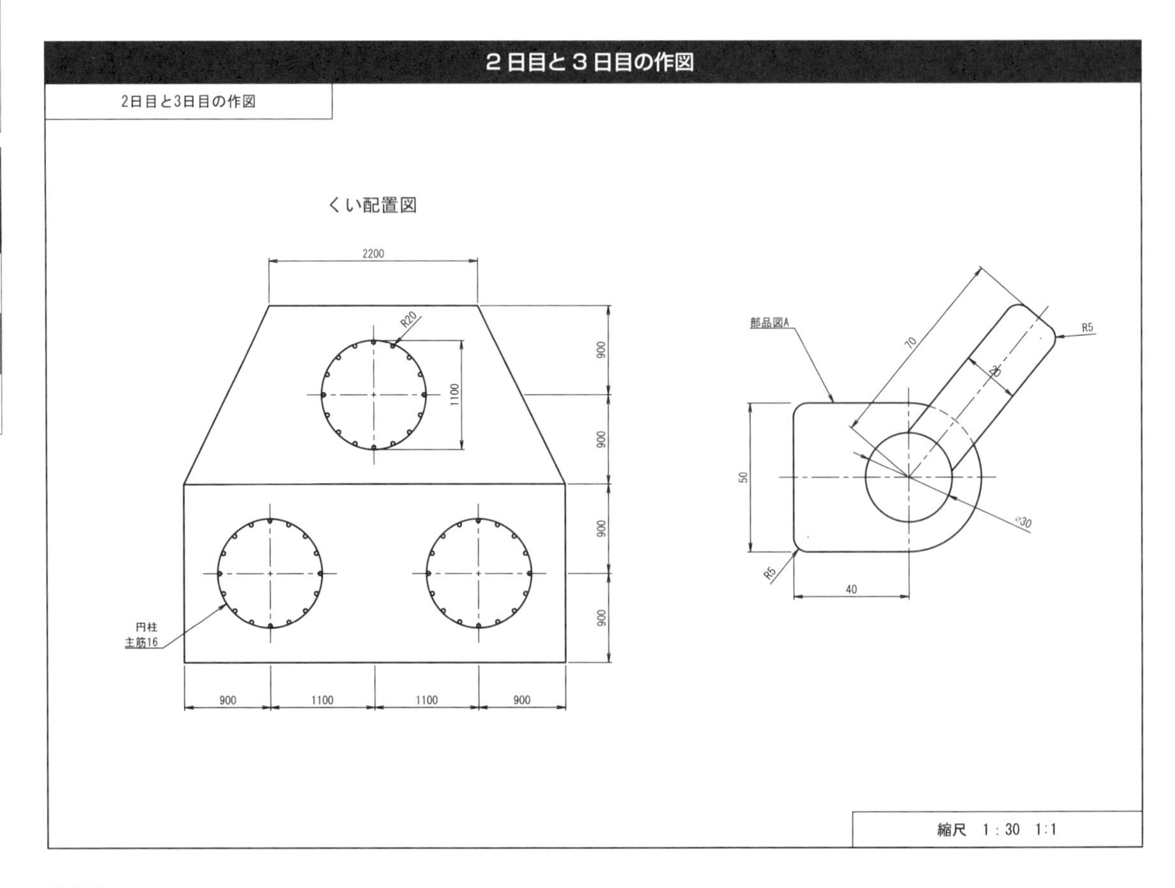

1 「3日目の作図」を開く

■ スタートタブ画面から図面を開く。

内 容	操 作 手 順
1 「3日目の作図」を開く	スタートタブ画面 [ファイルを開く ...] を (SEL) ファイルを選択 ダイアログ (探す場所：) 保存されているフォルダー を (SEL) 一覧から 3日目の作図 を (SEL) [開く] を (SEL)

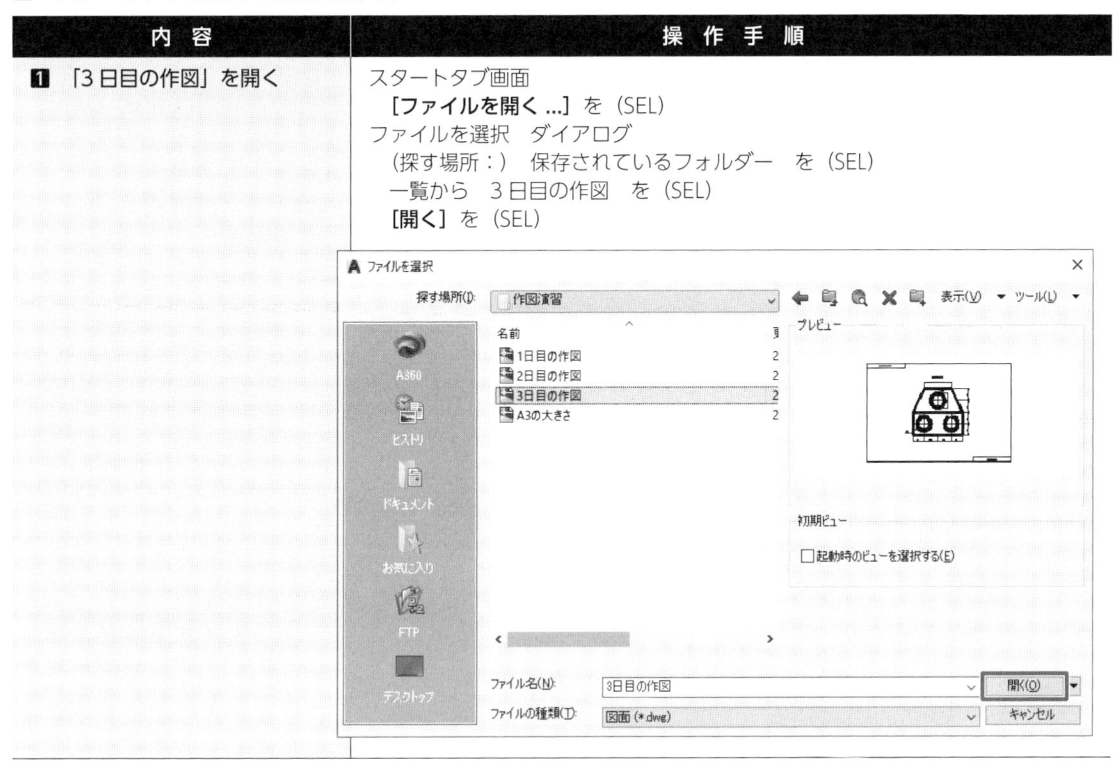

2 「2日目の作図」のオブジェクトをコピーして貼り付ける

■ クリップボード / コピー操作を使う。

内 容	操 作 手 順
1 「2日目の作図」を開く … この図面オブジェクトを使用する	クイックアクセスツールバー の [開く] を (SEL) ファイルを選択 ダイアログ (探す場所：) 保存されているフォルダー を (SEL) 一覧から 2日目の作図 を (SEL) [開く] を (SEL)
2 オブジェクトをコピーして,「3日目の作図」に貼り付ける	P1 付近 を (SEL) P2 付近 を (SEL) P2 P1 (右) ショートカットメニュー の [クリップボード / コピー] を (SEL)

DAY 1 1 2 3 DAY 2 1 2 3 DAY 3 1 2 3

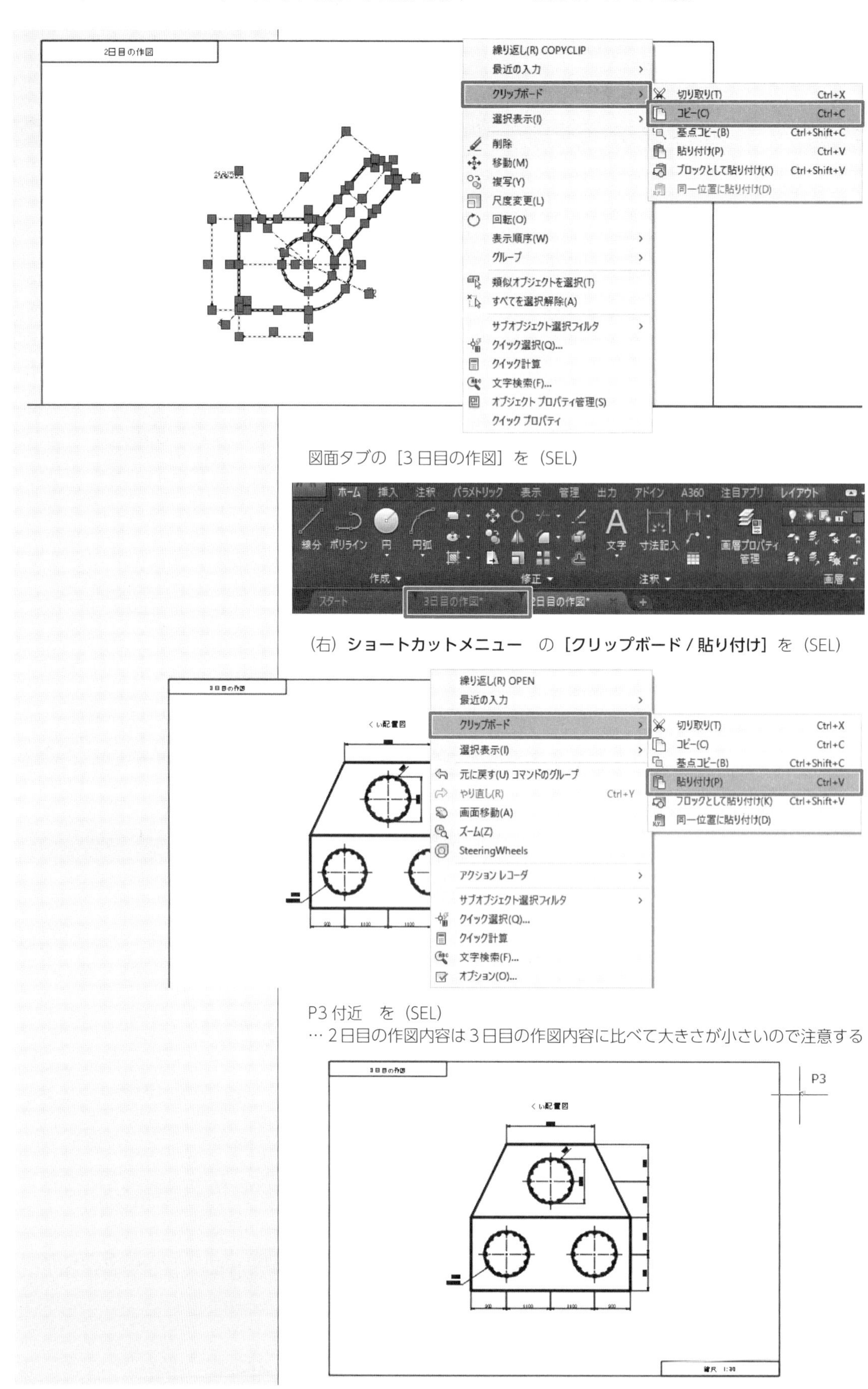

図面タブの［3日目の作図］を（SEL）

（右）**ショートカットメニュー** の **［クリップボード / 貼り付け］** を（SEL）

P3 付近　を（SEL）

… 2日目の作図内容は3日目の作図内容に比べて大きさが小さいので注意する

図面タブの［2日目の作図］右側にある × を（SEL）

AutoCAD ダイアログ
［いいえ］ を（SEL） … 保存をしない

3 新規にレイアウトをつくりページ設定をする

■ A3用紙に印刷するレイアウトをつくる。

内 容	操 作 手 順
1 新規にレイアウトを作成する	［レイアウト1］タブの上で （右）**ショートカットメニュー** の **［レイアウトを新規作成］** を（SEL） … 新しいレイアウト［レイアウト3］ができる

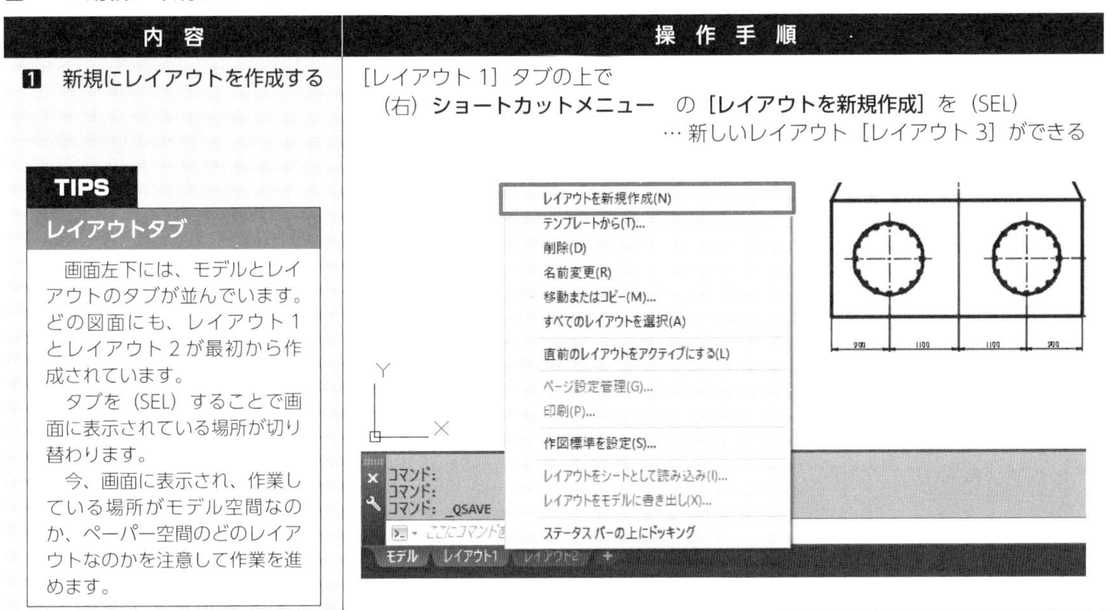

TIPS

レイアウトタブ

画面左下には、モデルとレイアウトのタブが並んでいます。どの図面にも、レイアウト1とレイアウト2が最初から作成されています。

タブを（SEL）することで画面に表示されている場所が切り替わります。

今、画面に表示され、作業している場所がモデル空間なのか、ペーパー空間のどのレイアウトなのかを注意して作業を進めます。

内 容	操 作 手 順
2 レイアウトに名前を付ける	［レイアウト3］タブの上で （右）**ショートカットメニュー** の **［名前変更］** を（SEL） タブの名前を 2日目と3日目の図面 と入力 Enterキー

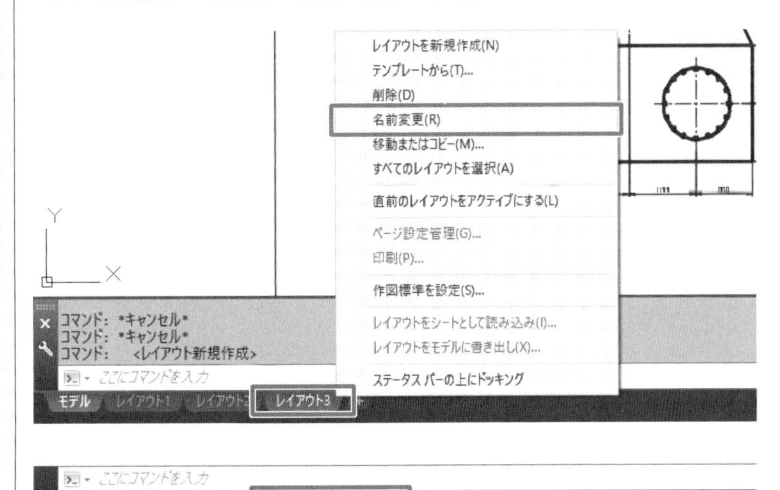

内 容	操 作 手 順
3 レイアウトにページ設定をする … A3用紙に印刷する設定	［2日目と3日目の図面］タブ を（SEL） … 画面がペーパー空間になる ［2日目と3日目の図面］タブの上で （右）**ショートカットメニュー** の **［ページ設定管理 ...］** を（SEL）

DAY 1 1 2 3 DAY 2 1 2 3 DAY 3 1 2 3

ページ設定管理　ダイアログ
[修正] を (SEL)

4 プリンタを設定する

ページ設定 -2 日目と 3 日目の図面　ダイアログ
プリンタ / プロッタ　欄
(名前 :)　使用するプリンタ名　を (SEL)

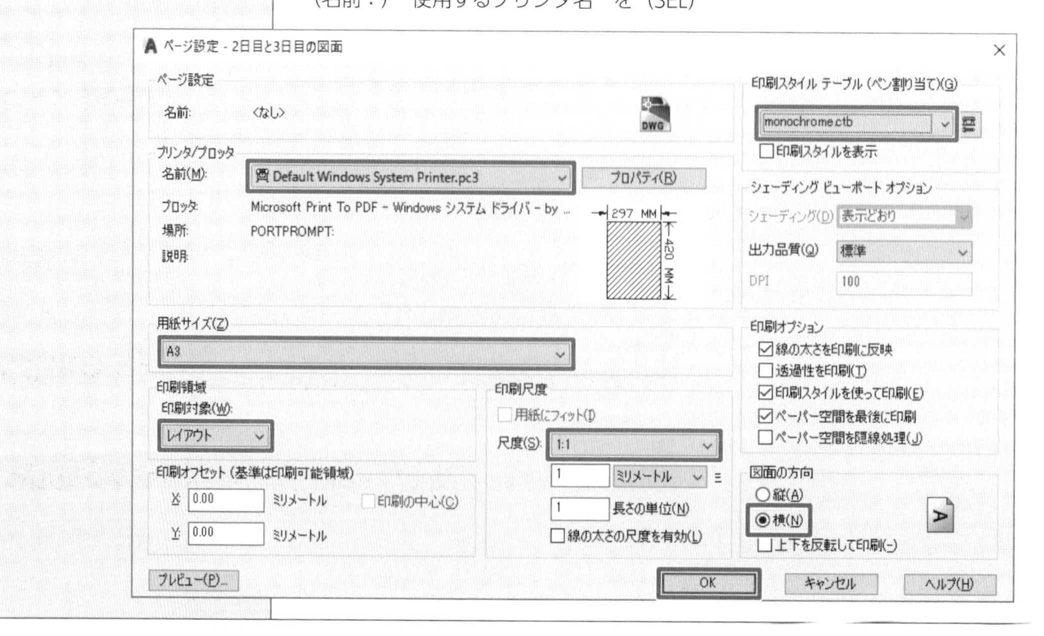

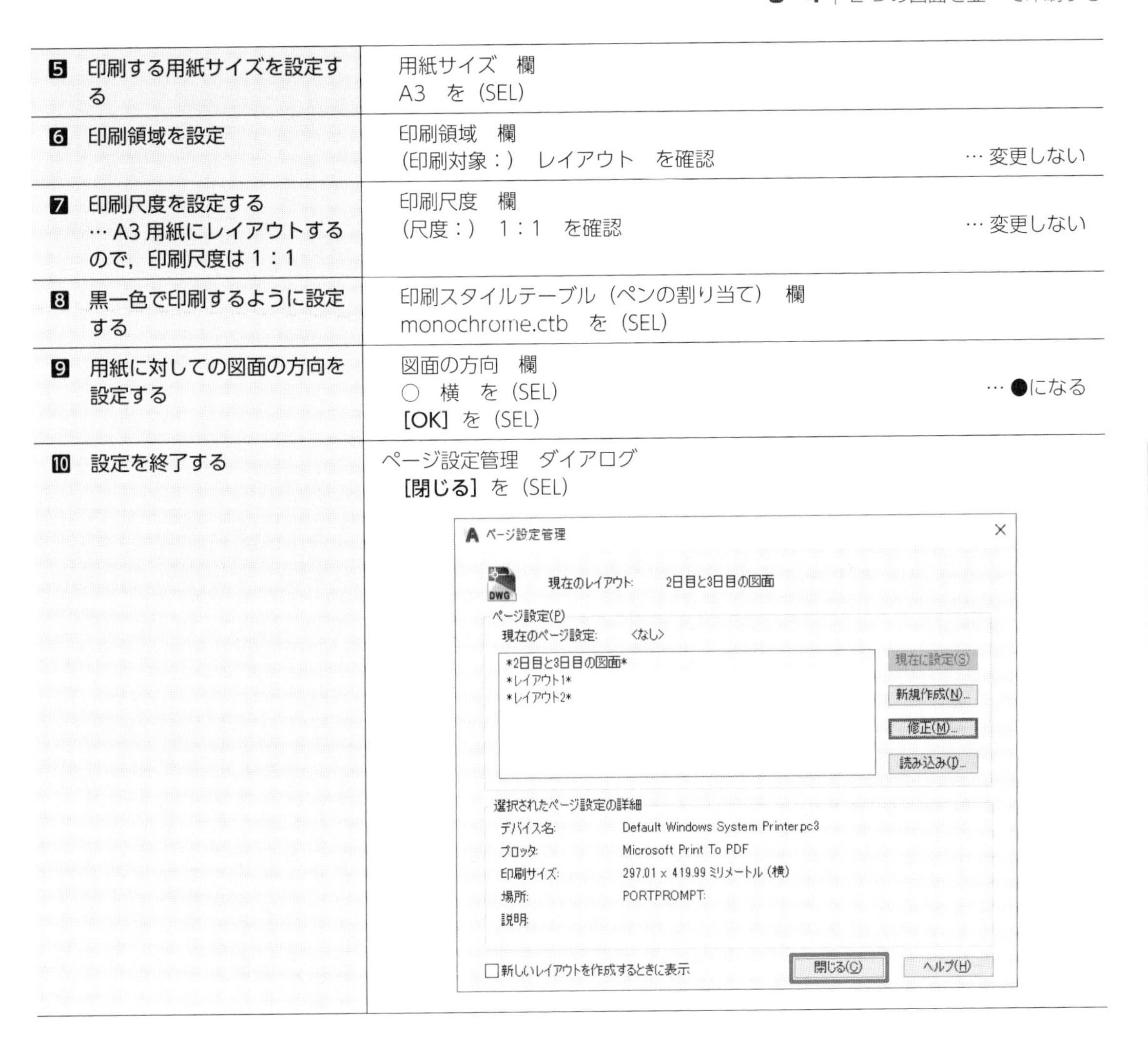

5 印刷する用紙サイズを設定する	用紙サイズ　欄 A3　を（SEL）
6 印刷領域を設定	印刷領域　欄 （印刷対象：）　レイアウト　を確認　… 変更しない
7 印刷尺度を設定する … A3用紙にレイアウトするので，印刷尺度は1：1	印刷尺度　欄 （尺度：）　1：1　を確認　… 変更しない
8 黒一色で印刷するように設定する	印刷スタイルテーブル（ペンの割り当て）　欄 monochrome.ctb　を（SEL）
9 用紙に対しての図面の方向を設定する	図面の方向　欄 ○　横　を（SEL）　… ●になる [OK]　を（SEL）
10 設定を終了する	ページ設定管理　ダイアログ [閉じる]　を（SEL）

4 「3日目の作図」のオブジェクトをレイアウトする

■ ビューポート枠をグリップを使用して調整する。

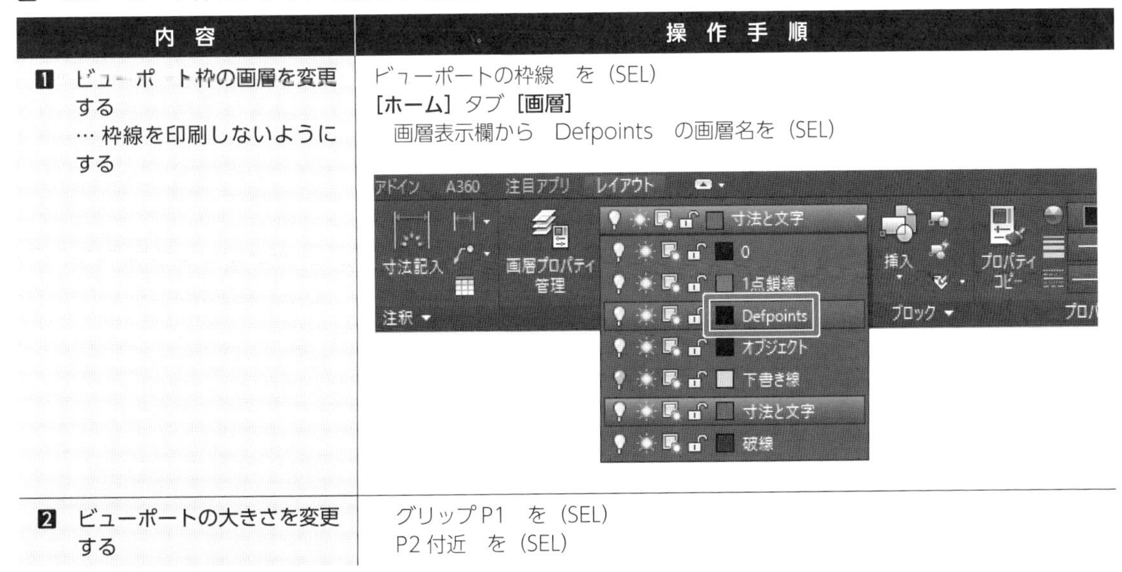

内　容	操　作　手　順
1 ビューポート枠の画層を変更する … 枠線を印刷しないようにする	ビューポートの枠線　を（SEL） [ホーム] タブ [画層] 画層表示欄から　Defpoints　の画層名を（SEL）
2 ビューポートの大きさを変更する	グリップP1　を（SEL） P2付近　を（SEL）

TIPS

ビューポート

ペーパー上にモデル空間の図面を映し出す枠です。ペーパー上でこの枠をビューポートというオブジェクトとして扱います。

モデル空間の図面をどのような尺度で表示するのかは、プロパティパレットの「標準尺度」から選択します。標準尺度の下の欄の「カスタム尺度」で直接縮尺の値を入力できます。

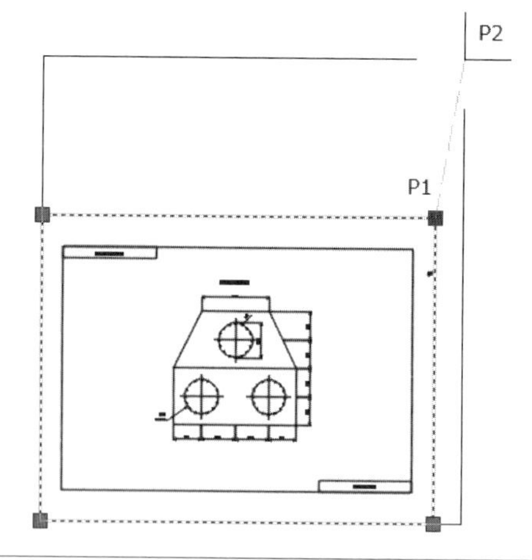

3 ビューポート内で表示するオブジェクトを窓ズームする … ビューポートからモデル空間へ入って調整

ステータスバー の［ペーパー］を（SEL）

…［モデル］ボタンになる

ナビゲーションバー の［窓ズーム］を（SEL）

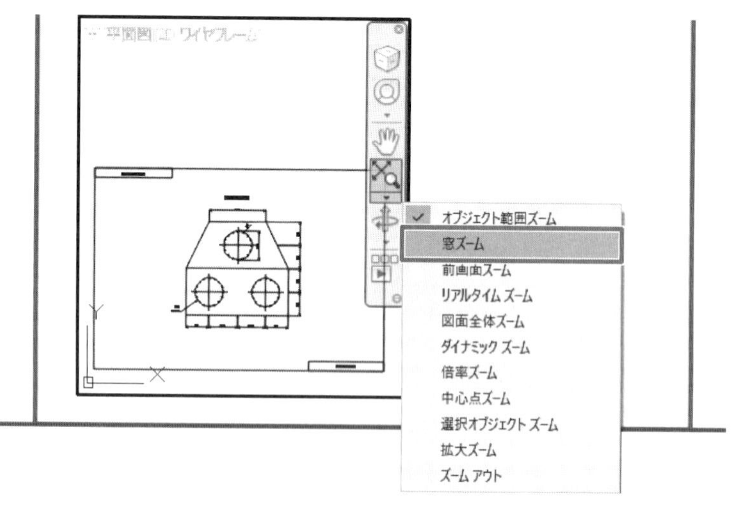

（最初のコーナーを指定：） P1 付近　を（SEL）
（もう一方のコーナーを指定：） P2 付近　を（SEL）

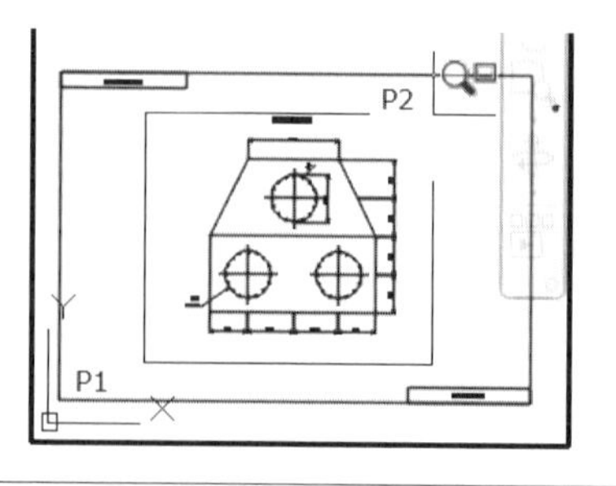

4 ペーパー上に戻る

ステータスバー の［モデル］を（SEL）

…［ペーパー］ボタンになる

5　1：30で表示されるようにビューポートを設定する

■ プロパティパレットから標準尺度を設定する。

内容	操作手順
1 ビューポートの標準尺度を1：30にする	ビューポートの枠線 を（SEL） （右）ショートカットメニュー の［オブジェクトプロパティ管理］を（SEL）

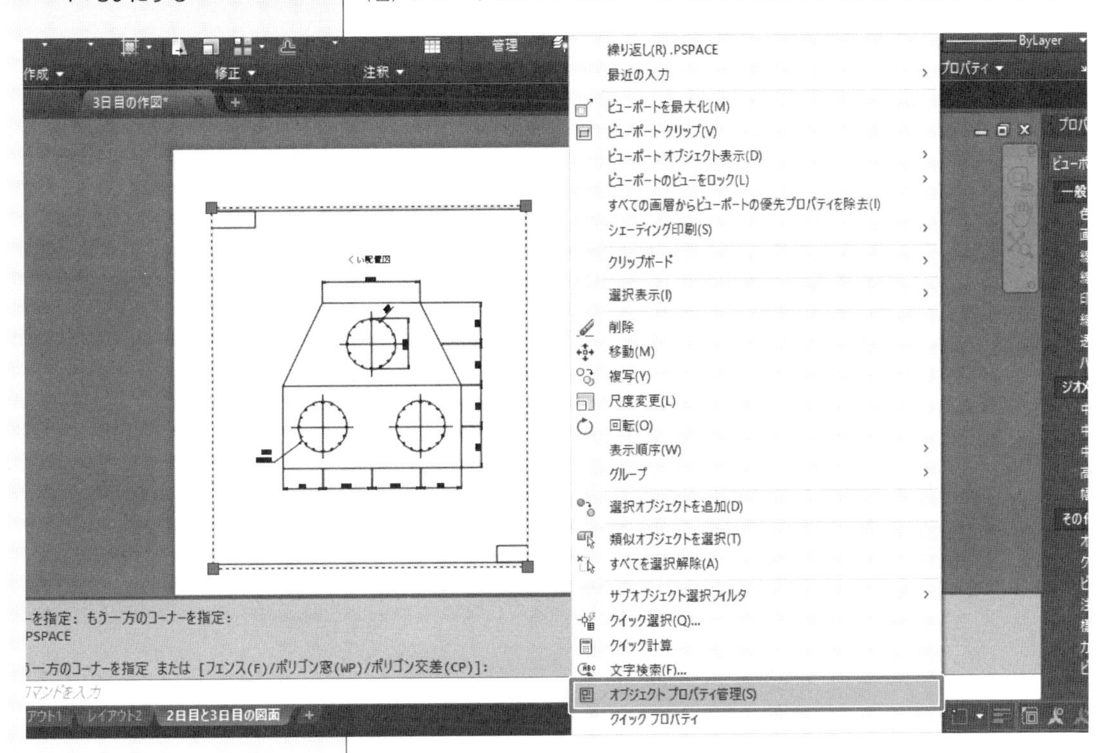

その他 欄
（標準尺度：） 1：30 を（SEL）

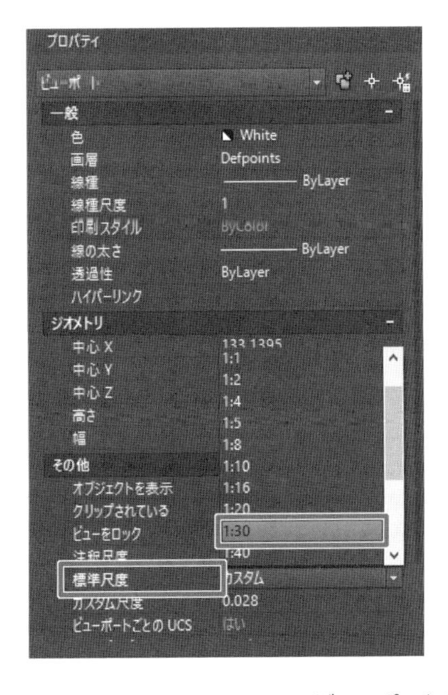

Esc キー　　…ビューポートの選択を解除する

2 余分な要素が見えないようビューポートの大きさを変更する	ビューポートの枠線　を（SEL） グリップ P1　を（SEL） P2 付近　を（SEL） 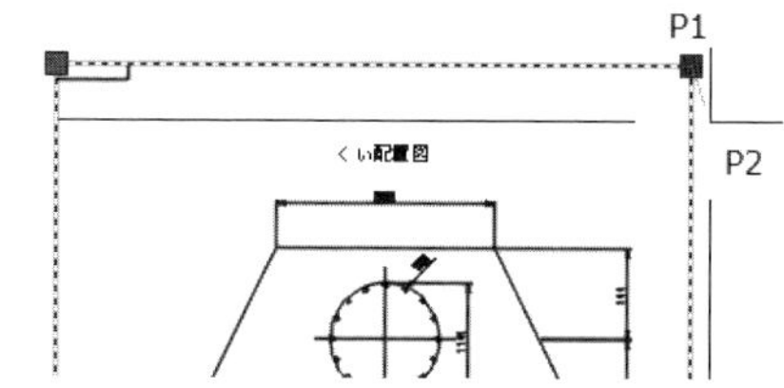 グリップ P3　を（SEL） P4 付近　を（SEL） Esc キー 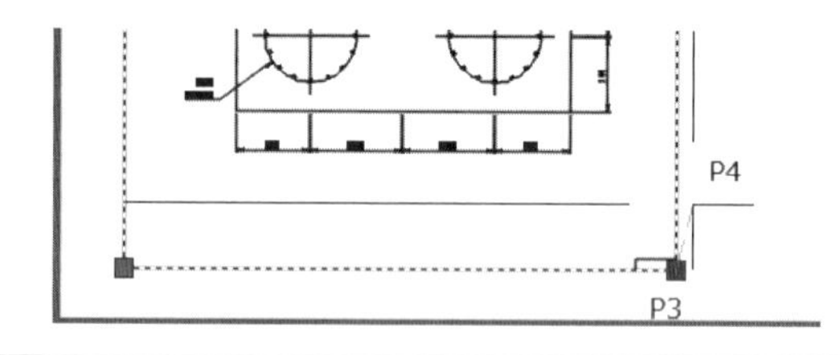

DAY 1 1 2 3 DAY 2 1 2 3 DAY 3 1 2 3

6 「2 日目の作図」を表示するビューポートをつくる

■ ビューポートを新規につくる。

内　容	操　作　手　順
1 「2 日目の作図」を表示する … ビューポートを新しくつくる	**[ホーム]** タブ **[画層]** 画層　欄 Defpoints　の画層名を（SEL）　… 枠線を印刷しないようにする **[レイアウト]** タブ **[ビューポート] / 矩形**　を（SEL）  （1 点目を指定：）　P1 付近　を（SEL） （もう一方のコーナーを指定：）　P2 付近　を（SEL） 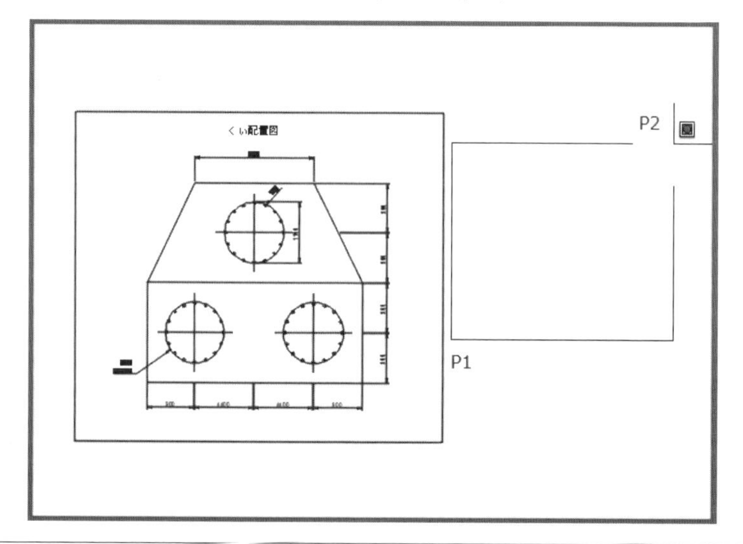

2 ペーパー上で右側のビューポート枠部分を窓ズームする	**ナビゲーションバー** の **[窓ズーム]** を (SEL)

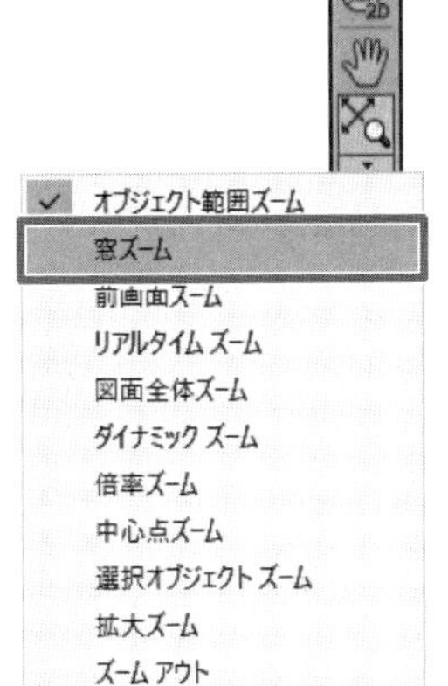

(最初のコーナーを指定：) P1 付近 を (SEL)
(もう一方のコーナーを指定：) P2 付近 を (SEL)

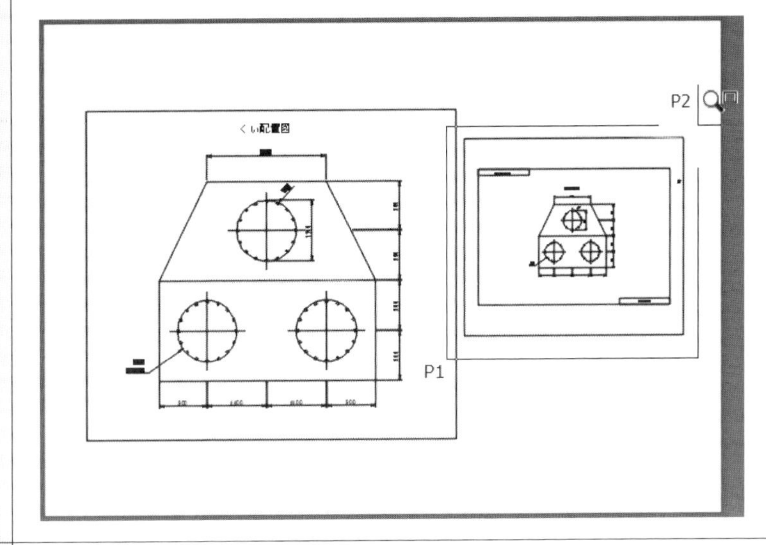

3 ビューポート内のオブジェクトを調整するために，ペーパー上からモデルに入る	**ステータスバー** の **[ペーパー]** を (SEL) … [モデル] ボタンになる
4 「2日目の作図」のオブジェクトをビューポート枠の真ん中に見えるようにする	**ナビゲーションバー** の **[画面移動]** を (SEL)

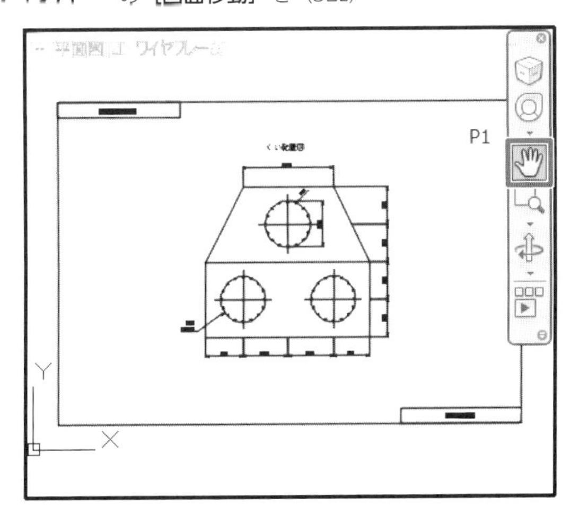

P1 付近　を（SEL）
ボタンを押したまま　P2 付近　を（SEL）
…２日目の作図内容がビューポート枠の真ん中にくるようにする

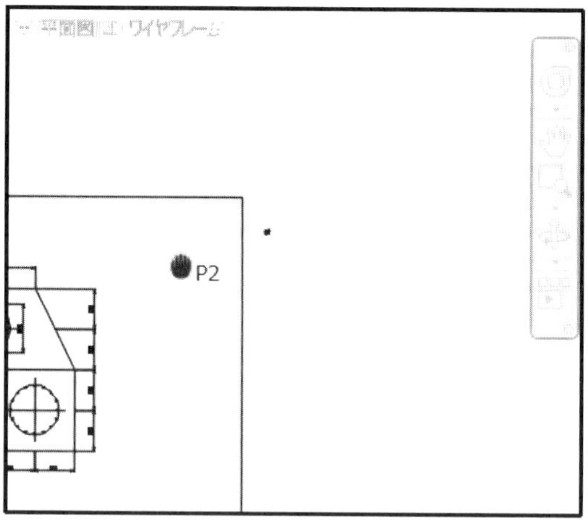

5 ビューポート枠内でズームして枠内でオブジェクトを拡大表示する

ナビゲーションバー　の［窓ズーム］を（SEL）

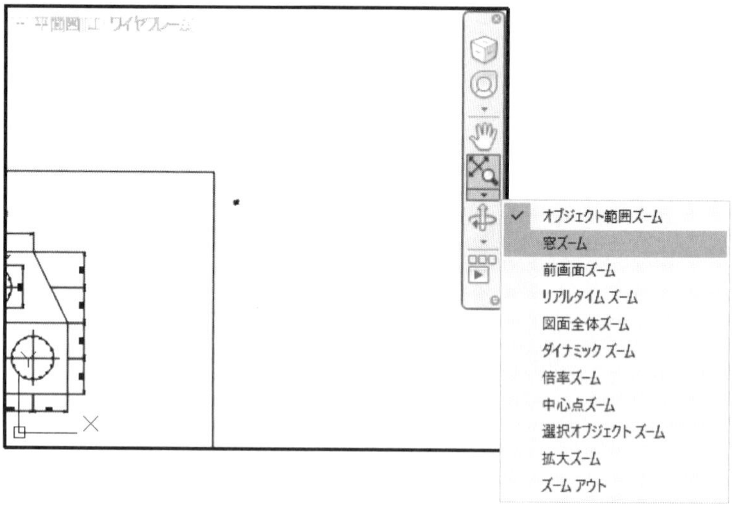

（最初のコーナーを指定：）　P1 付近　を（SEL）
（もう一方ののコーナーを指定：）　P2 付近　を（SEL）

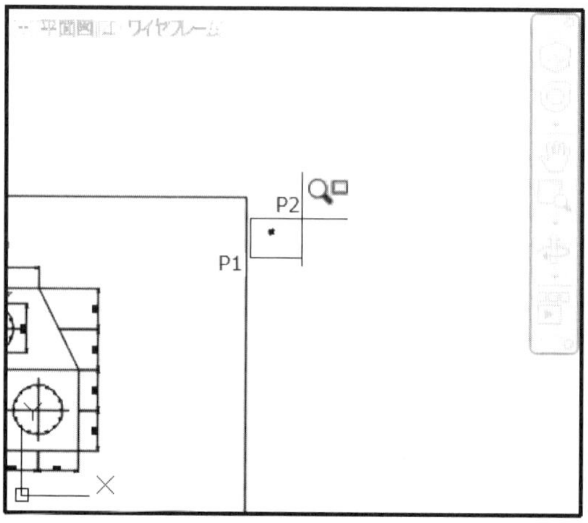

	ナビゲーションバー　の［窓ズーム］を（SEL） （最初のコーナーを指定：）　P1 付近　を（SEL） （もう一方のコーナーを指定：）　P2 付近　を（SEL）

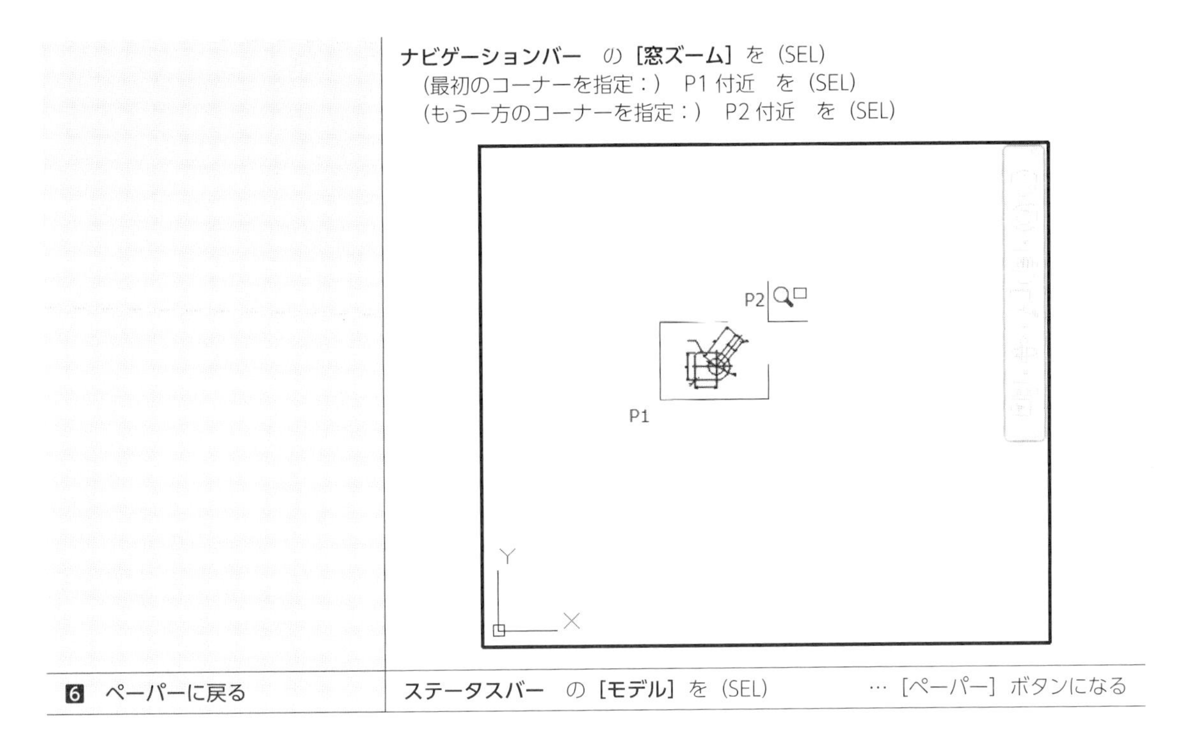

6 ペーパーに戻る	ステータスバー　の［モデル］を（SEL）　… ［ペーパー］ボタンになる

7 「2日目の作図」を1：1で表示されるように設定する

■ 標準尺度を設定する。

内容	操作手順
1 「2日目の作図」のビューポートの標準尺度を1：1にする	ビューポートの枠線　を（SEL） プロパティパレット　の その他　欄 （標準尺度：）　1：1　を（SEL）

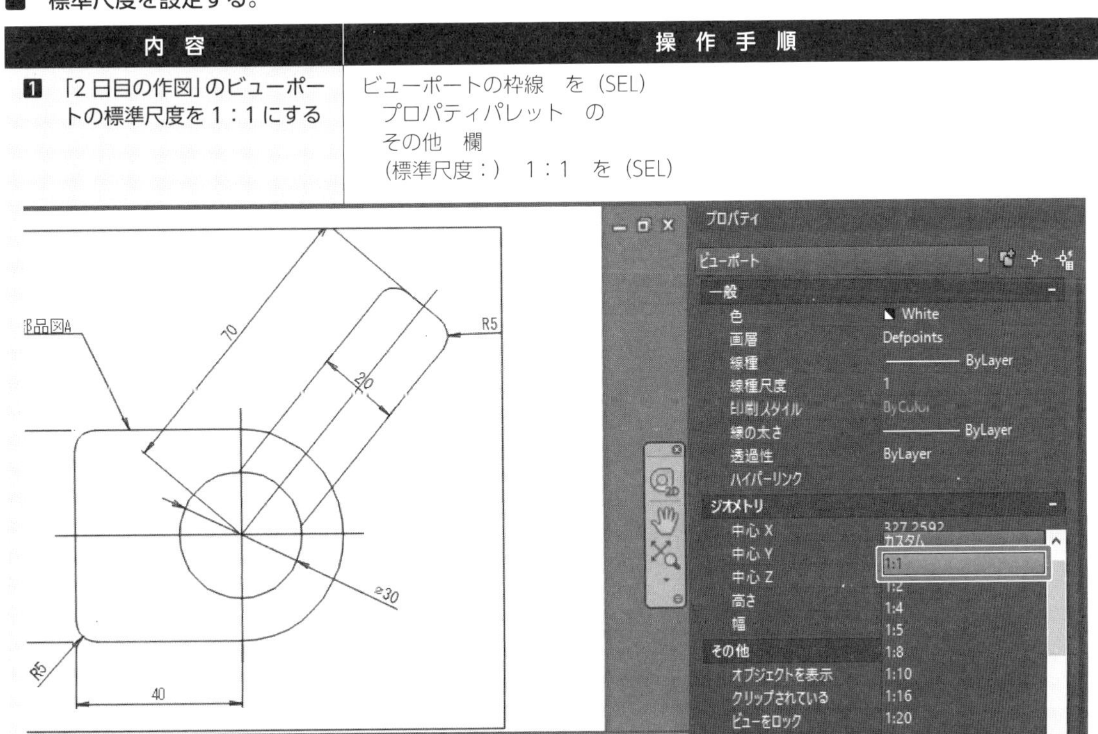

2 ペーパー上でオブジェクトいっぱいにズームする …ペーパー全体を表示	ナビゲーションバー の［オブジェクト範囲ズーム］を（SEL）

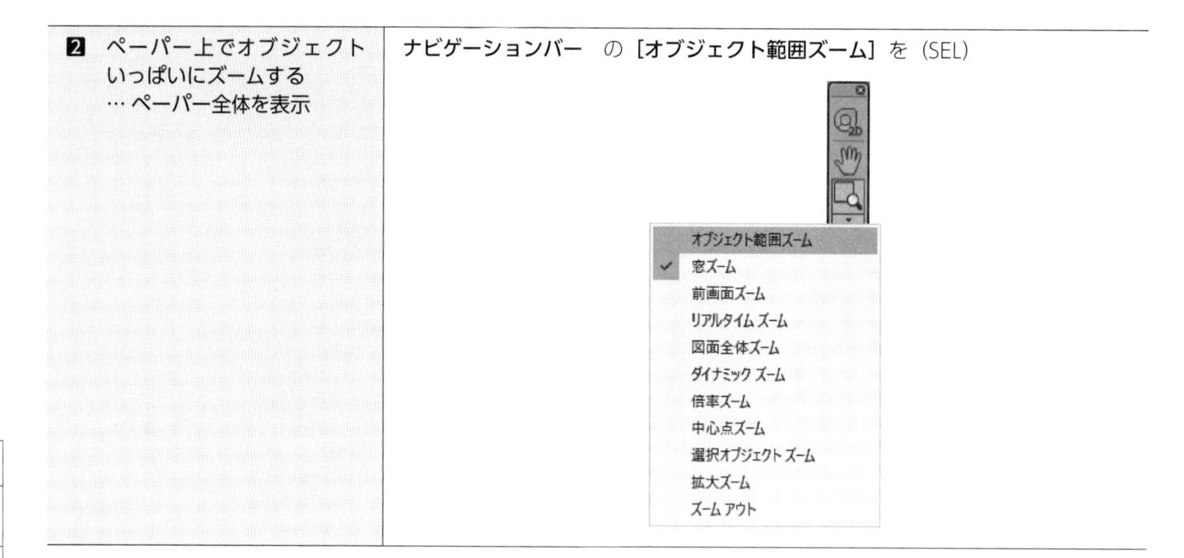

8 モデル空間で作図したタイトルボックスをレイアウトで使う

■ クリップボード／基点コピー、ブロックとして貼り付け操作を使う。

内容	操作手順
1 モデル空間を表示する	［モデル］タブ を（SEL）
2 タイトルボックスを選択してコピーする	タイトルボックス要素 を（SEL） （右）ショートカットメニュー の［クリップボード / 基点コピー］を（SEL）

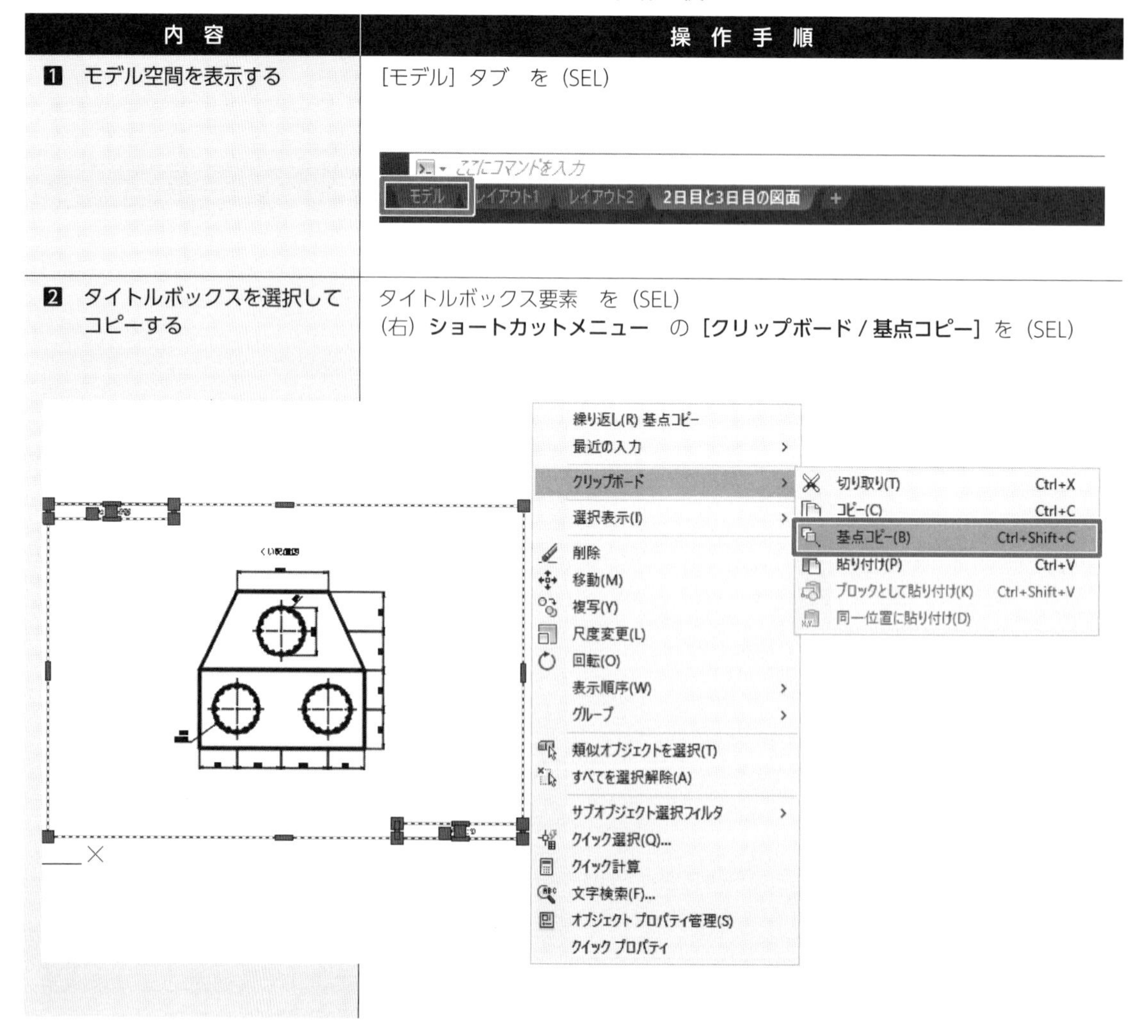

(基点を指定：） タイトルボックス左下交点 を（SEL）

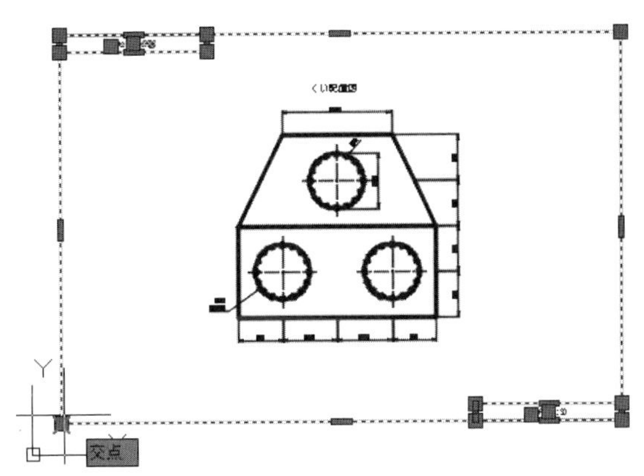

3 「2 日目と 3 日目の図面」のレイアウトを表示する	[2 日目と 3 日目の図面］レイアウトタブ を（SEL）
4 ペーパー上のレイアウトにタイトルボックスを貼る … ブロックというまとまり図形として貼る	（右）**ショートカットメニュー** の **［クリップボード / ブロックとして貼り付け］** を（SEL）

(挿入点を指定：） 20，20 Enter キー
… A3 の 30 倍の大きさに合っているのでレイアウトからはみ出して貼り付けられる

5 タイトルボックスを 1/30 の大きさに小さくする … ブロックになっているので，1 か所選択すればよい	**［ホーム］**タブ **［修正］/ 尺度変更** を（SEL）

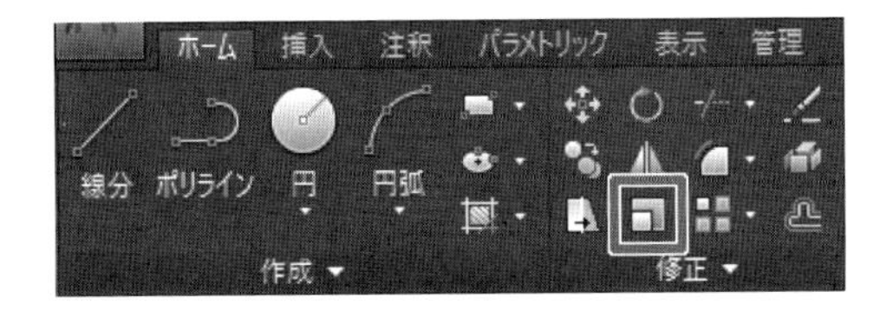

(オブジェクトを選択：） タイトルボックス を（SEL）
… ブロック図形のため，ひとまとまりになっている
(オブジェクトを選択：） （右）
(基点を指定：） タイトルボックス左下交点 を（SEL）
(尺度を指定…：） 1/30 Enter キー

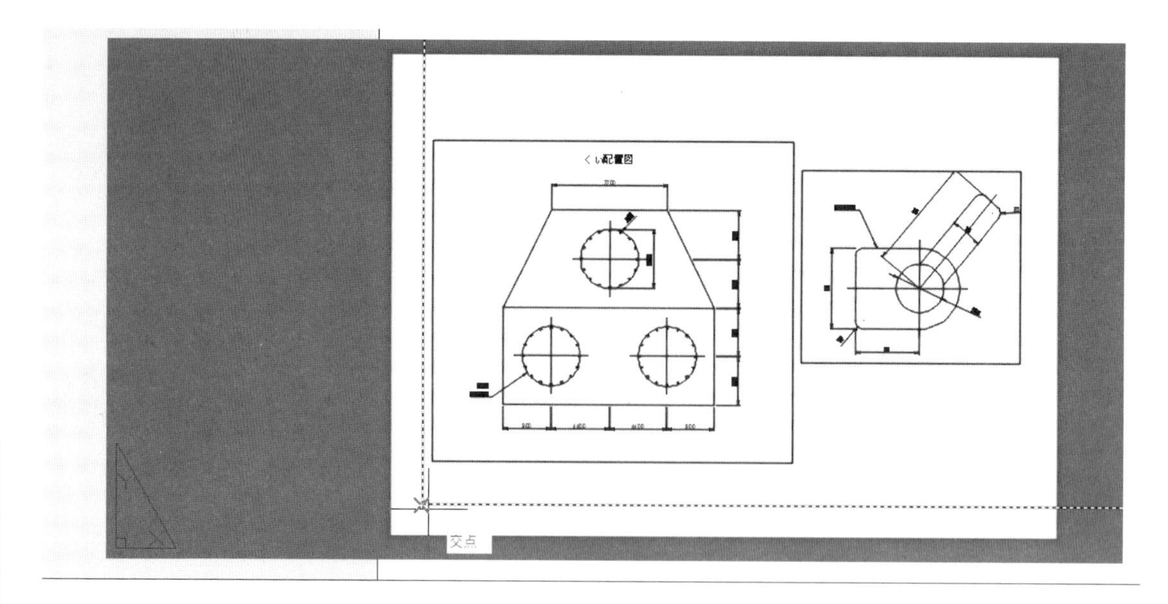

9 中心線（一点鎖線）が見えるように調整する

■ グローバル線種尺度を変更する。

内 容	操 作 手 順
1 グローバル線種尺度を A3 サイズに合わせて設定する	[ホーム] タブ [プロパティ] の 線種欄 ▼ を (SEL) [その他 ...] を (SEL) 線種管理 ダイアログ 詳細 欄 (グローバル線種尺度：) 0.5 と入力 [OK] を (SEL)

TIPS

レイアウトでの線種尺度

線種の尺度はビューポートの標準尺度によって自動的に調整されます。したがって、グローバル線種尺度は印刷尺度 1：1 の図面で設定したときの値を設定します。

10 図面を印刷して終了する

■ ブロック図形のタイトルボックスは分解して文字を修正する。

内容	操作手順
1 分解してブロック図形を個々のオブジェクトにする	[ホーム] タブ [修正] / 分解　を (SEL) (オブジェクトを選択：) タイトルボックス　を (SEL) (オブジェクトを選択：) (右)
2 タイトルボックス文字を修正する	1日目の作図　をダブルクリック 2日目と3日目の作図　と変更する　Enter キー 縮尺　1：30　を (SEL) 縮尺　1：30　1：1　と変更する　Enter キー Enter キー
3 ビューポート枠の大きさを調整する … 図形が入りきっていない部分を調整する	グリップを使ってビューポートの大きさを調整する（下図参考）
4 タイトルボックス内に入りきらない場合は，ビューポート枠を移動する	[2日目の作図] のビューポート枠線が選択されている状態で グリップ P1　を (SEL) (右) ショートカットメニュー　の [移動] を (SEL) P2 付近　を (SEL)

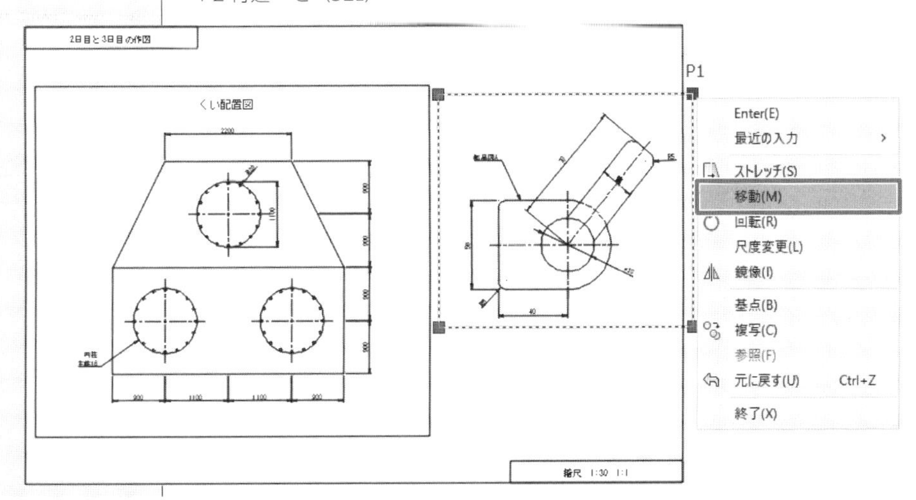

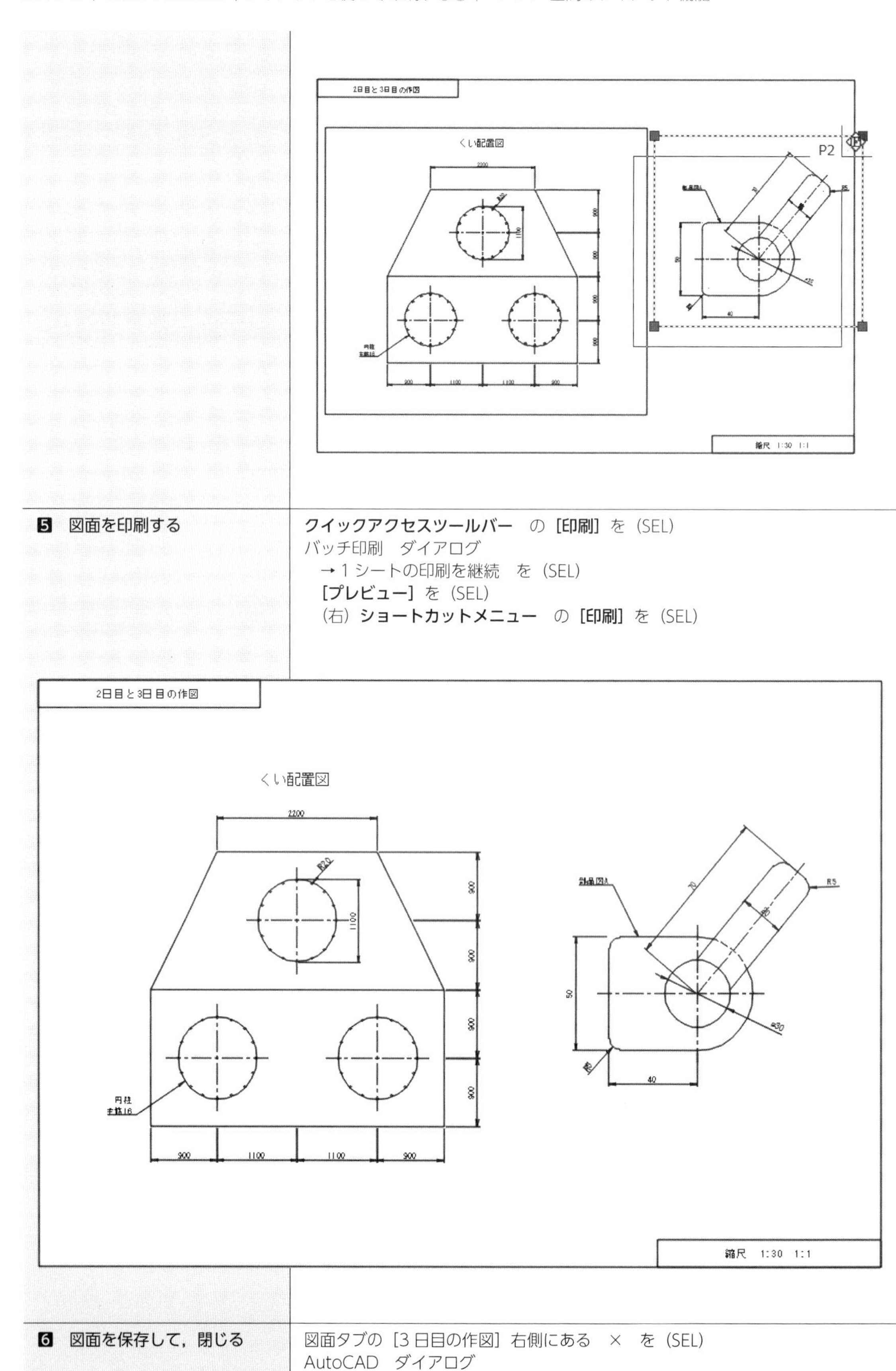

5 図面を印刷する	**クイックアクセスツールバー** の **[印刷]** を (SEL) バッチ印刷 ダイアログ → 1 シートの印刷を継続 を (SEL) **[プレビュー]** を (SEL) (右) **ショートカットメニュー** の **[印刷]** を (SEL)
6 図面を保存して，閉じる	図面タブの [3 日目の作図] 右側にある × を (SEL) AutoCAD ダイアログ **[はい]** を (SEL) … 上書き保存する

TIPS　ブロック図形と分解コマンド

AutoCAD ではオブジェクトをまとめて名前を付けて管理しておくことができ、そのまとまり図形をブロック図形と呼びます。形が固定されている記号や部品など、ブロック図形として登録しておくと、扱いやすく、他の図面でも使用することができます。

この時間のレイアウト作業では、タイトルボックスをひとまとまりのブロック図形として貼り付けました。ひとまとまりになっていると、オブジェクトを修正するときに、1 箇所を選択すればよいので、タイトルボックスの位置変更や尺度変更をするときに操作しやすくなります。

ブロック図形は、分解コマンドで分解すると、個々のオブジェクトになります。

ここで貼り付けたタイトルボックスは、ブロック図形のままだと文字列の修正ができません。分解すると、文字列の内容を修正することができます。

TIPS　複数のスタイル

作業している図面に別の図面オブジェクトを［クリップボード / 貼り付け］操作で貼り付けると、そのオブジェクトがもっているスタイルを一緒にもってくることができます。この時間の作業のように「3 日目の作図」図面に「2 日目の作図」のオブジェクトを貼り付けると、印刷尺度 1：30 用の寸法スタイルと印刷尺度 1：1 用の寸法スタイルの、2 つの寸法スタイルをもった図面となります。このように複数のスタイルが存在する場合、その後に入力するオブジェクトをどのスタイルを使用して入力するのか、現在のスタイルを確認し、設定します。

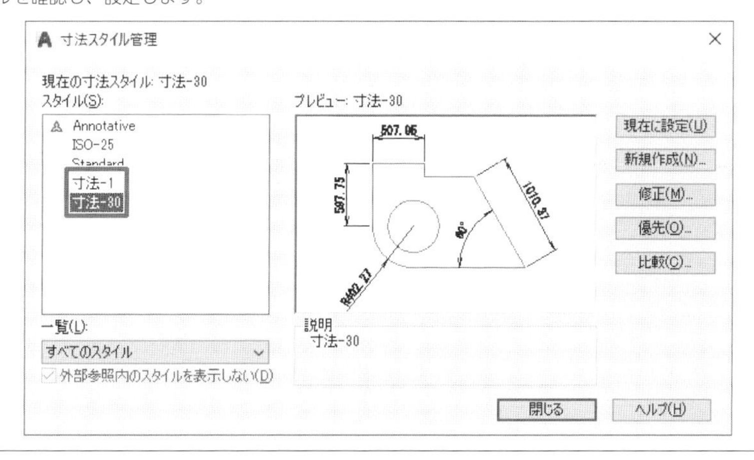

TIPS　モデル空間とペーパー空間

モデル空間のとき、ペーパー空間のとき、ペーパー空間上のビューポートからモデル空間に入っている状態のときと、画面に表示されている状態で見分けをつけます。

ペーパー空間ではモデル空間のオブジェクトを選択したり、修正したりすることはできません。オブジェクトを修正したり、ズームしたり、寸法を追加入力するなどの作業をするときは、ビューポートからモデル空間に一時的に入って作業をします。

大幅な変更がある場合、通常の図面の作図作業は、モデル空間へ戻って実行します。

■ 画面左下の［モデル］タブを（SEL）し、モデル空間を表示している状態

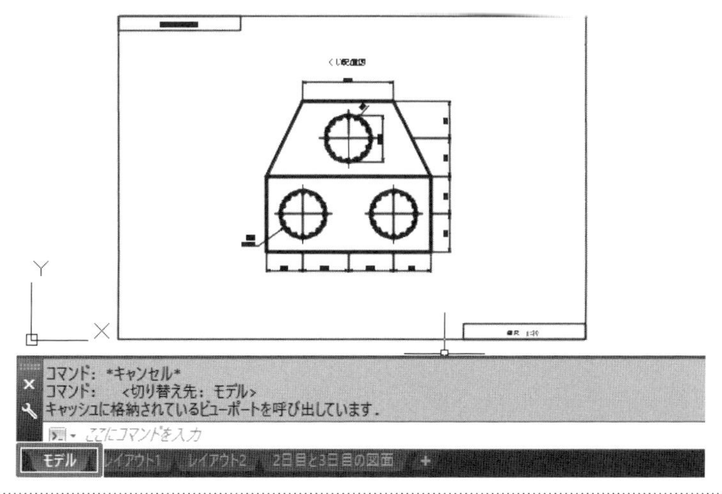

DAY 1 1 2 3
DAY 2 1 2 3
DAY 3 1 2 3

■ 画面左下の［2日目と3日目の図面］タブを（SEL）し、ペーパー空間を表示している状態

■ ステータスバーの［ペーパー］を（SEL）し、ペーパー空間にレイアウトしているビューポートからモデルに入っている状態
ビューポート枠内をダブルクリックしても同様の操作ができます。

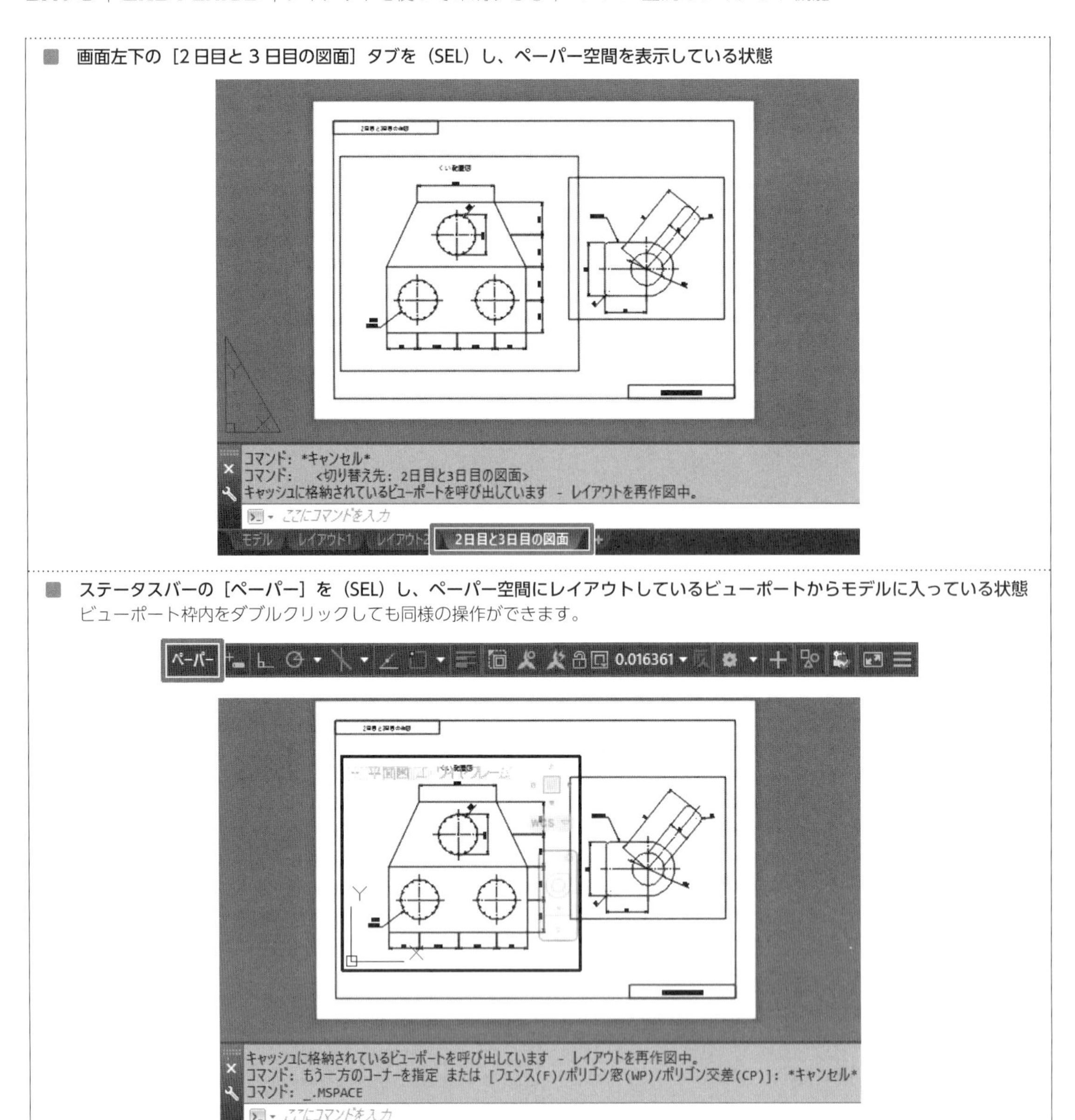

レイアウトを使って印刷する ② ▶▶▶ 異尺度対応機能を使う

3・5 1つの図面から全体図と部分拡大図を並べて印刷する

■ **異尺度対応の寸法、マルチ引出線が入力されている図面をレイアウトする。**

「3日目の作図」の全体図と円柱部分の拡大図を並べて印刷するレイアウトを作成します。

図面では寸法やマルチ引出線のスタイルが1：30で印刷するために設定されています。一部分を拡大して1：10の縮尺で印刷するためには、寸法のスタイルが別に必要になります。

しかし、印刷尺度に対応して設定を見直したり、別の設定スタイルを作成したりという手間をかけるのは面倒です。そこで、寸法と引出線スタイルに異尺度対応機能を設定します。異尺度対応機能を使用すると、別にスタイルを設定したり、変更したりせずに注釈尺度に基づいて自動的に大きさが調整されます。

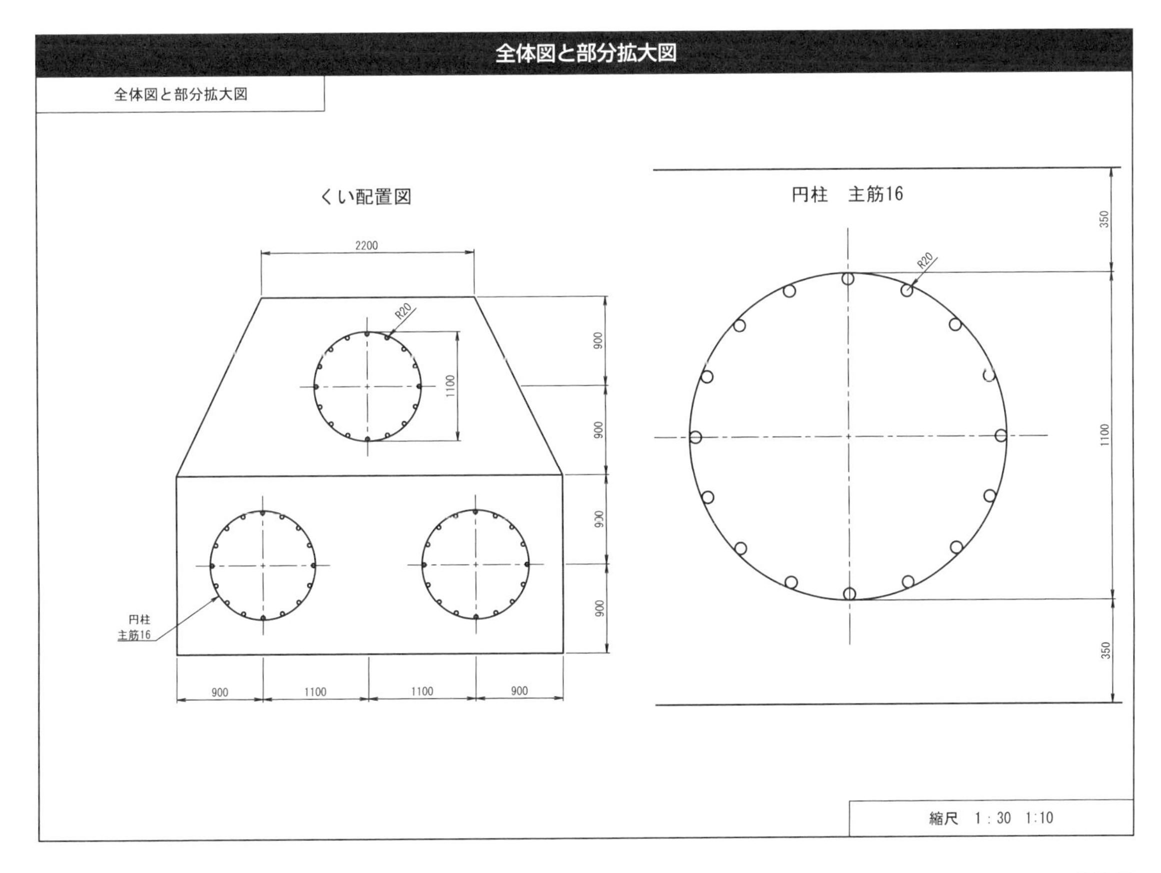

1 「3 日目の作図」を開く

■ スタートタブ画面から図面を開く。

内容	操作手順
1 「3 日目の作図」を開く … この図面でレイアウトをつくる	スタートタブ画面 **[ファイルを開く ...]** を (SEL) ファイルを選択 ダイアログ (探す場所：) 保存されているフォルダー を (SEL) 一覧から 3 日目の作図 を (SEL) **[開く]** を (SEL)

2 「3 日目の作図」の注釈尺度を設定する

■ 寸法やマルチ引出線スタイルで設定してある尺度の値を設定する。

内容	操作手順
1 モデル空間に画面を切り替える	[モデル] タブ を (SEL)
2 注釈尺度を設定する	**ステータスバー の [現在のビューの注釈尺度]** [1：1] 右側の ▼ を (SEL) 1：30 を (SEL)

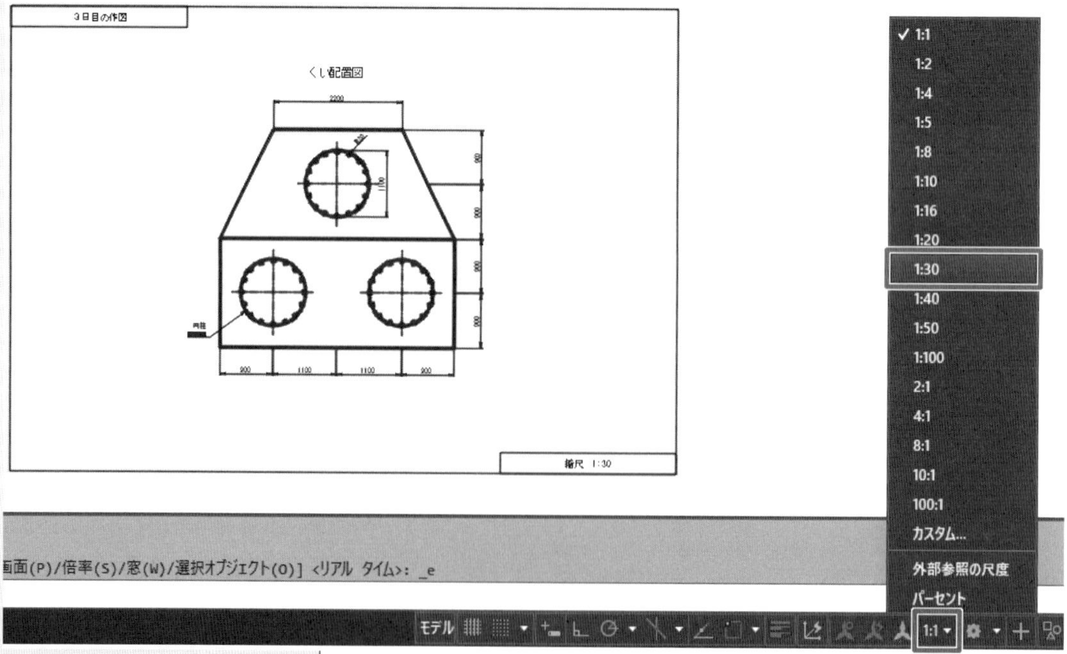

TIPS 現在のビューの注釈尺度

異尺度対応機能を設定したスタイルで入力された文字や寸法は、この値に合わせて大きさが自動に調整されます。「3 日目の作図」は、寸法やマルチ引出線が 1：30 で印刷するようにスタイルが設定されています。その設定値を注釈尺度に設定します。異尺度対応機能に設定した寸法やマルチ引出線の大きさがその値で調整されます。

3 寸法オブジェクトの大きさが注釈尺度の値で変更されるようにする

■ 寸法スタイルに異尺度対応機能を設定する。

内 容	操 作 手 順
1 寸法スタイルを修正する	［注釈］タブ［寸法記入］の　ダイアログボックスランチャー矢印　を（SEL） 寸法スタイル管理　ダイアログ ［修正］を（SEL）
2 異尺度対応に設定する	寸法スタイルを修正：寸法-30　ダイアログ フィットタブ　を（SEL）　… フィットタブ画面になる 寸法図形の尺度　欄 □　異尺度対応　を（SEL）　… チェックを付ける ［OK］を（SEL）

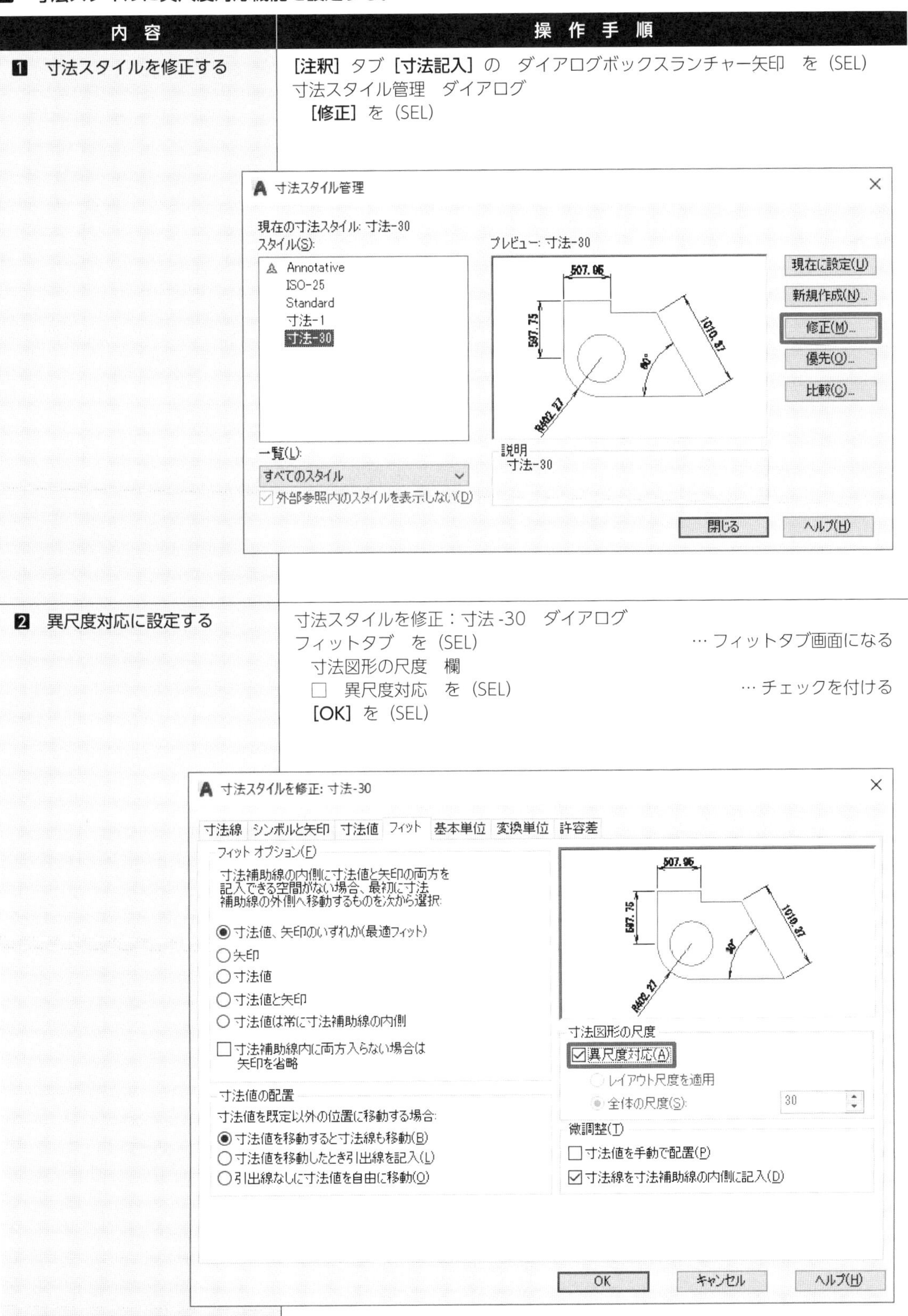

寸法スタイル管理　ダイアログ
　[閉じる] を (SEL)　… 寸法スタイル [寸法-30] に異尺度対応マークが付く

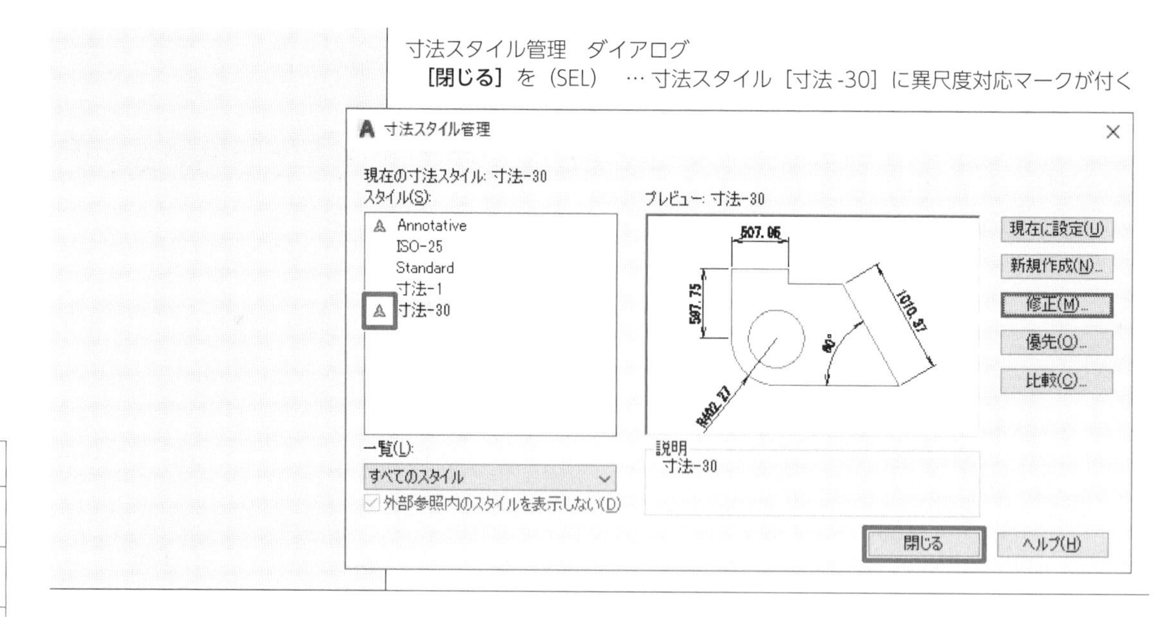

4　図面の寸法オブジェクトを異尺度対応に変更する

■「クイック選択」コマンドを使って選択する。

内　容	操　作　手　順
1 図面に入力されている長さ寸法オブジェクトを選択する	(右) ショートカットメニュー　の [クイック選択] を (SEL)

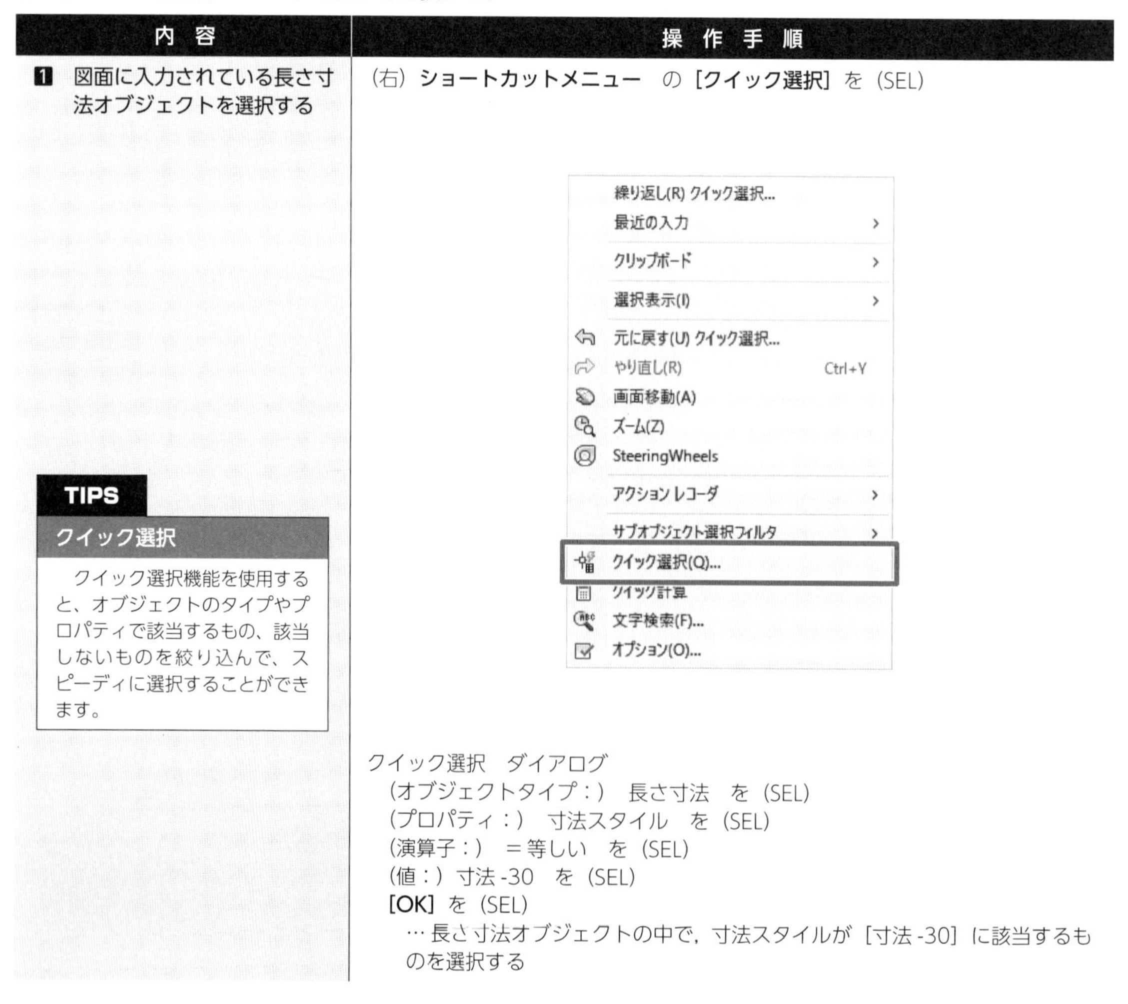

TIPS
クイック選択
　クイック選択機能を使用すると、オブジェクトのタイプやプロパティで該当するもの、該当しないものを絞り込んで、スピーディに選択することができます。

クイック選択　ダイアログ
　(オブジェクトタイプ：)　長さ寸法　を (SEL)
　(プロパティ：)　寸法スタイル　を (SEL)
　(演算子：)　＝等しい　を (SEL)
　(値：) 寸法-30　を (SEL)
　[OK] を (SEL)
　　… 長さ寸法オブジェクトの中で, 寸法スタイルが [寸法-30] に該当するものを選択する

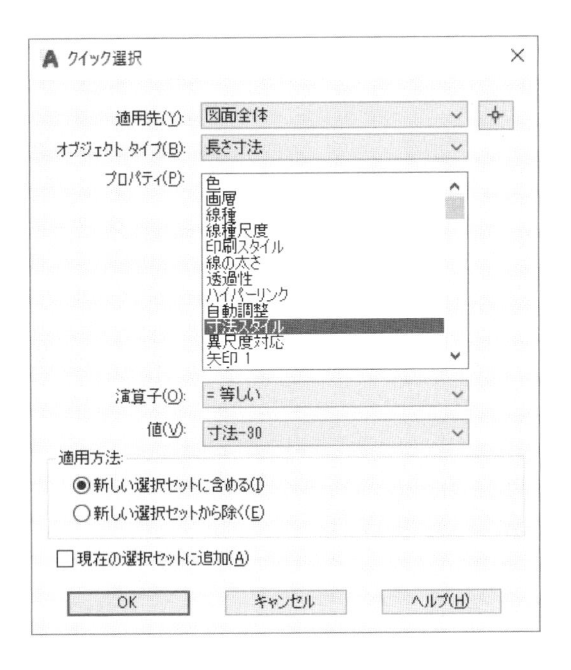

2 半径寸法を選択する	R20の半径寸法オブジェクト　を（SEL） … 長さ寸法とR20の寸法が選択される

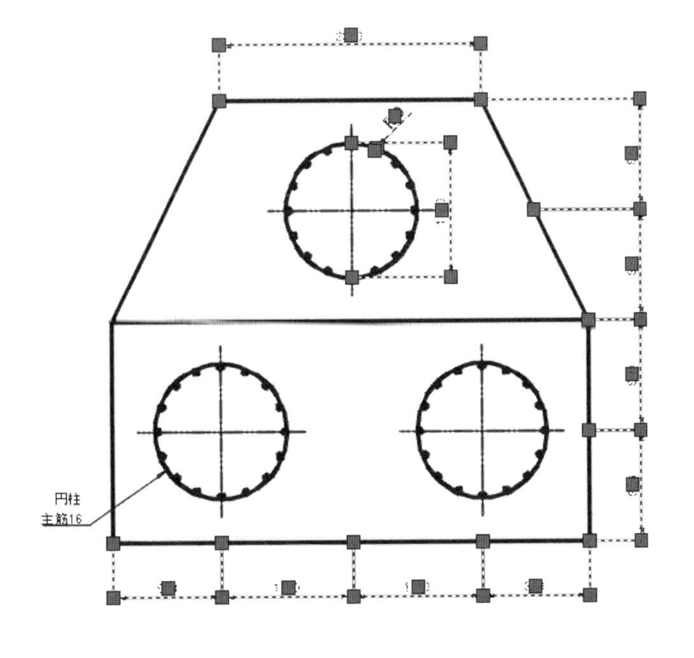

3 異尺度対応に変更する	プロパティパレット　の　その他　欄 (異尺度対応：)　はい　を（SEL） Escキー　… 寸法オブジェクトの選択を解除する

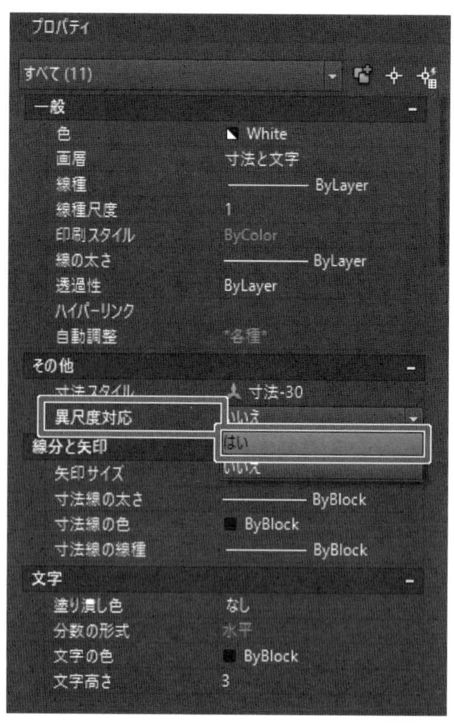

DAY 1 1 2 3 DAY 2 1 2 3 DAY 3 1 2 3

5 マルチ引出線オブジェクトの大きさが注釈尺度の値で変更されるようにする

■ マルチ引出線スタイルに異尺度対応機能を設定する。

内容	操作手順
1 マルチ引出線スタイルを修正する	[注釈] タブ [引出線] の ダイアログボックスランチャー矢印 を (SEL) マルチ引出線スタイル管理 ダイアログ [修正] を (SEL)
2 異尺度対応に設定する	マルチ引出線スタイルを修正：引出線 -30 ダイアログ 引出線の構造タブ を (SEL) … 引出線の構造タブ画面になる 尺度 欄 ☐ 異尺度対応 を (SEL) … チェックを付ける

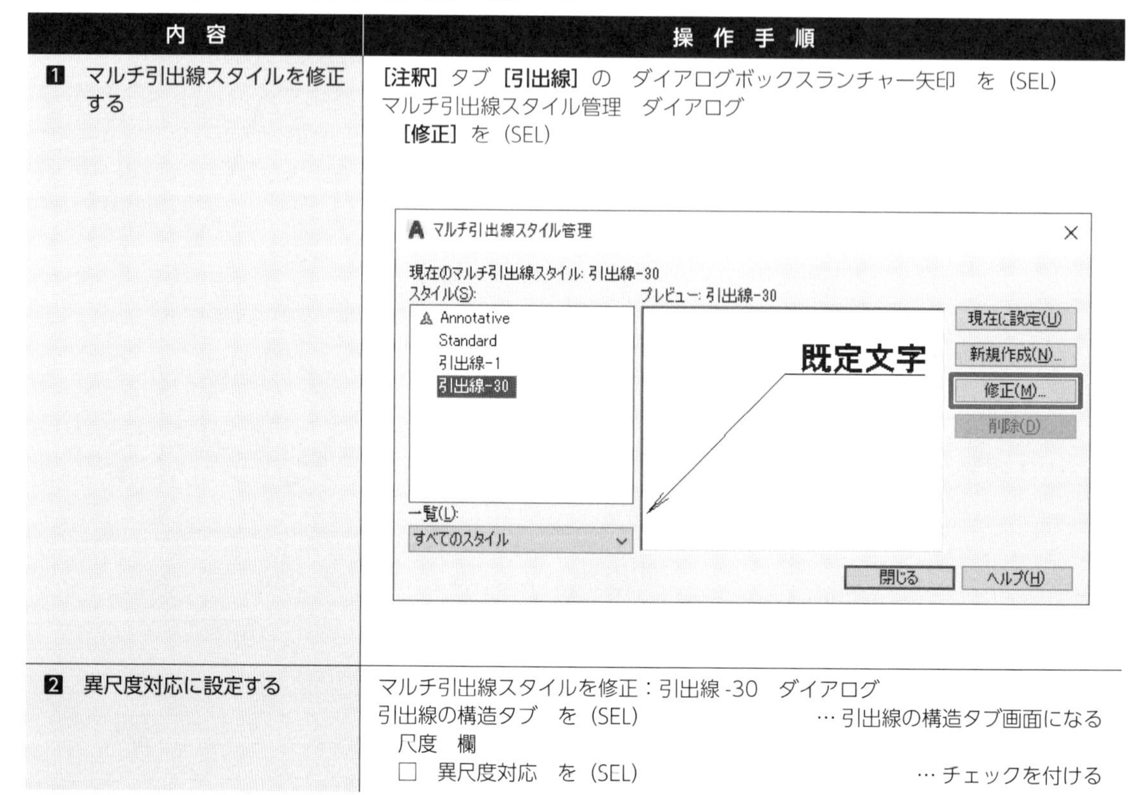

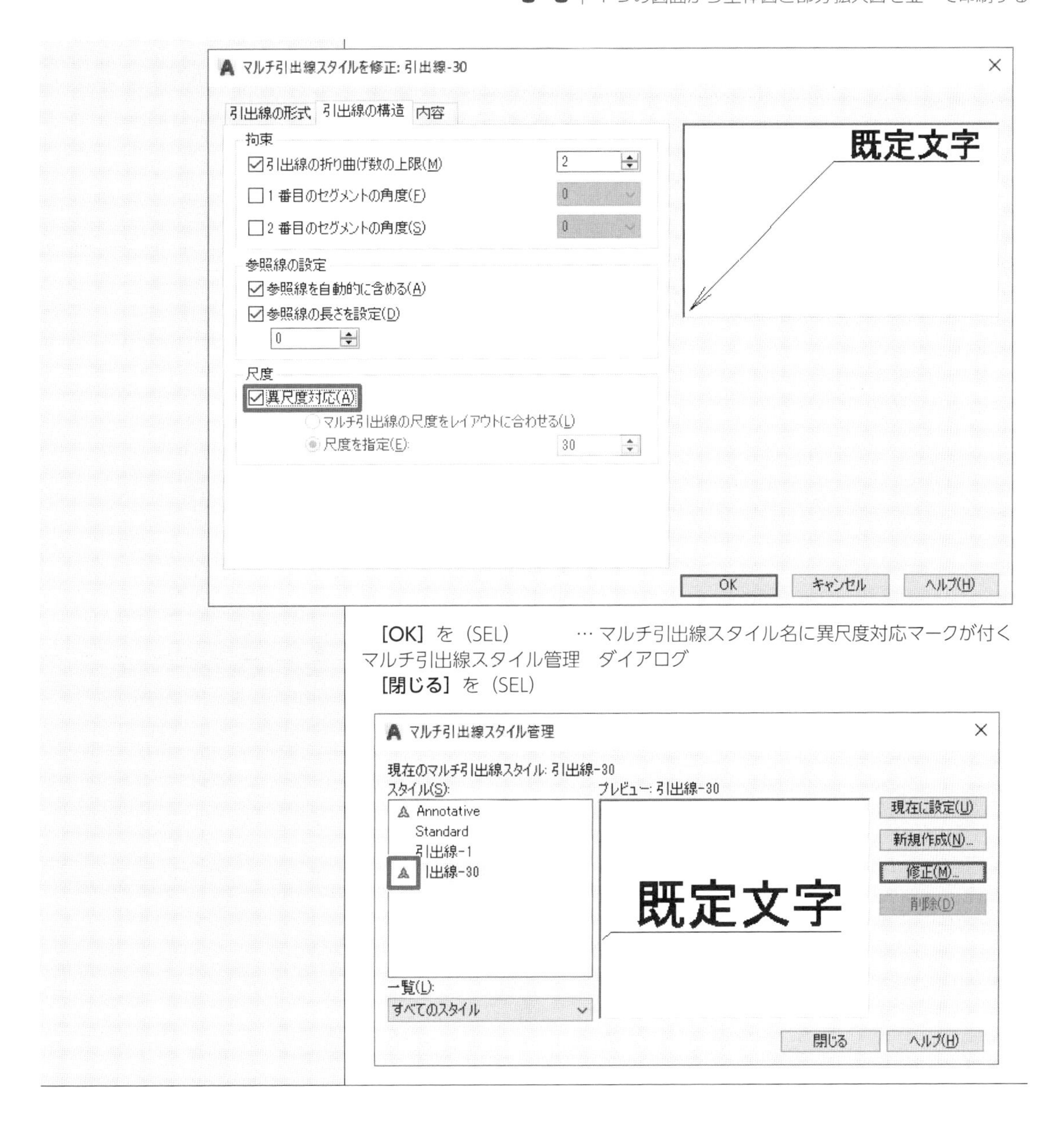

[OK] を (SEL) … マルチ引出線スタイル名に異尺度対応マークが付く
マルチ引出線スタイル管理 ダイアログ
[閉じる] を (SEL)

6 図面のマルチ引出線オブジェクトを異尺度対応に変更する

■ プロパティパレットで変更する。

内 容	操 作 手 順
1 マルチ引出線を選択する	マルチ引出線オブジェクト を (SEL)
2 異尺度対応に変更する	プロパティパレット の その他 欄 (異尺度対応 :) はい を (SEL) Esc キー … マルチ引出線オブジェクトの選択を解除する

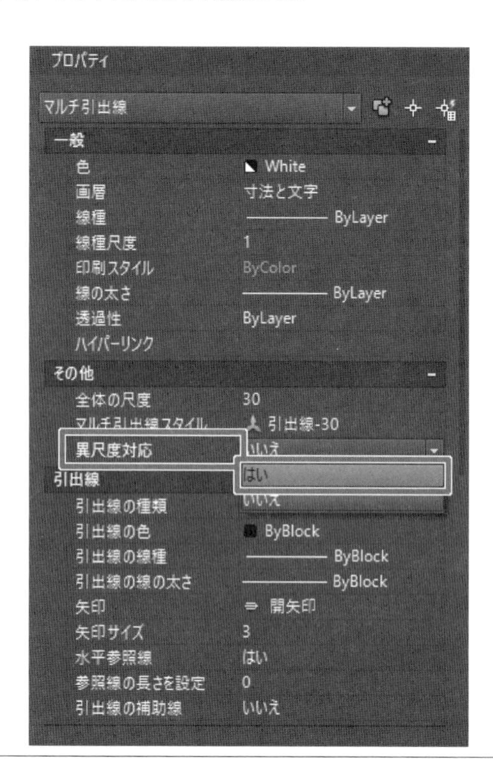

TIPS

異尺度対応を後から設定

すでに入力済みの寸法や引出線はスタイル設定を変更してもすぐには適応しません。

スタイル修正後、オブジェクトプロパティ管理で変更をします。

7 レイアウト「全体図と部分拡大図」をつくる

■ レイアウト「2日目と3日目の図面」をコピーしてつくる。

内 容	操 作 手 順
1 新規にレイアウトを作成する … レイアウト「2日目と3日目の図面」をコピーする	[2日目と3日目の図面] タブの上で (右) ショートカットメニュー の [移動またはコピー ...] を (SEL)

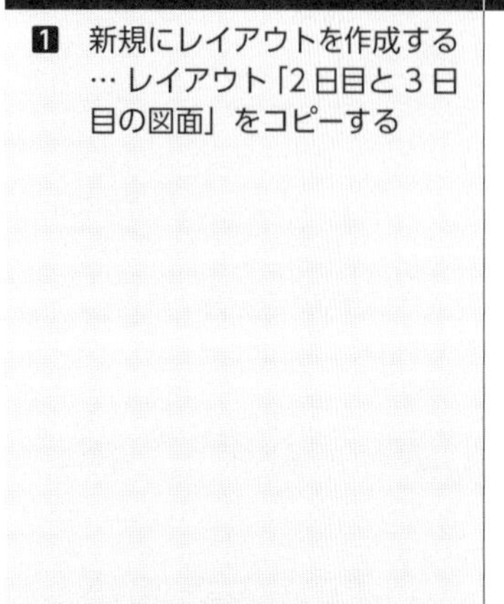

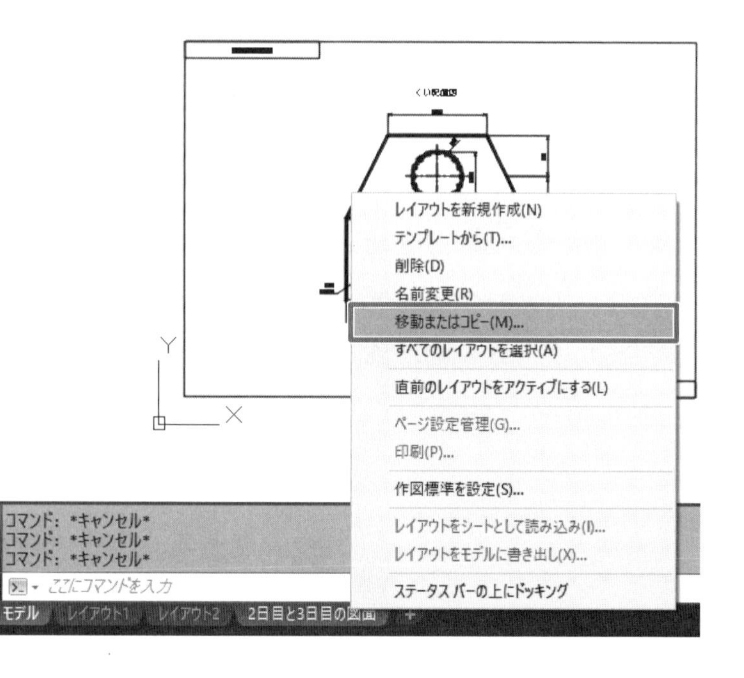

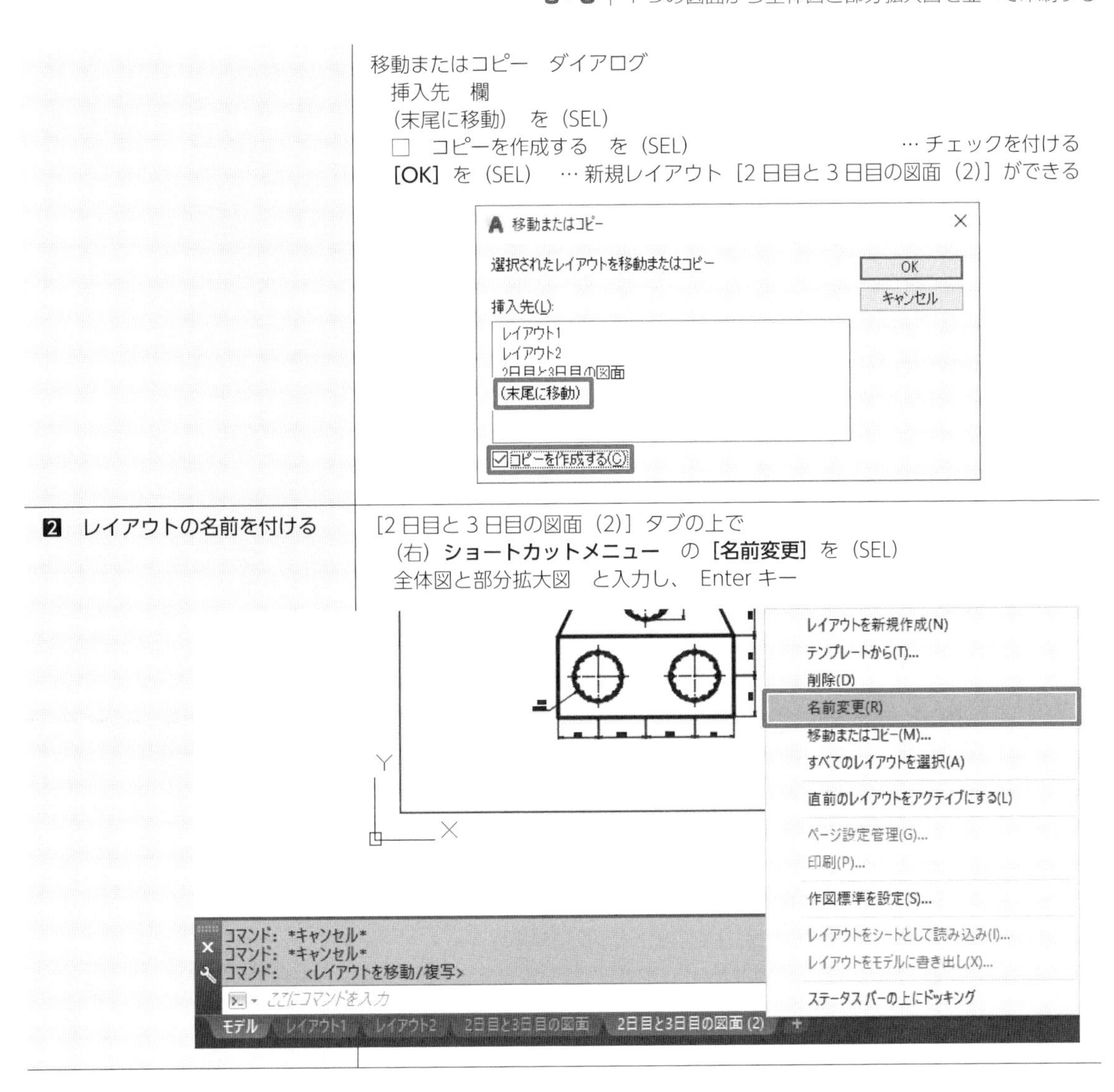

	移動またはコピー　ダイアログ 挿入先　欄 （末尾に移動）　を（SEL） ☐　コピーを作成する　を（SEL）　…チェックを付ける [OK] を（SEL）　…新規レイアウト［2日目と3日目の図面（2）］ができる
❷ レイアウトの名前を付ける	［2日目と3日目の図面（2）］タブの上で （右）**ショートカットメニュー**　の［**名前変更**］を（SEL） 全体図と部分拡大図　と入力し、 Enter キー

8　「全体図」を表示するビューポートを調整する

■ 注釈尺度の設定をする。

内　容	操　作　手　順
❶「全体図と部分拡大図」のレイアウトに画面を切り替える	［全体図と部分拡大図］レイアウトタブ　を（SEL） モデル　レイアウト1　レイアウト2　2日目と3日目の図面　全体図と部分拡大図
❷ 異尺度対応機能に関係する2つのステータスバーのボタンをオンにする	**ステータスバー**　の［**注釈オブジェクトを表示**］アイコン　を（SEL）　…オンにする ［**注釈尺度を変更したときに異尺度対応オブジェクトに尺度を追加**］アイコン　を（SEL）　…オンにする ペーパー
❸ 右側のビューポートは必要がないので削除する	右側にあるビューポートの枠線　を（SEL） （右）**ショートカットメニュー**　の［**削除**］を（SEL）

4 全体図を表示するビューポートの注釈尺度を 1:30 にする	ビューポートの枠線　を（SEL） プロパティパレット　の　その他　欄 （注釈尺度：）　1：30　を（SEL）

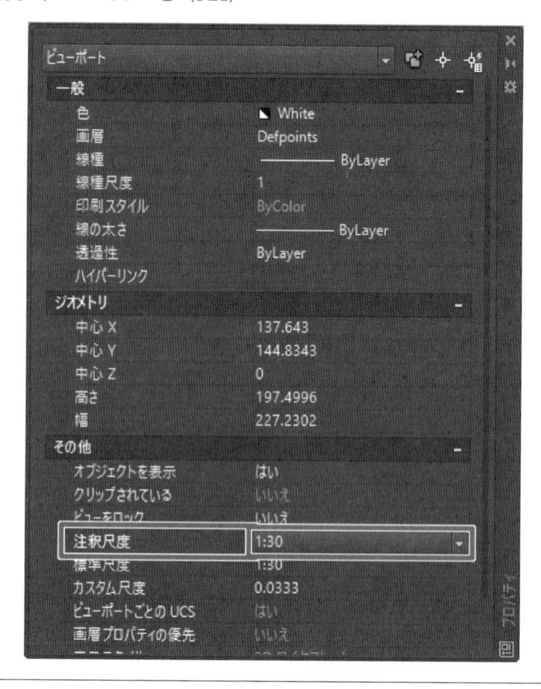

9 「部分拡大図」を表示するビューポートをつくる

■ 新規に作成し、標準尺度 1：10、注釈尺度 1：10 にする。

内　容	操　作　手　順
1 「部分拡大図」を表示するビューポートを新しくつくる … Defpoints 画層でつくる	[レイアウト] タブ [レイアウトビューポート] / 矩形　を（SEL） （1 点目を指定：）　P1 付近　を（SEL） （もう一方のコーナーを指定：）　P2 付近　を（SEL）

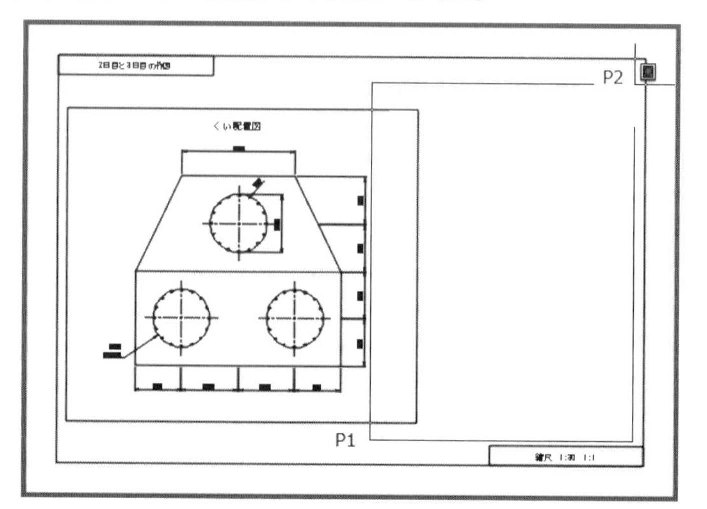

内　容	操　作　手　順
2 新しくつくった「部分拡大図」のビューポートの標準尺度と注釈尺度を 1：10 にする	部分拡大図を表示するビューポートの枠線　を（SEL） プロパティパレット　の　その他　欄 （標準尺度：）　1：10　を（SEL） （注釈尺度：）　1：10　を（SEL）

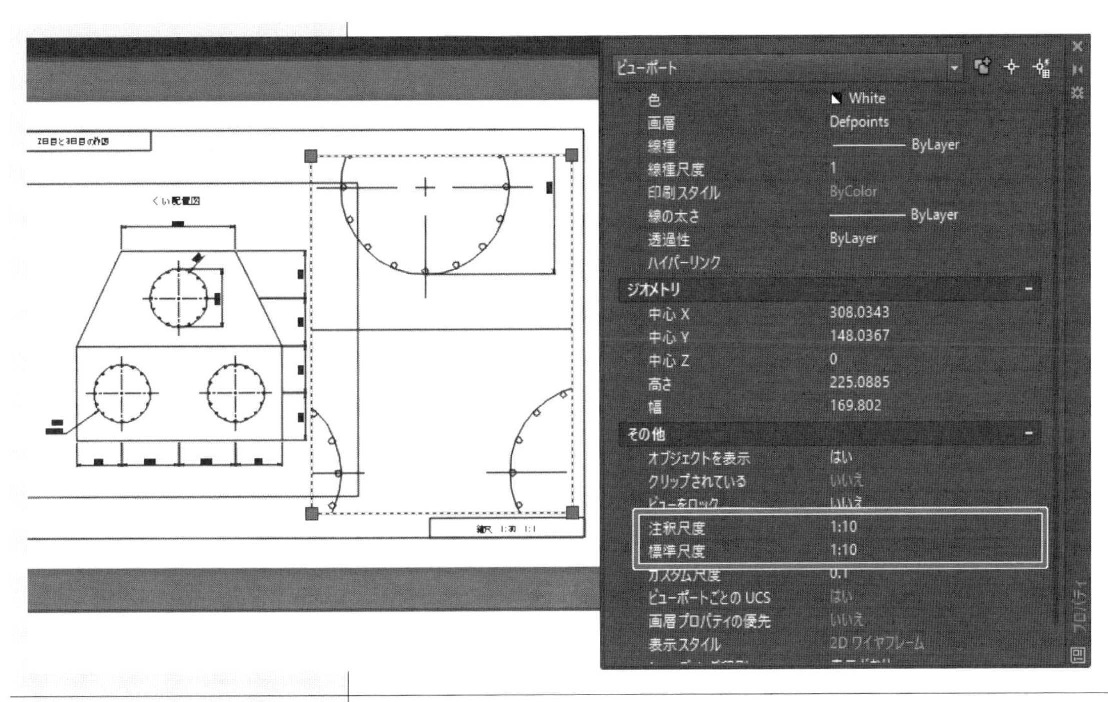

❸ 拡大表示したい部分をビューポート枠の真ん中に見えるようにする

ステータスバー　の［ペーパー］を（SEL）
ナビゲーションバー　の［画面移動］を（SEL）
P1付近　を（SEL）
P2付近　を（SEL）
（右）ショートカットメニュー　の［終了］を（SEL）

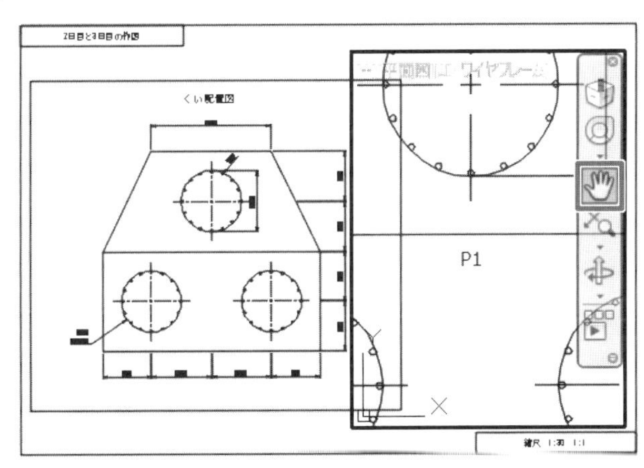

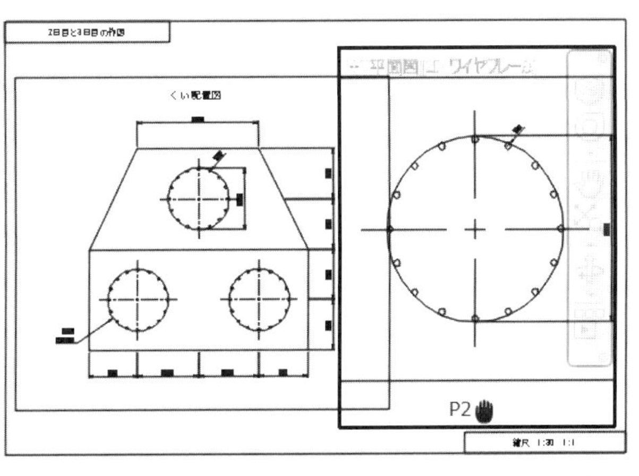

10 「部分拡大図」に外側の線分からの長さ寸法を入力する

■ ビューポートからモデル空間に入っている状態で入力する。

内容	操作手順
1 寸法と文字の画層を現在層にする	[ホーム] タブ [画層] 画層 欄 寸法と文字 の画層名 を (SEL)
2 オブジェクトスナップ四半円点と垂線に設定する **TIPS** **四半円点** 円の中心点を通る水平線、垂直線と円との四つの交点のうち、選択した点に最も近い点をとります。	ステータスバー の [カーソルを 2D 参照点にスナップ] アイコン右側の ▼ を (SEL) 四半円点 と 垂線 を (SEL) … 交点オブジェクトスナップでは、ズームしないと指定しづらいため四半円点を使う … そのほかのオブジェクトスナップが設定されている場合は解除する
3 長さ寸法を入力する	ナビゲーションバー 右上 × を (SEL) … 寸法記入が操作しにくいので非表示にする [ホーム] タブ [注釈] / 長さ寸法記入 を (SEL) (1 本目の寸法補助線の起点を指定…：) 円周上 P1 付近 を (SEL) … 円の上側四半円点を指定 (2 本目の寸法補助線の起点を指定…：) 線上 P2 付近 を (SEL) … 1 本目の起点から上側線分への垂直位置を指定 (寸法線の位置を指定…：) 寸法線上 P3 付近 を (SEL) … すでに入力されている 1100 の寸法線と位置がそろう

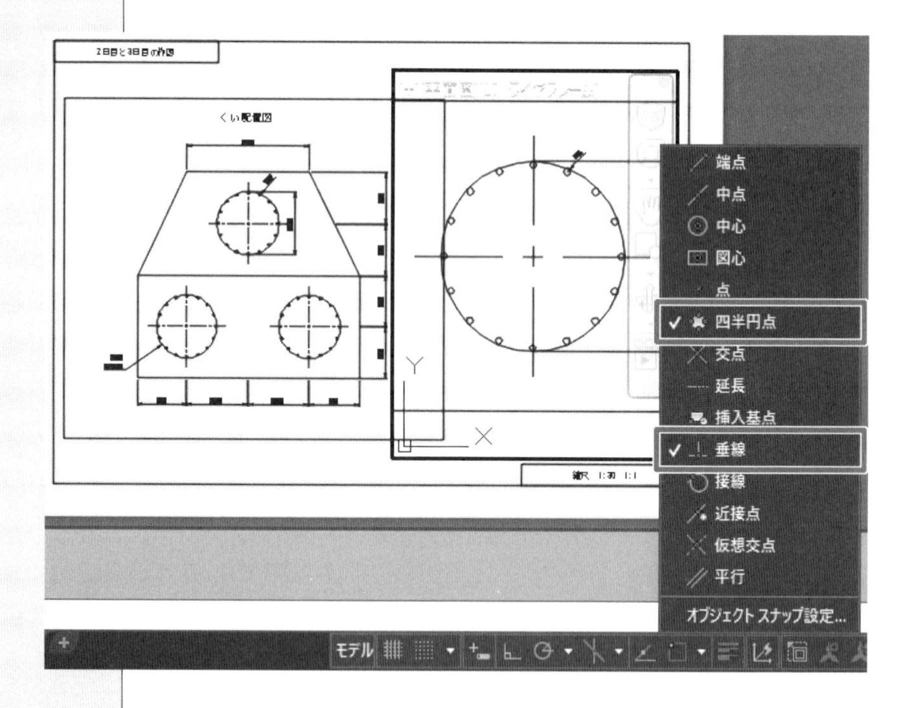

TIPS

ナビゲーションバーの表示

ナビゲーションバーを表示するには、［表示］タブ ビューポートツール / ナビゲーションバーを（SEL）します。

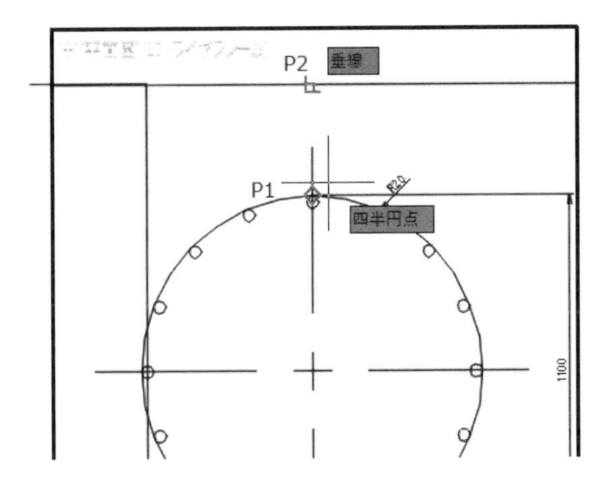

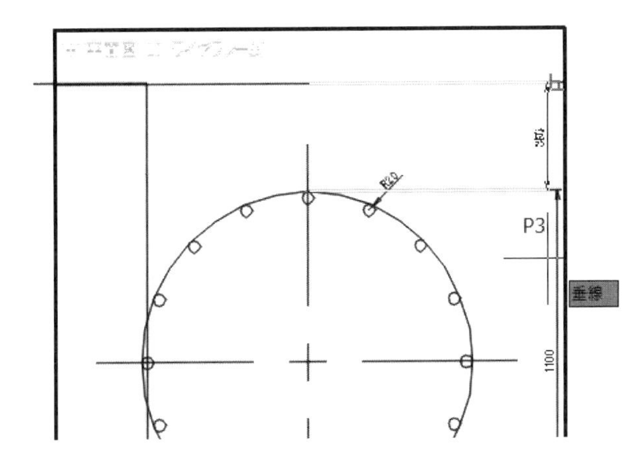

4 長さ寸法を入力する

（右）**ショートカットメニュー** の **［繰り返し］**を（SEL）
（1本目の寸法補助線の起点を指定…：） 円周上 P4付近 を（SEL）

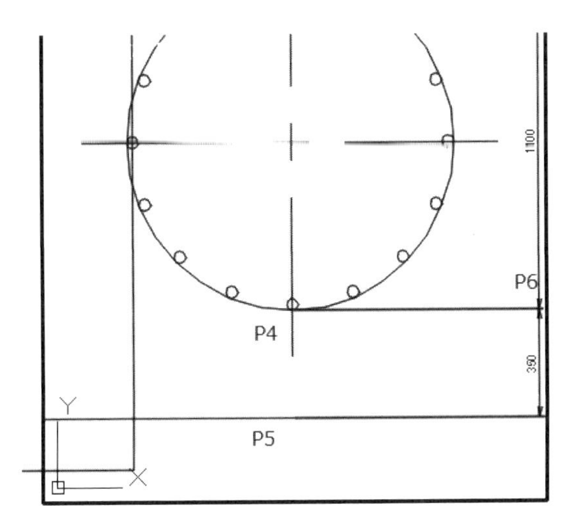

（2本目の寸法補助線の起点を指定…：） 線上 P5付近 を（SEL）
（寸法線の位置を指定…：） 寸法線上 P6付近 を（SEL）

11 入力した寸法オブジェクトを「全体図」では非表示にする

■ 「注釈オブジェクトを表示」をオフにする。

内 容	操 作 手 順
❶ 「注釈オブジェクトを表示」をオフにする	ステータスバー の［注釈オブジェクトを表示］アイコン を（SEL） … オフにする 表示がオンの状態： 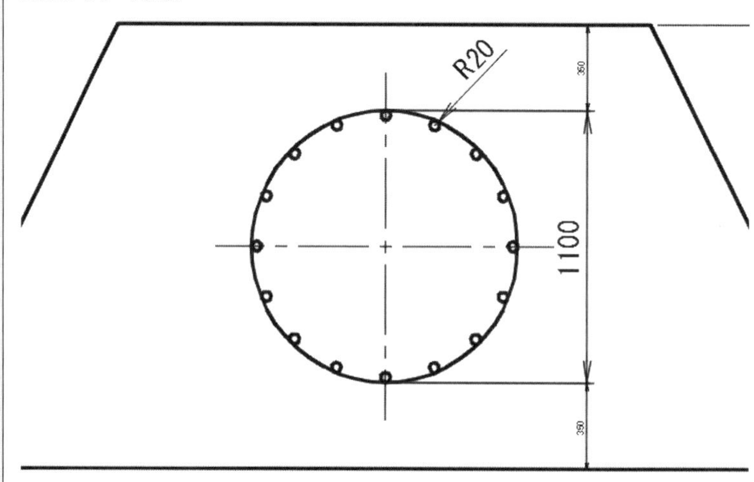 表示がオフの状態： 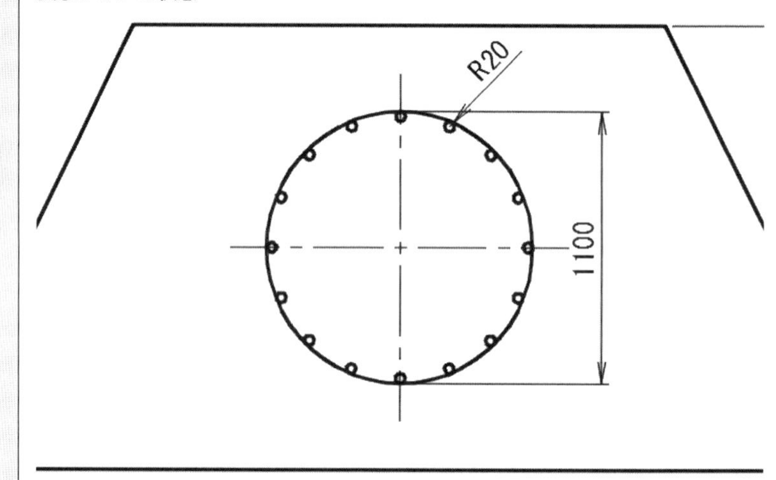

TIPS

注釈オブジェクトを表示

このボタンをオフにすると、入力した異尺度対応オブジェクトを他の違う標準尺度のビューポートで非表示にすることができます。

1：10のビューポートからモデル空間に入って入力した長さ寸法は、1：30の全体図では必要がありません。ボタンをオフにして、全体図のビューポートでは非表示にします。

12 中心線（一点鎖線）の見映えを確認する

■ 再作図コマンドを使う。

内 容	操 作 手 順
❶ 再作図して線種の見映えを表示しなおす	コマンドウィンドウ （コマンド：） RE Enter キー … ビューポート内モデル空間の状態で再作図コマンドを実行する
❷ ペーパーに戻る	ステータスバー の［モデル］を（SEL）

DAY 1 1 2 3 DAY 2 1 2 3 DAY 3 1 2 3

TIPS　再作図コマンド

すべてのオブジェクトの本来の状態を再確認して画面上で表示し直す機能です。
ビューポートで標準尺度を変更したときに、線種の見映えが変わらないので使用しています。このように、設定した内容で表示が切り替わらないときは、再作図コマンドを実行します。
コマンドウィンドウに直接　RE　と入力して Enter キーを押します。(REGEN コマンドの短縮入力)

13 文字をペーパー空間で入力する

■ レイアウトしているペーパー空間上に文字入力する。

内容	操作手順
❶ レイアウト上に図面タイトルを入力する 文字高さ：5 mm	［ホーム］タブ［注釈］/ 文字記入　を（SEL） (文字列の始点を指定…：) コマンドウィンドウ　の［位置合わせオプション（J)］を（SEL） コマンドウィンドウ　の［中央（M)］を（SEL） (文字列の中央点を指定…：)　P1 付近　を（SEL） (高さを指定…：)　5　Enter キー (文字列の角度を指定…：)　Enter キー 円柱　主筋 16　Enter キー Enter キー

P1

円柱　主筋16

TIPS

レイアウトしているペーパー空間上に作図ができる

レイアウトしているペーパー空間上にモデル空間と同じ操作で、オブジェクトを作図し、修正することができます。
レイアウトでは、印刷尺度は 1：1 になるので、文字高さは用紙上での高さを指定して入力します。

14 図面を印刷して終了する

■「印刷」コマンドを使う。

内容	操作手順
❶ タイトルボックスの文字を修正する	左上の文字　をダブルクリック 全体図と部分拡大図　に変更する Enter キー 右下の文字　を（SEL） 縮尺　1：30　1：10　に変更する Enter キー Enter キー

2 図面を印刷する

クイックアクセスツールバー の **[印刷]** を (SEL)

全体図と部分拡大図

くい配置図

円柱　主筋16

縮尺 1:30 1:10

バッチ印刷　ダイアログ
→1 シートの印刷を継続　を (SEL)
[プレビュー] を (SEL)
(右) **ショートカットメニュー** の **[印刷]** を (SEL)

3 図面を保存してAutoCADを終了する

AutoCAD 画面右上　にある　×　を (SEL)

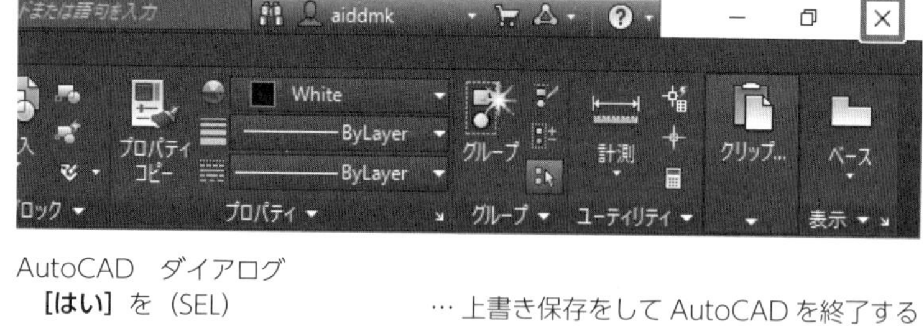

AutoCAD　ダイアログ
[はい] を (SEL)　　… 上書き保存をして AutoCAD を終了する

TIPS　「注釈尺度を変更したときに異尺度対応オブジェクトに尺度を追加」ボタン

このボタンがオフになっていると、モデル空間で設定した注釈尺度以外の注釈尺度のビューポートで、すでに入力されている異尺度対応の寸法図形が表示されなくなります。

ここでは、1100 の寸法線は部分拡大図のビューポートでも表示させたいので、このボタンの設定をオンにして作業をしています。

ボタンをオンにしてレイアウト作業をすることで、1100 の寸法線が 1：10 の部分拡大図のビューポートで表示されます。

もともとモデル空間で 1：30 という注釈尺度が設定されています。部分拡大図のビューポートで設定された注釈尺度 1：10 を 1100 の寸法線に追加設定し、大きさを調整して表示しています。

TIPS　文字の異尺度対応

異尺度対応に設定したスタイルを使って文字を入力すると、文字の高さのメッセージが印刷時の文字高さになります。印刷時の文字高さを指定すれば、ビューポートの標準尺度に対応して自動に大きさを調整します。

コマンド、ツール一覧

本書、各時間で使用したコマンド、ツールは以下のとおりです（操作した順番どおりに掲載）。

■ はじめに

スタートタブ画面
カーソル
コマンド
オブジェクト
アプリケーションメニュー
クイックアクセスツールバー
リボン
ツールチップ
スライドアウトパネル
アイコンボタン
ダイアログボックス
パレット
コマンドウィンドウ
コマンドオプション
ショートカットメニュー
ナビゲーションバー
ステータスバー
ViewCube

■ 1日目　1時間目

新規作成コマンド
テンプレートファイル
図面タブ
作図グリッド
線分コマンド
Enter キー
円コマンド
キャンセル（Esc キー）
元に戻すコマンド
やり直しコマンド
ズームコマンド
画面移動コマンド
マウスのホイールボタン
長方形コマンド
単位設定コマンド
上書き保存コマンド

■ 1日目　2時間目

開くコマンド
名前を付けて保存コマンド
線分コマンド
直交モード
直接距離入力
相対座標入力
オブジェクトプロパティ管理コマンド
グリップ
削除コマンド
ピックボックス
窓選択
交差選択
除外
Delete キー
画層プロパティ管理コマンド
0 画層
現在層
オフセットコマンド
オブジェクトスナップ（交点）
オブジェクトスナップマーカー
線の太さを表示 / 非表示

■ 1日目　3時間目

文字スタイル管理コマンド
長方形コマンド
文字記入コマンド
位置合わせオプション
挿入基点
オブジェクトスナップ（交点、端点、中点）
オフセットコマンド
画層変更
移動コマンド
複写コマンド
文字修正
寸法スタイル管理コマンド
長さ寸法記入コマンド
直接寸法記入コマンド
寸法線間隔コマンド
画層の表示 / 非表示
ページ設定コマンド
印刷コマンド
上書き保存コマンド

■ 2日目　1時間目

Designcenter コマンド
クリップボード / コピー
クリップボード / 同一位置に貼り付け
現在のスタイル
ページ設定の読み込み
線種のロード
線種のロードファイル
グローバル線種尺度
マルチ引出線スタイル管理コマンド
テンプレートを保存
dwg と dwt

■ 2日目　2時間目

線分コマンド
オフセットコマンド
オブジェクトスナップ（交点）
円コマンド
回転コマンド
トリムコマンド
トリムコマンドの切り取りエッジ
フィレットコマンド
長さ変更コマンド
円弧コマンド
長さ寸法記入コマンド
平行寸法記入コマンド

オブジェクトスナップ（近接点、垂線）
直径寸法記入コマンド
半径寸法記入コマンド
寸法のプロパティ変更
半径　直径の　内側線分記入
マルチ引出線コマンド
文字修正
印刷コマンド
上書き保存コマンド

■ 2日目　3時間目

尺度変更コマンド
グローバル線種尺度
寸法図形の尺度
マルチ引出線の尺度
印刷尺度
テンプレートを保存

■ 3日目　1時間目

線分コマンド
オフセットコマンド
オブジェクトスナップ（交点）
円コマンド
移動コマンド
円形状配列複写コマンド
円形状配列複写の項目、間隔、埋める
配列複写の自動調整
長さ変更コマンド
複写コマンド
長さ寸法記入コマンド
直列寸法記入コマンド
半径寸法記入コマンド
オブジェクトスナップ（近接点）
マルチ引出線コマンド
文字記入コマンド
文字修正
印刷
上書き保存コマンド

■ 3日目　2時間目

クリップボード / コピー
クリップボード / 貼り付け
ペーパー空間
レイアウトを新規作成コマンド
レイアウトの名前変更
ページ設定コマンド
ビューポート
グリップ操作
標準尺度
ビューポート / 矩形コマンド
モデルとペーパー空間間の移動
クリップボード / ブロックとして貼り付け
グローバル線種尺度
分解コマンド
文字修正
印刷コマンド
上書き保存コマンド

■ 3日目　3時間目

現在のビューの注釈尺度
異尺度対応
クイック選択
レイアウトタブのコピー
レイアウトの名前変更
注釈尺度を変更したときに異尺度対応オブジェクトに尺度を追加ボタン
ビューポート / 矩形コマンド
グリップ操作
標準尺度
注釈尺度
長さ寸法コマンド
オブジェクトスナップ（四半円点、垂線）
注釈オブジェクトを表示ボタン
再作図コマンド
文字記入コマンド
文字修正
印刷コマンド
AutoCAD の終了

著者略歴

土肥 美波子（どい みなこ）

東京都生まれ．
AutoCAD インストラクター．
有限会社エイ・アイ・ディー 2000 年設立．
Autodesk 製品の教育，トレーニングコンテンツ作成，CAD 業務支援．

著書

「AutoCAD LT 機械製図」1998 年（共著）
「AutoCAD LT2000 機械製図」2000 年（共著）
「AutoCAD LT2002 機械製図」2002 年（共著）
「AutoCAD LT2005 機械製図」2004 年（共著）
「AutoCAD LT2013 機械製図」2012 年（共著）
「AutoCAD LT2016 機械製図」2016 年（共著）

3日でわかる「AutoCAD」実務のキホン

平成 30 年 1 月 25 日　第 1 版第 1 刷発行

著　者　土肥美波子
発行者　村 上 和 夫
発行所　株式会社 **オーム社**
郵便番号　101-8460
東京都千代田区神田錦町 3-1
電話　03(3233)0641(代表)
URL　http://www.ohmsha.co.jp/

印刷　精文堂印刷　製本　イマキ製本所
ISBN978-4-274-22120-0　Printed in Japan